Rechnerunterstützte Analyse von Produktlebenszyklen -
Entwicklung einer Planungsmethodik für das
umweltökonomische Technologiemanagement

Von der
Fakultät für Maschinenwesen der
Rheinisch-Westfälischen Technischen Hochschule Aachen
zur Erlangung des akademischen Grades eines
Doktors der Ingenieurwissenschaften
genehmigte Dissertation

vorgelegt von
Diplom-Ingenieur Diplom-Wirtschaftsingenieur Horst Uwe Böhlke
aus Münster

Referent: Univ.-Prof. Dr.-Ing. Dipl.-Wirt.Ing. Dr. techn. h. c. (N) W. Eversheim
Korreferent: Univ.-Prof. em. Dr.rer.nat. Dr.-Ing. E. h. W. Dahl

Tag der mündlichen Prüfung: 5. August 1994
D 82 (Diss. RWTH Aachen)

Berichte aus der Produktionstechnik

Uwe H. Böhlke

Rechnerunterstützte Analyse von Produktlebenszyklen

Entwicklung einer Planungsmethodik
für das umweltökonomische Technologiemanagement

Herausgeber:

Prof. Dr.-Ing. Dr.h.c. Dipl.-Wirt.Ing. W. Eversheim
Prof. Dr.-Ing. Dr.h.c. mult. W. König
Prof. Dr.-Ing. Dr.h.c. T. Pfeifer
Prof. Dr.-Ing. Dr.-Ing. E.h. M. Weck

Band 22 / 94
Verlag Shaker
D82 (Diss. RWTH Aachen)

Die Deutsche Bibliothek - CIP-Einheitsaufnahme

Böhlke, Uwe H.:
Rechnerunterstützte Analyse von Produktlebenszyklen : Entwicklung einer Planungsmethodik für das umweltökonomische Technologiemanagement /
Uwe H. Böhlke. -
Aachen : Shaker, 1994
 (Berichte aus der Produktionstechnik ; Bd. 22,94)
 Zugl.: Aachen, Techn. Hochsch., Diss., 1994
ISBN 3-8265-0223-X
NE: GT

Copyright Verlag Shaker 1994
Alle Rechte, auch das des auszugsweisen Nachdruckes, der auszugsweisen oder vollständigen Wiedergabe, der Speicherung in Datenverarbeitungsanlagen und der Übersetzung, vorbehalten.

Als Manuskript gedruckt. Printed in Germany.

ISBN 3-8265-0223-X
ISSN 0943-1756

Verlag Dr. Chaled Shaker, Hubertusstr. 40, 52064 Aachen
Telefon: 0241 / 406351 - Telefax: 0241 / 406354

Vorwort

Die vorliegende Dissertation entstand während meiner Tätigkeit als wissenschaftlicher Mitarbeiter am Fraunhofer-Institut für Produktionstechnologie (IPT) in Aachen.

Herrn Professor Walter Eversheim, dem Leiter der Abteilung Planung und Organisation am oben genannten Institut und Leiter des Lehrstuhls für Produktionssystematik am Laboratorium für Werkzeugmaschinen und Betriebslehre (WZL) der Rheinisch-Westfälischen Technischen Hochschule Aachen, danke ich für die Gelegenheit zur Promotion. Seine wohlwollende Förderung und Unterstützung ermöglichte die Durchführung dieser Arbeit. Herrn Professor Winfried Dahl bin ich für die Übernahme des Korreferats sehr dankbar.

Den vielen Kolleginnen und Kollegen, insbesondere den aktiven und ehemaligen meiner Abteilung Planung und Organisation, möchte ich herzlich für die stets hilfsbereite und freundschaftliche Zusammenarbeit danken, ohne die sich das Erstellen dieser Arbeit bedeutend schwieriger gestaltet hätte. Stellvertretend für alle nenne ich Andreas Laschet, mit dem ich gerne das Büro geteilt habe - in der Woche und am Wochenende. Seine konstruktiven Beiträge zur Verbesserung meiner Arbeit und insbesondere meiner Gemütslage habe ich stets geschätzt.

Von den Kollegen, die mich bei der Erstellung meiner Dissertation aktiv unterstützt haben, möchte ich zunächst Claus Martini und Volker Sinhoff nennen. Dank ihrer Schützenhilfe habe ich nicht nur das Studium, sondern nun auch die Promotion reibungslos überstanden. Besonders dankbar bin ich ihnen sowie Markus Adams, Jochen Eickholt und Matthias Erb für die detaillierte Durchsicht dieser Arbeit. Ebenso dankbar bin ich Karsten Gebhardt und Berend Detsch, die mir ihre wissenschaftliche Mitarbeit als "Hiwis" rund um die Uhr zur Verfügung gestellt haben. Für die gleichermaßen engagierte stilistische Umsetzung meiner wissenschaftlichen Gedankengänge danke ich Veronika Pelzer, für die graphische Umsetzung Oliver Wüller und meinem Bruder Nikolai. Für die EDV-technische Umsetzung des Programm-Prototyps möchte ich mich bei Ute Schnitzler bedanken.

Meinen Eltern danke ich dafür, daß sie mir durch ihre weltoffene Erziehung und ihre stete Unterstützung in jeder Hinsicht eine sorgenfreie Ausbildung und Arbeit ermöglicht haben. Besonders dankbar bin ich dafür, daß mein Vater mir auch bei dieser Arbeit als kritischer, aber überaus konstruktiver "interdisziplinärer" Lektor zur Verfügung gestanden hat.

Ganz besonderer Dank gilt Lydia. Ihre liebevolle Unterstützung, die ich mittlerweile schon 14 Jahre genieße, ihr Verständnis und ihre Bereitschaft zum Verzicht schufen den Freiraum, der für die Erstellung dieser Arbeit nötig war.

Aachen, im August 1994

Gliederung I

Seite

Abkürzungsverzeichnis III

1. **Einleitung** 1
   1.1 Ausgangssituation 1
   1.2 Zielsetzung und Vorgehensweise 4

2. **Darstellung der aktuellen Situation und Ableitung des Handlungsbedarfs** 7
   2.1 Umweltökonomische Produktion als Querschnittsaufgabe 7
   2.2 Charakterisierung bestehender Bewertungsstrategien für die umweltorientierte Optimierung der Produktion 9
       2.2.1 Ansätze zur umweltorientierten Standortbewertung 12
       2.2.2 Ansätze zur umweltorientierten Technologiebewertung 14
       2.2.3 Ansätze zur umweltorientierten Produktbewertung 16
   2.3 Fazit: Ist-Zustand und Forschungsbedarf 21

3. **Systematisierung und Analyse möglicher Optimierungsansätze** 24
   3.1 Kennzeichnung des Soll-Zustandes 24
       3.1.1 Anforderungen an das Planungshilfsmittel 24
       3.1.2 Anforderungen an die zu entwickelnde Methodik 26
           3.1.2.1 Bewertungsgrößen 27
           3.1.2.2 Bilanzgrenze 30
       3.1.3 Resultierender Datenbedarf 32
   3.2 Analyse adaptierbarer Lösungsansätze 33
       3.2.1 Bestehende Analyse- und Bewertungsmethoden 35
           3.2.1.1 Energiebedarfsorientierte Bewertungsmethoden .. 35
           3.2.1.2 Ökotoxikologische Bewertungsmethoden 38
           3.2.1.3 Bewertungsmethoden des Operations Research .. 39
           3.2.1.4 Modellierungsmethoden 43
       3.2.2 Nutzbare Informations- und Datenquellen 45
           3.2.2.1 Arbeitsplanungssysteme 46
           3.2.2.2 Produktionsplanungs- und -steuerungssysteme ... 48
           3.2.2.3 Weitere Informationsverarbeitungssysteme 49
   3.3 Fazit: Soll-Zustand und Adaptionspotential 53

4. **Konzeption der Methodik für die rechnerunterstützte Analyse von Produktlebenszyklen** 55
   4.1 Strukturierung der Planungsmethodik 55
   4.2 Entwicklung des Konzepts der Planungsmethodik 57
       4.2.1 Modularer Aufbau 58
       4.2.2 Schnittstellen zwischen den Modulen 64
       4.2.3 Schnittstellen zum Anwender der Methodik 66
   4.3 Methoden zur Unterstützung der Modulfunktionen 69
   4.4 Fazit: Grobkonzept 71

5. **Detaillierung der Methodik für die rechnerunterstützte Analyse von Produktlebenszyklen** 73
   5.1 Methodikspezifische Module 73
       5.1.1 Methodenorganisation 73
           5.1.1.1 Erfassung 73
           5.1.1.2 Bilanzierung 78
           5.1.1.3 Bewertung 86
           5.1.1.4 Auswertung 94
       5.1.2 Informationsorganisation 105
           5.1.2.1 Datenstrukturierung 105
           5.1.2.2 Nutzung von Datenverarbeitungssystemen 108
   5.2 Resultierende Optionen für die Methodikanwendung 110
       5.2.1 Operatives Technologiemanagement 111
       5.2.2 Strategisches Technologiemanagement 113
   5.3 Festlegung der Realisierungsbedingungen 114
   5.4 Fazit: Detailkonzept 116

6. **Realisierung eines Prototyps** 119
   6.1 Komponenten des Prototyps 119
   6.2 Darstellung und Ergebnisse eines Fallbeispieles 121
   6.3 Fazit: Anwendungserfahrungen und Ausblick 124

7. **Zusammenfassung** 127

8. **Literatur** 130

9. **Begriffe und Definitionen** 151
10. **Anhang** 156

Abkürzungsverzeichnis

AHP	Analytic Hierarchy Process
AV	Arbeitsvorgang
AVF	Arbeitsvorgangsfolge
allg.	allgemein
BDE	Betriebsdatenerfassung
bez.	bezüglich
bspw.	beispielsweise
bzw.	beziehungsweise
CAD	Computer Aided Design
CALA	Computer Aided Lifecycle Analysis
CAM	Computer Aided Manufacturing
CAP	Computer Aided Planning
CAPC	Computer Aided Pollution Control
CAQ	Computer Aided Quality Management
CASE	Computer Aided Software Engineering
CAx	Computer Aided [Tool] (genutzt als Synonym für CIM-Komponente(n))
CIM	Computer Integrated Manufacturing
$d_{p,mp}$	spezifische Ressource
d.h.	das heißt
diesbez.	diesbezüglich
DIN	Deutsches Institut für Normung e.V.
EDV	Elektronische Datenverarbeitung
EG	Europäische Gemeinschaft
Electre	Elimination et choice translation reality
engl.	englisch
ERM	Entity-Realtionship-Model
etc.	et cetera
evtl.	eventuell
f	Funktion
FB	Fachbereich
ff.	folgende
FFS	Flexibles Fertigungssystem
FhG	Fraunhofer-Gesellschaft, München
g	Gramm
gew.	gewählter
ggf.	gegebenenfalls

i.allg.	im allgemeinen
IDEF	Integrated Definition Language
i.e.S.	im engeren Sinne
IfE	Institut für Energiewirtschaft, München
IFP	Institut für Fertigung und Produktionsinformatik, Chemnitz
IGES	Initial Graphics Exchange Specification
IKP	Institut für Kunststoffprüfung und Kunststoffkunde, Stuttgart
ILV	Institut für Lebensmitteltechnologie und Verpackung, München
IMMS	Integrated Manufacturing Modelling System
IPA	Institut für Produktionstechnik und Automatisierung, Stuttgart
IPM	Institut of Precision Mechanics, Warschau
IPT	Institut für Produktionstechnologie, Aachen
ISI	Institut für Systemtechnik und Innovationsforschung, Karlsruhe
ITEM	Institut für Technologiemanagement, St. Gallen
ITU	Institut für technischen Umweltschutz, Berlin
IVUK	Institut für Verfahrens- und Kältetechnik, Zürich
lfd.	laufend
m_p	Index: Ressourcenbedarfskennung $\in \mathbb{N}$
MADM	Multi-Attribute Decision Making
MJ	Megajoule
MODM	Multi-Objective Decision making
n	Ordnungszahl, Stückzahl
$\mathbb{N}$	Menge der natürlichen Zahlen
NF	Normierungsfaktor
Nr.	Nummer
o.g.	oben genannt
OR	Operations Research
p	Index: Prozeßkennung $\in \mathbb{N}$
P_i	spez. Prozeß/ prozeßspez. Ressourcenbedarfsmatrix
PC	Personal Computer
PK	Prozeßkette
PDDI	Product Definition Data Interface
PERM	Expanded Entity-Relationship-Model
PLA	Produktlinienanalyse
PPS	Produktionsplanung und -steuerung
R_i	produktlinienbezogene Ressourcenbedarfsmatrix i-ter Ordnung
RB	Ressourcenbedarf
RTM	Resin-Transfer-Molding

Abkürzungsverzeichnis V

S	Summe
SADT	Structure Analysis and Design Technique
SET	Standard d'Exchange et de Transfer
SETAC	Society of Environmental Toxicology and Chemistry
spez.	spezifisch
stellv.	stellvertretender
STEP	Standard for the Exchange of Product Model Data
$u_{p,mp}$	Ressourcenbedarfswert
u.a.	unter anderem
u.U.	unter Umständen
UVP	Umweltverträglichkeitsprüfung
VDAFS	Verband deutscher Maschinen- und Anlagenbau - Flächenschnittstelle
WI	Wuppertal Institut für Klima, Umwelt, Energie GmbH, Wuppertal
WZL	Laboratorium für Werkzeugmaschinen und Betriebslehre, Aachen
z.B.	zum Beispiel
z.Z.	zur Zeit
zzgl.	zuzüglich

Kapitel 1: Einleitung

1.1 Ausgangssituation

Der fortschreitende Verbrauch natürlicher Rohstoffe spiegelt sich in sukzessiv steigenden Energie- und Materialpreisen wider /Wee-83, SBA-92/. Die zunehmende Verschärfung der Deponierungssituation führt zu steigenden Entsorgungskosten, die inzwischen nicht selten dreistellige jährliche Wachstumsraten aufweisen /Sim-89, Men-90/. Aufgrund der umweltorientierten Sensibilisierung der Gesetzgeber werden mehr und mehr marktbeeinflussende Auflagen und Verbote erlassen /Prü-89, Wil-90, SmM-92, Wei-92/. - Dies sind nur drei aktuelle Beispiele dafür, daß durch Veränderung von ökologischen Rahmenbedingungen nicht nur volkswirtschaftliche, sondern insbesondere auch betriebswirtschaftliche Strukturen nachhaltig beeinflußt werden.

Sowohl die steigende Anzahl vergleichbarer Beispiele als auch deren Entwicklungstendenz und -dynamik belegen dabei eine stetig zunehmende Kongruenz von ökologischen und ökonomischen Aspekten (Bild 1.1): Mittelfristig ist zu erwarten, daß die Begriffe Umwelt- und Wirtschaftlichkeitsorientierung sich in vielen Bereichen nicht mehr gegenseitig ausschließen werden /Rom-90, Dür-90, Obe-90/. Insbesondere in produzierenden Unternehmen sind diesbez. bereits heute Prozesse der Umorientierung zu verzeichnen. Während in der Vergangenheit der durch die Unternehmen betriebene Umweltschutz nur allzuoft als Kostenfaktor und somit als ökonomische Restriktion interpretiert wurde, wird aktiver Umweltschutz heute vermehrt als Potential zur Sicherung der Wettbewerbsfähigkeit identifiziert /Dyl-90, Smd-92, Swa-94/. Hintergrund dieses Paradigmenwechsels ist die Erkenntnis, daß die Einführung eines umweltorientierten Managements letztendlich vielfältigen Nutzen für ein Unternehmen erbringen kann. Angewandter Umweltschutz bedeutet nicht nur die ökologisch vordergründige, längst überfällige Reduzierung von Umweltbelastungen. Vielmehr entspricht eine Verringerung des produktionsbedingten Verzehrs von natürlichen Ressourcen ebenso einer Reduzierung der ökonomischen Folgekosten, die für ein Unternehmen direkt oder indirekt aus seinen Umweltbelastungen entstehen /ZiH-90, Lei-91/. Das allgemein steigende Umweltbewußtsein bewirkt weiterhin, daß das Attribut "umweltverträglich" positive Wettbewerbswirkungen in Form einer erhöhten Produktakzeptanz und eines entsprechend gesteigerten Umsatzpotentials impliziert /Mef-88, Vos-88/. Durch die Entwicklung von umweltfreundlicheren Produkten und Technologien können schließlich sogar neue Märkte erschlossen werden /oV-89a, AWK-90/.

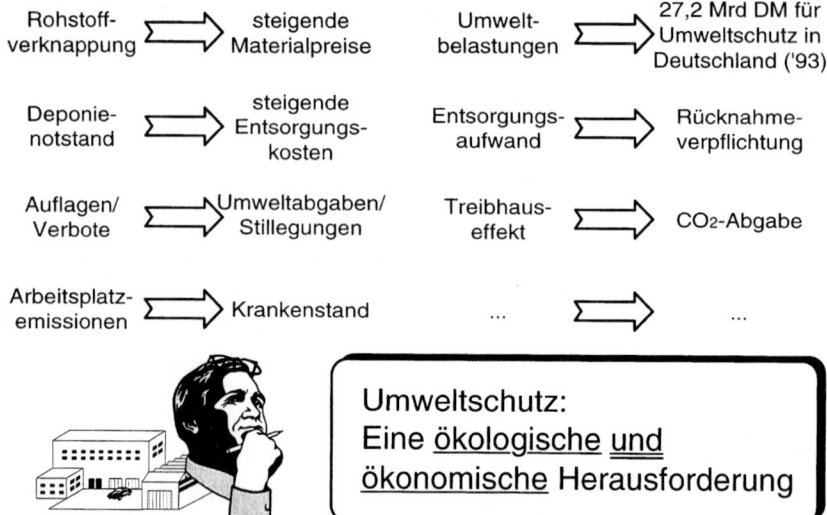

Bild 1.1: Ökonomie und Ökologie - Ausgangssituation

In der z.Z. herrschenden volkswirtschaftlichen Rezession gehört der Bereich "Umwelttechnik" zu den wenigen Märkten, die in Deutschland noch bedeutendes Wachstum aufweisen. Selbst in den allg. schwachen Geschäftsjahren 1992/ 1993 konnten die im Bereich "Umwelttechnik" operierenden Unternehmen mittlere Wachstumsraten von sechs bis acht Prozent verzeichnen /oV-92b/. Diese Tatsache läßt erahnen, welches Wirtschaftspotential hier zugeschrieben werden muß /Ruc-93/: Das Potential kann international um so größer eingeschätzt werden, berücksichtigt man, daß sich die Verantwortlichen der Produktionsstandorte, die z.Z. noch nicht mitteleuropäischem Umweltschutzstandard entsprechen, mittel- bis langfristig einer entsprechenden umweltorientierten Sensibilisierung nicht verschließen können /Ser-93/.

Sowohl Technologieanbieter als auch Technologieanwender sollten sich folglich darüber bewußt sein, daß Umwelttechnik, aktiver Umweltschutz bzw. umweltorientiertes Produzieren zukünftig einer der zentralen Wettbewerbsfaktor- bzw. Innovationsfaktoren sein wird. Entscheidungsträger, die die Wettbewerbsfähigkeit ihres Unternehmens langfristig sichern und ausbauen wollen, müssen sich der ökologisch-ökonomischen Herausforderung stellen. Doch nur wenn frühzeitig die daraus resultierenden Marktveränderungen in den Unternehmensplanungen berücksichtigt werden, kann es gelingen, den bevorstehenden Wandel in volks- und betriebswirtschaftliche Wettbewerbsvorteile umzusetzen /Jöh-72, ADL-93/.

Einleitung

Um den ökologisch/ ökonomisch bzw. volkswirtschaftlich/ betriebswirtschaftlich begründeten Forderungen nach einem rationelleren Ressourceneinsatz in der produktionstechnischen Praxis nachkommen zu können, bieten sich zwei grundlegende Realisierungsstrategien an. Einerseits kann durch sukzessive Ver- bzw. Nachbesserung von bestehenden Produktionsprozessen eine Reduzierung des Einsatzes natürlicher Ressourcen angestrebt werden. Erfahrungen belegen jedoch, daß durch dieses Vorgehen i.allg. nur marginale Verbesserungen realisiert werden können /Eve-92, Sme-92/. Andererseits kann durch die Entwicklung und die Nutzung von produktionstechnischen Innovationen ein rationeller Ressourceneinsatz ermöglicht werden. Wird berücksichtigt, daß produkt-, werkstoff- und verfahrensspezifische Innovationen oft Optionen für grundlegende produktionstechnische Veränderungen aufweisen, bieten innovative Lösungen i.allg. das größere Rationalisierungspotential /Kre-88, Eve-93a/ (Bild 1.2).

Welche Handlungsalternative für den konkreten Einzelfall die ökologisch rationellste Produktionsalternative darstellt, bleibt jedoch fall- bzw. produktspezifisch zu ermitteln.

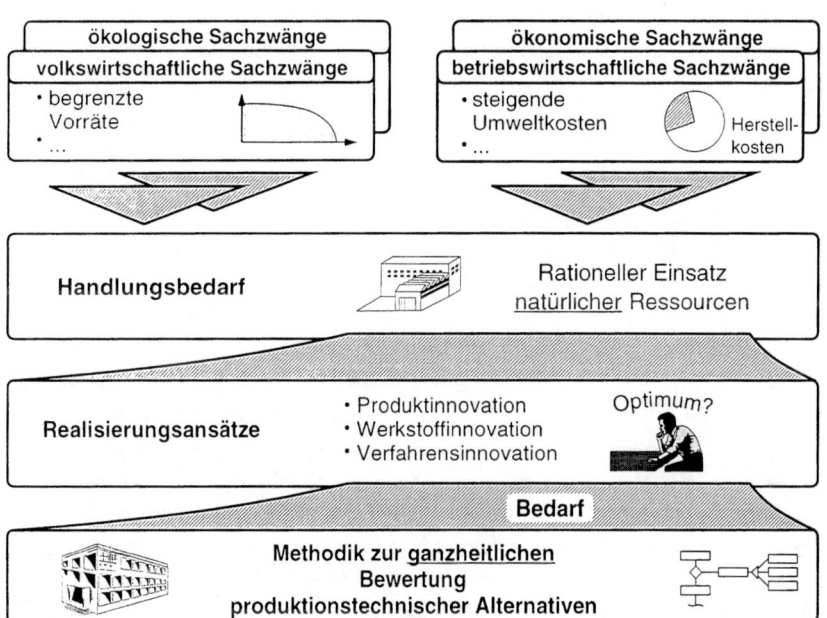

Bild 1.2: Voraussetzung für eine ressourcenschonende Produktion: Entscheidungsunterstützende Planungshilfsmittel

Die praktische Ermittlung der ressourcenoptimalen Handlungsalternative erfordert aufwendige Experimente, die nur an Beispielen weniger, industriell besonders wichtiger Produkte bzw. Prozesse durchgeführt werden können. Daher ist es für eine allgemeine Rationalisierung erforderlich, geeignete planungsorientierte Auswahl- und Entscheidungshilfsmittel bereitzustellen /Dah-88/.

In der Vergangenheit wurden hierzu erste methodische Ansätze erarbeitet, die durch die Bereitstellung von Informationen über resultierende Ressourcenbedarfe anstehende produktionstechnische Entscheidungen unterstützen sollen. Diese Ansätze unterscheiden sich im wesentlichen durch das vordergründige Betrachtungsobjekt, die jeweiligen Betrachtungsgrößen und die unterschiedlichen Bilanzgrenzen. Den z.Z. vorliegenden Ansätzen ist gemeinsam, daß bei ihrer Entwicklung der Schwerpunkt i.allg. auf die reine Abbildung des erforderlichen Ressourcenbedarfs gelegt wurde /Pop-91/. Die Herleitung der Abbildung, ihre Strukturierung und die Beschaffung der erforderlichen Daten zu systematisieren und zu rationalisieren wurde bislang, wenn überhaupt, nur untergeordnet in Betracht gezogen. Ebenso sind in den bestehenden Ansätzen Methoden und Systematiken zur Unterstützung einer nachgelagerten Auswertung nur unvollständig enthalten. Praktikable Algorithmen zur systematischen Einbindung von Be- und Auswertungsergebnissen in praxisgängige Entscheidungsabläufe wurden bislang noch nicht entwickelt.

1.2 Zielsetzung und Vorgehensweise

Aufgrund der fehlenden planungstechnischen Hilfsmittel können umweltökonomisch anvisierte Entscheidungen im Bereich des Technologiemanagements z.Z. oft nur subjektiv und so zwangsläufig oft nur unzureichend optimal getroffen werden /UWB-92/. Vor dem Hintergrund der Bedeutung von rationellen Planungs- bzw. Managementvorgaben für eine umweltorientierte Produktion wird diesen Defiziten folgend begegnet.

Ziel ist es, im Rahmen der vorliegenden Arbeit eine Planungsmethodik zu entwickeln, mit der systematisch produktionstechnische Entscheidungsalternativen hinsichtlich ihres resultierenden Bedarfs an ökologischen Ressourcen analysiert werden können. Die Methodik wird dabei darauf ausgerichtet, daß die für die Produktherstellung vorgesehenen Werkstoffe, Prozesse und Prozeßketten, bis hin zu den entsprechend erforderlichen Investitionen berücksichtigt werden können. Um eine adäquate Handhabbarkeit der Methodik zu gewährleisten, wird ergänzend eine Systematik zur rationellen Erfassung der erforderlichen Grunddaten entwickelt. Desweiteren wird eine

Einleitung

Auswertungssystematik erarbeitet, die eine aussagekräftige Interpretation der verdichteten Daten und Bewertungsergebnisse ermöglicht.

Die Systematik zur Grunddatenerfassung und die Systematik zur nachgelagerten Auswertung werden in die übergeordnete Planungsmethodik eingebunden und bilden die Grundlage für ein Entscheidungshilfsmittel für das umweltorientierte Technologiemanagement (Bild 1.3). Die resultierenden Nutzungsmöglichkeiten werden sowohl für operative als auch für strategische Planungsaufgaben Unterstützung bieten. Die Methodik stellt somit einen wesentlichen Schritt auf dem Weg zur Realisierung einer umweltökonomischeren Produktion dar.

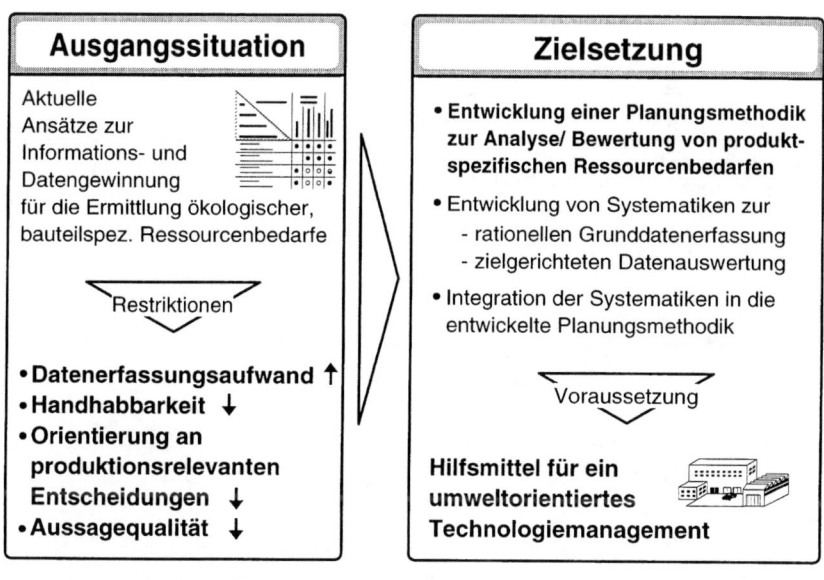

Bild 1.3: Ausgangssituation und Zielsetzung

Zur Umsetzung der aufgezeigten Zielsetzung wird die Arbeit wie folgt gegliedert (Bild 1.4): Zunächst gilt es, die aktuellen Hilfsmittel für ein ökologieorientiertes Technologiemanagement im Detail zu charakterisieren und die bestehenden Defizite aufzuzeigen. Auf Basis dieser Analyse des Ist-Zustandes wird dann der resultierende Forschungsbedarf dargestellt (Kapitel 2) und ein Soll-Zustand abgeleitet.

Vorbereitend zur Entwicklung der Planungsmethodik wird die implizite Aufgabenstellung dann abstrahiert und fachfremden Problemlösungen mit strukturell ähnlichen

6 Einleitung

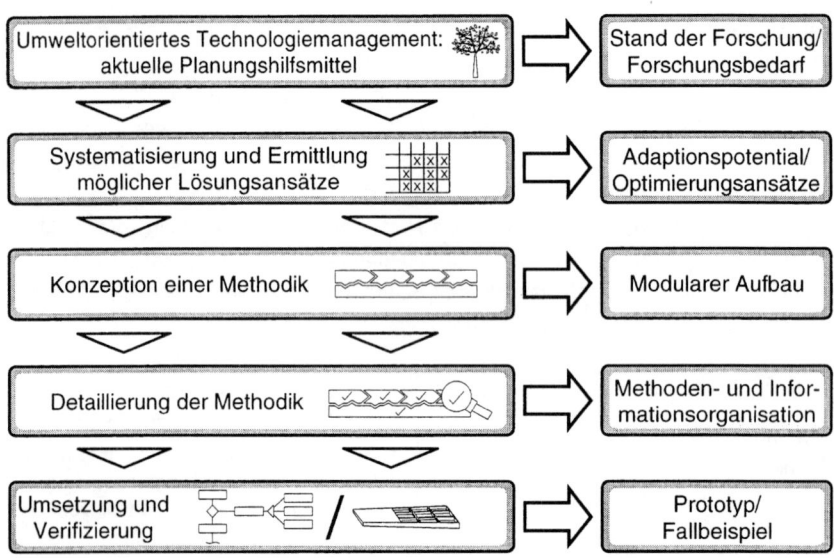

Bild 1.4: Vorgehensweise

Aufgabenstellungen gegenübergestellt. Zielsetzung dieses Schrittes ist es, zu überprüfen, inwieweit durch bestehende wissenschaftliche Ergebnisse Synergieeffekte für die anstehenden Entwicklungsarbeiten genutzt werden können (Kapitel 3).

Mit Bezug auf das ermittelte Adaptionspotential wird anschließend die Planungsmethodik konzeptionell hergeleitet. Im einzelnen werden dabei Struktur und Aufbau der Methodik festgelegt und erforderliche Schnittstellen skizziert (Kapitel 4). Die methodische Vorgehensweise und die Entwicklung erforderlicher Systematiken wird im Rahmen der nachfolgenden Detaillierung inhaltlich ausgearbeitet. Dieser Arbeitsschritt wird weiterhin dazu genutzt, die aus der Detaillierung resultierenden Integrationsmöglichkeiten der Methodik in die Technologieplanung aufzuzeigen (Kapitel 5).

Zur Verifizierung der allg. Anwendbarkeit der Methodik wird diese schließlich in einen EDV-Prototypen umgesetzt und dann in einem Fallbeispiel angewandt (Kapitel 6).

Um ein einheitliches Begriffsverständnis der in der Arbeit verwandten Fachausdrücke zu gewährleisten, steht abschließend ein Glossar zur Verfügung (Kapitel 9). Die dort erläuterten "termini technici" sind im folgenden bei ihrer ersten Verwendung im Text durch *kursive Schreibweise* hervorgehoben.

Kapitel 2: Darstellung der aktuellen Situation und Ableitung des Handlungsbedarfs

Nachdem einleitend der Bedarf einer *umweltökonomischen* Produktion sowohl aus volks- und betriebswirtschaftlicher als auch aus ökonomischer und *ökologischer* Sicht skizziert wurde, werden nun mögliche Ansatzpunkte zu dessen Realisierung konkretisiert. Ausgehend von der Betrachtung des Unternehmens als eine Einheit werden folgend die untergeordneten Organisationseinheiten hinsichtlich ihrer umweltökonomischen Verantwortung und ihrer Optimierungspotentiale überprüft. Im Anschluß werden die vorhandenen methodischen Ansätze aufgezeigt und analysiert, die den primär geforderten Organisationsbereichen aktuell zur Zielrealisierung zur Verfügung stehen.

2.1 Umweltökonomische Produktion als Querschnittsaufgabe

Zur "sinnvollen arbeitsteiligen Gliederung der betrieblichen Handlungsprozesse" werden Unternehmen in einzelne Organisationseinheiten untergliedert /Kos-69, Gai-83/. Unabhängig von den spezifischen Organisationsformen /Eve-81/ lassen sich diese in Organisationseinheiten mit primär planenden Aufgaben und Organisationseinheiten mit primär ausführenden Aufgaben gruppieren.

Verursachte Umweltbelastungen, die unternehmensintern auftreten, werden ablaufbedingt nahezu ausschließlich in den ausführenden Bereichen physikalisch festgestellt. Die Ermittlung von Ansätzen zur Belastungsreduktion lediglich auf diese Unternehmensbereiche zu konzentrieren, hat sich in der Vergangenheit als wenig effizient erwiesen: Anstelle die Ursachen für die Umweltbelastungen zu hinterfragen und ihnen zu begegnen, besteht bei diesem Vorgehen die Gefahr, die Entwicklung von produktionstechnischen Alternativen allein auf den Bereich der "*end-of-pipe*"-Technologien auszurichten /Vie-90/. Diese als "technologische Nachbesserung" zu interpretierende Entwicklungsorientierung entspricht nicht der allg. als grundlegend anerkannten Optimierungsmaxime "Umweltbelastungen vermeiden vor vermindern" /Hab-91, Str-92/: Aufgrund des postoperativen bzw. additiven Charakters der *"end-of-pipe"*-Ansätze lassen sich von ihnen umweltökonomische Verbesserungen i.allg. nur in beschränktem Maße erwarten /Ste-88, Pri-90/. Grundlegende umweltökonomische Verbesserungen sind erst dann realisierbar, wenn in den Optimierungsansätzen die Zusammenhänge von Verursachung und Verantwortung berücksichtigt werden /Fab-88/.

Diesbez. gilt es zu beachten, daß die aus Kostenanalysen bekannte Relation zwischen hoher Kostenverantwortung in den frühen Phasen der Auftragsabwicklung (Konstruktion, Arbeitsvorbereitung) und hoher Kostenverursachung in den späten Phasen (Fertigung, Montage) /Eve-81/ analog für die Festlegung und Verursachung von Umweltbelastungen gilt /Eve-91, VDI-91a/. Umweltökonomische Belastungen werden bei der Entwicklung von Produkt- und Produktionskonzepten weitgehend festgelegt; die Belastungen werden jedoch erst in den nachgelagerten Phasen verursacht und meßbar. Der zu berücksichtigende Zeithorizont beschränkt sich, entgegen dem der traditionellen Herstellkostenanalysen, jedoch nicht nur auf die Produktion /Smn-83/. Die Verursachung von produktspezifischen Umweltbelastungen und die damit verbundene unternehmensspezifische Verantwortung beginnt in der Produktion und reicht über die Phase der Nutzung bis hin zum Lebensende des Produktes /AIF-89, Wic-90/.

Die Vernetzung von Verursachung und Verantwortung sowie deren zeitliche Tragweite belegen, daß "aktiver Umweltschutz" eine Herausforderung für das ganze Unternehmen darstellt. Nicht nur in den Bereichen, in denen Umweltbelastungen auftreten, muß mit ihnen verantwortungsvoll umgegangen werden; intensiv gefordert sind die vorgelagerten planenden Unternehmensbereiche. Möglichkeiten, die sich für die Mitarbeiter der einzelnen Organisationseinheiten bieten, abhängig von ihren jeweiligen Kernaufgaben spezifische umweltökonomische Teilaufgaben zu formulieren, sind in Bild 2.1 skizziert: Die Einbindung umweltökonomischer Aspekte in unternehmensspezifische Zielhierarchien ist vergleichsweise einfach zu realisieren. Sie stellt jedoch als strategische Vorgabe ein wichtiges Signal für die Orientierung der übrigen Unternehmensbereiche dar /Vie-90/. Die Umsetzung dieser Vorgabe erfordert allerdings adäquate Hilfsmittel.

Ein gravierendes Defizit besteht in diesem Bereich insbesondere darin, daß umweltorientierte Planungshilfsmittel fehlen /AIF-89, Umw-91, VWS-91, FhG-93, Lif-94, Weu-94/. Umweltorientiertes Handeln ist nur unter der zentralen Voraussetzung realisierbar, daß Ergebnisse aus Entwicklung und Planung umweltökonomisch rational sind. Entsprechend ausgerichtete Entscheidungs- und Auswahlprozesse setzen damit Planungshilfsmittel voraus, die eine Bewertung der Handlungsalternativen erlauben. Mit ihnen bietet sich die Möglichkeit, die erarbeiteten Planungsergebnisse in ihrer Gesamtheit hinsichtlich ihrer Umweltrelevanz analysieren zu können.

Aktuelle Situation und Handlungsbedarf

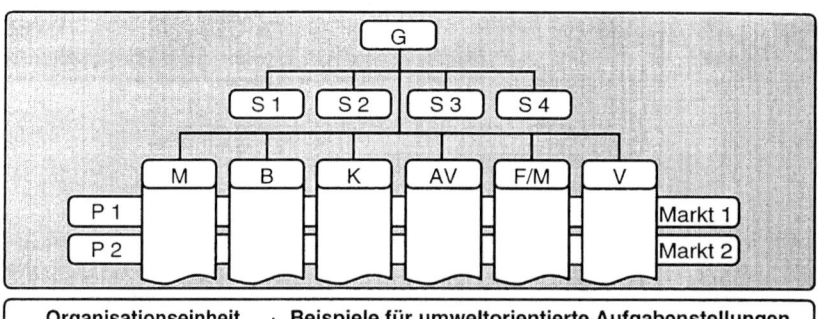

Organisationseinheit		Beispiele für umweltorientierte Aufgabenstellungen
G	Geschäftsführung	-Formulierung strategischer Vorgaben
S	Stab	-Erarbeitung umweltorientierter Technologiekonzepte
M	Marketing	
B	Beschaffung	
K	Konstruktion	-bereichs- bzw. funktionsspezifische Detaillierung
AV	Arbeitsvorbereitung	und Umsetzung der Vorgaben
F/M	Fertigung/ Montage	
V	Versand	
P	Produkt (-bereich)	-produktspezifische Umsetzung

Bild 2.1: Umweltschutz als Querschnittsaufgabe (strukturelle Darstellung)

2.2 Charakterisierung bestehender Bewertungsstrategien für die umweltorientierte Optimierung der Produktion

Die mit der Nutzung von umweltorientierten Auswahl- und Entscheidungshilfsmitteln verbundene Zielsetzung ist strukturell mit der Zielsetzung konventioneller betriebswirtschaftlicher Bewertungssysteme vergleichbar. Es gilt, Entscheidungen bez. ihres spezifisch resultierenden Bedarfs an ökologischen bzw. ökonomischen *Ressourcen* zu überprüfen /Stl-90/. Um die Überprüfung objektiv und nachvollziehbar zu gestalten, wurden für das betrieb(swirtschaft)liche Rechnungswesen in den letzten Jahrzehnten diverse bewertungstechnische Systeme entwickelt /Wöh-90, SeD-93/. Aufgrund des erst in jüngerer Vergangenheit erkannten ökologischen Handlungszwanges ist die Entwicklung entsprechender, an ökologischen Ressourcen orientierter Planungshilfsmittel z.Z. noch als originär zu bezeichnen /Pop-91, EWG-93/.

Die wenigen methodischen Planungs- bzw. Bewertungshilfsmittel, die bislang zur Unterstützung einer umweltökonomischen Produktion entwickelt wurden, lassen sich primär hinsichtlich ihres Betrachtungsbereiches und ihrer Anwendungscharakteristik unterscheiden (zum Begriff Ökobilanzen, s. Kapitel 9). Grundlegende Strategien, die zur Klassifizierung strukturell konformer Bewertungsansätze benutzt werden können, sind in Bild 2.2 aufgeführt und charakterisiert /Hly-89, oV-89b, Ste-91, oV-92a/: Die Bewertungsansätze können zunächst nach ihrem strategiespezifischen Anwendungsziel differenziert werden. Dabei kann sich die *ökologieorientierte* Bewertung auf einen (Produktions-) Standort, eine allgemeine Technologieanwendung oder ein konkretes Produkt beziehen. Anwendung, Ergebnis und Nutzen der Bewertungsansätze können dabei u.a. dahingehend unterschieden werden, inwieweit mit ihnen rein quantitative und/ oder auch qualitative Größen berücksichtigt werden.

Während quantitative Bewertungsergebnisse i.allg. ausschließlich auf der Auswertung zahlenmäßig nachweisbarer Eingangsgrößen basieren (s. *Input-Output-Analysen*), sind in qualitativen Bewertungsergebnissen interpretationsbehaftete Komponenten enthalten (s. *Umweltverträglichkeitsprüfungen, Technologiefolgenabschätzungen*). Entsprechend dem zugrundeliegenden methodischen Ansatz resultieren die Bewertungsergebnisse dabei z.B. aus der Auswertung globaler Fragebögen (s. *Umweltaudits*) oder aus der Analyse konkreter Meßserien (s. *Kennzahlensysteme*). Weitere Grundlagen für die Bewertungsergebnisse können rechnerisch ermittelte Verbrauchs- bzw. Aufwandskennwerte sein. Diese Werte können wiederum nach physikalischer (s. *Produktlinienanalysen*) und monetärer Dimension (s. *Schadenvermeidungs-/ Wiederherstellungskalkulationen*) unterschieden werden.

Die Nutzung von rein monetären Vergleichsgrößen wird in der Fachwelt überwiegend als kritisch und nur schwer reproduzierbar betrachtet /Stb-79, oV-89b/. Die vorherrschende Skepsis besteht dabei sowohl im Hinblick auf die nicht eindeutig verursachungsgerecht formulierbaren *Internalisierungs*-Theorien /SBA-90, Höl-91/ als auch im Hinblick auf deren fehlende praktische Anwendbarkeit /oV-89b/. Die Anwendung der entsprechenden Ansätze erfolgt i.allg. mit der Intention, den monetären Aufwand für eine fiktive Herleitung eines (Umwelt-) Zustandes zu beschreiben. Auch wenn die ökologischen Auswirkungen von produktionstechnischem Handeln z.Z. weitgehend nicht transparent sind, sollen mit Hilfe der o.g. Ansätze evtl. resultierende Aufwendungen schon in der Gegenwart monetär abgebildet werden können. Betrachtet man die durch die Produktlebensdauern vorgegebenen Zeitspannen, erscheinen die Ansätze entsprechend unrealistisch. Es ist bekannt, daß verschiedene, teilweise nicht prognostizierbare Mechanismen schon bei konventionellen Kalkulationen mit nur mittelfristigen Zeithorizonten zu großen Soll-Ist-Wert-Abweichungen führen /SeD-93/.

Aktuelle Situation und Handlungsbedarf 11

Ökologieorientierte Bewertungsstrategien	Bezug			Anwendung				Ergebnis				Nutzen			
	Standort	Technologie	Produkt	umfassende Betrachtung	einfache Handhabung	universelle Nutzung	Verfügbarkeit erforderlicher Daten	verursachungsgerechte Bewertung	primär quantitative Aussage	gute Reproduzierbarkeit	Schwachstellenanalyse bei K und AV	Ableitung von Maßnahmen	Unterstützung der Entscheidungsfindung
Input - Output - Analysen	●	◐	○	◐	◐	◐	◐	○	●	◐	○	◐	◐
Umweltaudits	●	◐	◐	◐	●	●	◐	○	○	◐	○	◐	○
Umweltverträglichkeitsanalysen	◐	●	○	◐	●	◐	◐	○	◐	◐	○	○	○
Technologiefolgenabschätzungen	○	●	○	◐	◐	◐	◐	○	○	○	○	◐	◐
Kennzahlensysteme	◐	●	○	◐	●	◐	◐	○	●	◐	◐	◐	◐
Schadenvermeidungskalkulationen	○	○	●	◐	○	○	○	◐	◐	◐	○	○	○
Wiederherstellungskalkulationen	○	○	●	◐	○	○	○	◐	◐	◐	○	○	○
Produktlinienanalysen	◐	◐	●	●	◐	●	◐	●	●	●	●	●	●

Legende: ● gewährleistet   ◐ teilweise gewährleistet   ○ nicht gewährleistet

K   Konstruktion   AV   Arbeitsvorbereitung

Bild 2.2: Ökologieorientierte Bewertungsstrategien: Hilfsmittel für eine ökologische Optimierung der Produktion

Die größten Anwendungs- und Nutzungspotentiale weisen bislang die Ansätze zur Durchführung von Produktlinienanalysen auf /Klö-91/. Ihre Anwendungen basieren darauf, daß produktorientiert physikalische (Bedarfs-) Größen als Maßstab für Schwachstellenanalysen berücksichtigt und dazu genutzt werden, Maßnahmen abzuleiten. Um ihre Struktur und Potentiale zu verdeutlichen, werden im folgenden die Charakteristika der zugrundeliegenden Strategie denen der übrigen ökologieorientierten *Bewertungsstrategien* gegenübergestellt. Dabei sollen weniger die unterschiedlichen Detaillierungen einzelner, konzeptionell gleich ausgerichteter Ansätze als vielmehr die grundlegende Ausrichtung der übergeordneten Strategien aufgezeigt werden. Analog zur o.g. Differenzierung nach dem Bezugsobjekt wird dabei zwischen standort-, technologie- und produktbezogenen Bewertungsansätzen unterschieden.

2.2.1 Ansätze zur umweltorientierten Standortbewertung

Gemäß Nomenklatur sind die hier relevanten Planungshilfsmittel primär auf die umweltorientierte Bewertung eines ganzen Unternehmens, eines einzelnen Werkes oder auf die Bewertung eines in sich abgeschlossenen Teilbereiches eines Unternehmens bzw. Werkes ausgerichtet /MüW-78/. Die diesbez. bekannten Ansätze lassen sich vereinfacht nach standortbezogenen Umweltaudits oder standortbezogenen Input-Output-Analysen unterscheiden /Wes-93/.

Die Ansätze zur standortbezogenen Umweltauditierung sind strukturell vergleichbar mit den in den Bereichen des Qualitätsmanagements schon etablierten Auditierungsmethoden /Ste-91/. Durch gezielte Unternehmensinspektionen und Mitarbeiterbefragungen wird der Ist-Zustand von Unternehmen sowohl in Bezug auf tatsächliche als auch auf potentielle Umweltbelastungen hinterfragt und abgebildet. Eine systematische Verdichtung und Interpretation der erfaßten Informationen dient dazu, eine Datenbasis für unterschiedlich orientierte Auswertungen zu erstellen. Anhand der resultierenden Ergebnisse können dann aus umweltökonomischer Sicht bestehende Defizite in der unternehmensspezifischen Aufbau- und Ablauforganisation ermittelt und transparent gemacht werden /HaL-91/. Die im Rahmen der Umweltaudits durchgeführten Analysen dienen damit vordergründig der Ermittlung bestehender Schwachstellen im Umweltmanagement sowie der Initiierung notwendiger Maßnahmen. Als Grundlage für *Öko-Zertifizierungen* bzw. für die Vergabe von *Öko-Lables* kann Umweltaudits weiterhin eine marketingspezifische Relevanz zugeschrieben werden /Mef-88/.

Eine mehr auf physikalischen Größen basierende Strategie zur umweltorientierten Standortbewertung liegt den Ansätzen der Input-Output-Analysen zugrunde /Pri-89/. Die Anwendung dieser Bewertungsansätze basiert auf der Berücksichtigung der makroskopischen Stoff- und Energieflüsse, die die Bilanzgrenzen des Betrachtungsobjekts schneiden. Auf der Input-Seite sind dies die für die Produktion erforderlichen Rohstoffe, Halbzeuge und Endenergien, auf der Output-Seite fertiggestellte Produkte, resultierende Abwässer, verbleibende Abfälle etc. (Bild 2.3). Bei der wertmäßigen Erfassung der Größen kann zum Teil auf die in den Bereichen Einkauf, Materialwirtschaft und Versand verwalteten Daten zurückgegriffen werden. Aufgrund der bestehenden kaufmännischen Nachweispflichten liegen in diesen Bereichen der konventionellen Buchführung schon viele der erforderlichen Informationen vor /Gün-93/. Durch standortbezogene Aggregierung der dort ermittelten Daten können diverse Produktions-, Verbrauchs- und Bedarfskennzahlen hergeleitet werden, die für Soll-Ist-Vergleiche betreffs bestehender Auflagen oder eigener Zielwerte dienlich sind. Desweite-

Aktuelle Situation und Handlungsbedarf 13

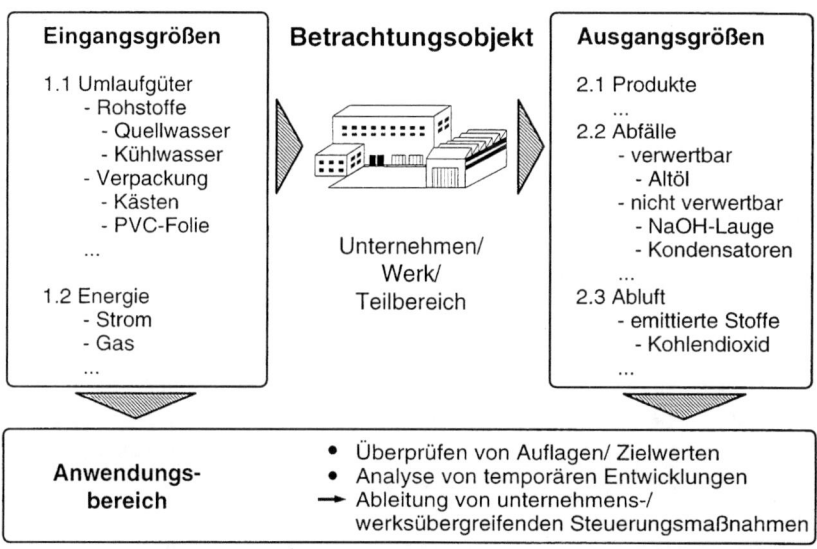

Bild 2.3: Standortorientierte Input-Output-Analysen - Betrachtungsobjekt, -größen und Anwendungsbereich /vgl. oV-92a/

ren ermöglichen Vergleiche von Gegenwarts- und Vergangenheitsdaten, die Umweltbelastungen durch ein Unternehmen bez. seiner Entwicklung zu hinterfragen.

Die mittels Input-Output-Analysen gewonnenen Bewertungsergebnisse können standortübergreifend genutzt werden, um Maßnahmen zur Steuerung des betrieblichen Ressourcenbedarfs abzuleiten. Bei Betrachtungsobjekten mit niedrig komplexen Produktionsstrukturen können die resultierenden Ableitungen vergleichsweise hohe Konkretisierungsgrade aufweisen /Hly-89/. Bei komplexeren Produktionsstrukturen sind die abgeleiteten Vorgaben eher von strategischem Charakter /Leh-90/.

Nachdem in jüngster Vergangenheit erste Unternehmen schon einzelne Ansätze für Input-Output-Analysen angewandt haben /z.B. Kun-91, oV-92a, IBM-93, Kun-93, Wes-93, Coe-94/, ist zwischenzeitlich diesbez. auch die Gesetzgebung einiger europäischer Staaten sensibilisiert /EWG-92, DBT-93/. Z.Z. wird in mehreren nationalen und internationalen Gremien untersucht, ob ergänzend zu bestehenden handelsrechtlichen Nachweispflichten für den Materialeinsatz eine gesetzlich geregelte (noch einheitlich zu entwickelnde) Analyse- bzw. Buchführungs*methodik* eingeführt werden sollte /Cla-93, EWG-93/.

2.2.2 Ansätze zur umweltorientierten Technologiebewertung

Im Gegensatz zu den standortorientierten Bewertungsansätzen stehen bei den technologieorientierten Bewertungsansätzen nicht Analysen des spezifischen Umweltverhaltens von Unternehmen(-sbereichen) im Mittelpunkt sondern Untersuchungen über die Umweltwirkung einzelner Technologien. Zielsetzung bei einer umweltorientierten Technologiebewertung ist es, den ökologischen Ressourcenbedarf zu ermitteln, der aus einer allgemeinen Anwendung einer Technologie resultiert /Bou-79/. Der Technologiebegriff /Ste-88, Shu-92/ bezieht sich dabei sowohl auf (Produktions-) Verfahren als auch auf Werkstoffe.

Die bestehenden Ansätze zur umweltorientierten Technologiebewertung können nach zwei strategischen Ausrichtungen differenziert werden. Zu unterscheiden sind Ansätze, die primär für innovative Bewertungen und Ansätze, die primär für reaktive Bewertungen von Technologien konzipiert wurden /VDI-91b/.

Die Ansätze mit denen innovative Technologiebewertungen unterstützt werden, beziehen sich auf die ersten Phasen eines Technologielebenszyklus /Wid-87/. Dies sind die Phasen in denen technologische "[...] Lösungen für gegebene Probleme gesucht [...]", "[...] erste Lösungskonzepte entwickelt [... und ...] Forschung und Entwicklung noch wesentlich verändert werden können" /VDI-91b/. Eine diesbez. Sensibilisierung wird allerdings oft mit einer umfassenden Abschätzung jeglicher Risiken, die mit der Entwicklung von neuen Technologien auftreten, verbunden /Bul-89/. Entsprechend sind die Ansätze, mit denen ökologische Aspekte berücksichtigt werden, nicht selten in ein umfassendes Repertoir an Charakterisierungsmechanismen eingebunden. Parallel zu den ökologischen Aspekten werden auch Gesichtspunkte wie Sicherheit, Wirtschaftlichkeit, Anwendungspotential etc. berücksichtigt /Por-80, Shu-92/.

Die Ansätze zur Unterstützung reaktiver Technologiebewertung werden auf die fortgeschrittenen Phasen eines Technologielebenszyklus angewandt. Sie beziehen sich auf die Phasen, in denen "[...] Forschung und Entwicklung nur noch schwer in andere Richtungen gelenkt werden können oder gar die Markteinführung einer Technik schon begonnen hat" /VDI-91b/. Zum Anwendungsspektrum dieser Ansätze zählt damit die ökologische Bewertung von konkreten technologischen Anlagen, deren Errichtung bzw. Nutzung vorgesehen ist. Während für (innovative) Bewertungen von teilweise noch unscharfen Zusammenhängen /Zim-91/ primär qualitative Ansätze entwickelt und genutzt werden, sind für (reaktive) Bewertungen von konkreten Sachlagen auch quantitative Ansätze nutzbar /VDI-91b/. Ein zentraler Ansatz für die reaktive, i.allg.

primär auf qualitativen Informationen basierende Technologiebewertung ist die Umweltverträglichkeitsprüfung (UVP) nach EG-Richtlinie 85/337 /Ott-89, SmM-92/. Das dort fixierte Prüfungsverfahren kommt als Nebenverfahren zu anderen Genehmigungsverfahren bei der Vorbereitung von Abwägungsentscheidungen für oder gegen ein Projekt zur Anwendung. Die UVP dient insbesondere vor dem Hintergrund der Errichtung, der Anschaffung oder des Betriebs einer technischen Anlage der Informationsbeschaffung und der Entscheidungsvorbereitung /Töp-89, HaD-91, Ste-91/.

Ansätze zur reaktiven Technologiebewertung, die primär auf quantitativen Daten basieren, sind bspw. kennzahlorientierte Systeme und Modelle /Ric-77, Bou-79, SET-91, Sae-93/. Sie basieren auf der Ermittlung und Nutzung von produkt- bzw. bauteilunabhängigen Bedarfsdaten, die das Ressourcenverhalten eines "allgemeinen" Technologieeinsatzes als konkrete Zahlenwerte wiedergeben. Die Ermittlung dieser Werte erfolgt anhand von Prinzipversuchen oder repräsentativen Anwendungen (Bild 2.4). Ähnlich den quantitativen Ansätzen zur standortbezogenen Umweltbewertung gelten bei der technologiebezogenen Bewertung alle physikalisch faßbaren Mengen- und Energieflüsse als relevante Größen. Aufgrund der kleineren Bilanzhülle "Verfahren" können jedoch bei den technologiebezogenen Bewertungsansätzen neben makroskopischen Größen vermehrt auch mikroskopische Größen berücksichtigt werden. Abhängig vom zugrundeliegenden Bewertungsansatz werden mittels dieser Werte spezifische *Kennzahlen* abgeleitet, die dazu dienen, das grundsätzliche Ressourcenverhalten eines Verfahrens, einer Anlage /Deg-86, GEM-89/ oder bei einer Werkstoffbereitstellung /Fec-89, SET-91/ zu charakterisieren. Die Bewertungsstrategie der Kennzahlensysteme ist darauf ausgerichtet, Kennfelder bzw. -werte zu ermitteln, anhand derer ein geplanter Technologieeinsatz hinsichtlich des resultierenden Ressourcenbedarfs überprüft werden kann /Bou-79/.

Auch wenn die Abbildung und der Vergleich von Sachlagen durch die charakterisierenden Kennzahlen mit geringem Anwendungsaufwand verbunden ist, so birgt diese Art der Bewertung Restriktionen. Zu berücksichtigen ist, daß eine Gegenüberstellung von Kenngrößen mit gleichem Bezug nicht grundsätzlich einen repräsentativen bzw. objektiven Vergleich gewährleistet. Es muß beachtet werden, daß komplexe Zusammenhänge wie technologische Aufwand-Nutzen-Beziehungen nicht vollständig durch Kennzahlen abgebildet werden können /Rei-93/. Entsprechend können reine Kennzahlenvergleiche zu Fehlinterpretationen führen, da z.B. Unterschiede in den verfahrensspezifischen Bearbeitungsqualitäten nur bedingt berücksichtigt werden können. Ebenso können abstrakte, anwendungsunabhängige Vergleiche von werkstoffspezifischen Herstellungsaufwänden nur bedingt aussagekräftig durchgeführt werden

Ermittlung	Betrachtungsobjekt	Eingangsgrößen
• Prinzipversuche • repräsentative Anwendungen	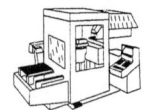 Verfahren [Anlage, Maschine, Prozeß] Werkstoff	• Energiebedarf • Hilfs- und Betriebsstoffe
Randbedingung		**Ausgangsgrößen**
• mittleres Belastungsprofil • mittlere Einstellparameter		• Emissionswerte • Abfallaufkommen **Bezug** • Masse • Zeiteinheit ...

Anwendungs- bereich	Ermittlung des grundsätzlichen Ressourcenverhaltens : • Kennfeldermittlung • Kennwertableitung → Indikatoren für technologiebedingten Ressourcenbedarf

Bild 2.4:   Technologiespezifische Umweltkennzahlen - Ermittlung, Betrachtungsgrößen und Anwendungsbereich

/Men-90/. Auch Aspekte wie unterschiedliche Leistungs- oder Gebrauchseigenschaften können aufgrund des fehlenden Produktbezuges nicht berücksichtigt werden.

Das Anwendungspotential der technologiebezogenen Bewertungsstrategien liegt unter Berücksichtigung dieser Einschränkungen primär darin, mit geringem Aufwand überschlägige Verfahrens- bzw. Werkstoffvergleiche für technisch gleichwertige Technologien durchführen zu können.

2.2.3 Ansätze zur umweltorientierten Produktbewertung

Detaillierte und damit fundierte Vergleiche von Produktionsalternativen sind erst dann realisierbar, wenn bei der Bewertung die konkreten produktspezifischen Anwendungen berücksichtigt werden /Dyl-90, Eve-93b/. Dieser Voraussetzung werden die Ansätze zur Bewertung von produktbezogenem Umweltverhalten gerecht. Die konzeptionelle Ausrichtung dieser Ansätze zielt auf die Ermittlung der umweltökonomischen Belastungen ab, die aus der Umsetzung eines konkreten Produktes resultieren.

Die derzeit vorliegenden Bewertungsansätze weisen spezifische Detaillierungen auf, die hinsichtlich der jeweiligen Betrachtungsbreite und -tiefe unterschieden werden. Die Betrachtungsbreiten variieren zwischen ausschließlicher Berücksichtigung der Produktherstellung und der Berücksichtigung des gesamten *Produktlebenszyklus* /Dic-84, Klö-91/. Die Betrachtungstiefen können dahingehend unterschieden werden, inwieweit die Bewertung nur auf einzelne, ausgewählte Ressourcen bezogen wird oder ob uneingeschränkt alle nachweisbaren Umweltgrößen Berücksichtigung finden /Eve-91, UWB-92/. Analog zu den unternehmens- und technologieorientierten Bewertungsstrategien ergeben sich weitere Gliederungsoptionen, die sich auf die qualitative und quantitative Bewertungsausrichtung beziehen. Realität und Abgeschlossenheit der Betrachtungsfälle und die damit einhergehenden hohen Konkretisierungsgrade erfordern jedoch für objektive, aussagekräftige Produktbewertungen primär die Anwendung quantitativer Bewertungsansätze.

Eine sehr umfassende Strategie zur Bewertung von produktspezifischen "Umwelt"-Auswirkungen liegt den Ansätzen zur Durchführung von Produktlinienanalysen (PLA; engl.: product lifecycle analysis bzw. ... assessment) zugrunde. Zielsetzung dieser Ansätze ist es, auf Basis primär physikalischer Eingangsgrößen "[...] sämtliche Auswirkungen eines Produktes auf seinem Lebensweg [...]" /Gri-92/ zu berücksichtigen /P&G-90, Alt-91, Klö-91/ (Bild 2.5). Gemäß dem ursprünglichen Begriffsverständnis "Produktlinienanalyse" wird der Anspruch der produktions-, nutzungs- und entsorgungsübergreifenden Betrachtungen dabei nicht nur auf ökologische Aspekte beschränkt. Zusätzlich werden in den Betrachtungen auch ökonomische und soziale Aspekte berücksichtigt /SET-91, Gri-92, UWB-92/. Das Vorgehen bei einer Produktlinienanalyse kann nach interpretationsfreien und interpretierenden Analyseschritten (*Sachbilanz, Wirkbilanz,* (ggf. Bewertung)) gegliedert werden /Ahb-90, Stö-92, FhG-93/. Im Rahmen der Sachbilanzen werden die unmittelbaren, physikalisch nachweisbaren Ressourcenbedarfe zahlenmäßig erfaßt und abgebildet. Mittels der auf den Sachbilanzen aufbauenden Wirkbilanzen wird eine (interpretationsbehaftete) "[...] Charakterisierung und [...] (Semi)quantifizierung des Ausmaßes einer Beeinträchtigung [...] der ökologischen Funktionen des Naturhaushaltes" anvisiert /FhG-93/. Auch wenn die aktuellen Ansätze zur Erstellung von Sach- und Wirkbilanzen sicherlich keinesfalls als ausgereift zu bezeichnen sind, so ist den Produktlinienanalysen doch heute schon ein großes Anwendungspotential zuzuschreiben. Ihr primärer Anwendungsbereich ist darin zu sehen, im o.g. Sinne produktspezifisch konkrete Schwachstellen ermitteln und analysieren zu können. Im Rahmen von Auswahlentscheidungen können durch Produktlinienanalysen weiterhin gestaltungs- bzw. produktionstechnische Alternativen auf ihre umweltökonomische Relevanz hin verglichen werden.

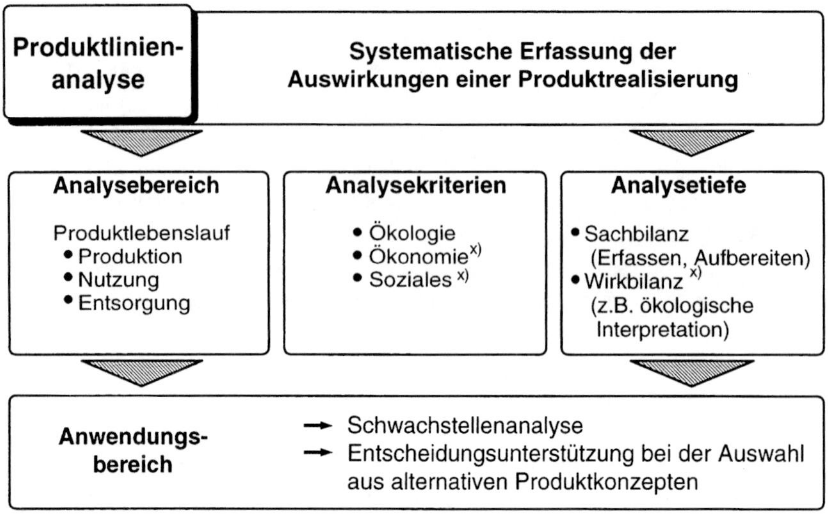

```
┌─────────────────┬──────────────────────────────────────┐
│ Produktlinien-  │  Systematische Erfassung der         │
│ analyse         │  Auswirkungen einer Produktrealisierung │
└─────────────────┴──────────────────────────────────────┘
```

Analysebereich	Analysekriterien	Analysetiefe
Produktlebenslauf • Produktion • Nutzung • Entsorgung	• Ökologie • Ökonomie [x)] • Soziales [x)]	• Sachbilanz (Erfassen, Aufbereiten) • Wirkbilanz [x)] (z.B. ökologische Interpretation)

Anwendungs- bereich	→ Schwachstellenanalyse → Entscheidungsunterstützung bei der Auswahl aus alternativen Produktkonzepten

[x)] in dieser Arbeit von sekundärer Bedeutung

<u>Bild 2.5</u>: Produktlinienanalyse - Betrachtungsgrößen und Anwendungsbereich

Neben den Ansätzen zur Durchführung von Produktlinienanalysen existieren für die umweltorientierte Produktbewertung weitere Bewertungsstrategien, die ähnlich strukturiert sind, aber weniger umfassende Bewertungsansätze haben. Ihr Analysebereich bezieht sich ebenfalls auf den ganzen Lebenszyklus eines Produktes. Die berücksichtigten Analysekriterien beschränken sich jedoch ausschließlich auf ökologische und/ oder ökonomische Aspekte /Tip-91, Stö-92/. Die entsprechenden ressourcenorientierten Ansätze werden in der Literatur u.a. als Lebenswegbilanzen /PGL-92/, ökologische Produktbilanzen /Stö-92/, ganzheitliche Bilanzierung /Eye-92/ oder Ökobilanzen für Produkte /UWB-92/ bezeichnet. Eine übergeordnete Begriffsbildung hat trotz zahlreicher Bemühungen (z.B. /NAG-94/) bislang noch nicht stattgefunden.

Die letztgenannten Ansätze und die Ansätze zur Durchführung von Produktlinienanalysen weisen strukturelle Parallelen auf, die sich als Basis für eine methodische Weiterentwicklung nutzen lassen. Entsprechend sind die in dieser Arbeit angestrebten Entwicklungen nicht nur als Beitrag zur "Systematisierung der sachlichen Bilanzierung von ökologischen Ressourcenbedarfen" einzustufen. Vielmehr sind sie als konstruktives Element zu werten, durch dessen Integration ein zentraler Bereich der übergeordneten Produktlinienanalysen operationalisiert wird. Vor diesem Hintergrund ist auch im

Aktuelle Situation und Handlungsbedarf 19

folgenden die Nutzung des Begriffs Produktlinienanalyse zu verstehen: Im Bewußtsein, daß Produktlinienanalysen nicht nur auf ökologische Aspekte beschränkt sind, soll gerade deren Berücksichtigung mit dieser Arbeit systematisiert werden.

Die Charakteristik der Ansätze zur ökologieorientierten Produktbewertung, die sich aktuell zur Einbindung in eine übergeordnete Produktlinienanalyse-Methodik anbieten, belegen den bestehenden Handlungsbedarf (Bild 2.6). Unabhängig von den unterschiedlichen, teilweise unvollständigen Bilanzgrenzen /Fla-79, Sal-87, Her-91/, von den verschiedenen originären Betrachtungsschwerpunkten /Eye-92, Eve-93b, FhG-93, Wup-93/ sowie vom unterschiedlichen Vorgehen, um eine zusammenfassende Bewertung abzuleiten /Hab-91, Tip-91/, lassen sich die Ansätze wie folgt charakterisieren:

Charakteristik Ökologie-orientierte Produktbewertung nach ...	Bilanzgrenze			hoher Datenbedarf	geringer Anwendungsaufwand	multidimensionale Bewertung	methodengestützte Ergebnisauswertung	methodengestützte Historienpflege	methodengestützte Anwenderführung	EDV - Adaption	Systematische Datenbeschaffung (=>CAx-Schnittstelle)
	Produktion	Nutzung	Entsorgung								
FhG - IPT (SFB 144) (z.B. /Eve-93b/)	●	●	●	●	○	●	◐	○	○	◐	○
FhG - ISI/ ILV (z.B. /FhG-93/)	◐	●	●	●	○	●	◐	○	○	◐	○
IKP (z.B. /Eye-92/)	●	●	●	●	○	●	◐	○	○	◐	○
WI (z.B. /Wup-93/)	●	●	●	●	○	●	◐	○	○	○	○
Synergy Int. (USA) (z.B. /Tip-91/)	●	●	●	●	○	○	○	◐	◐	◐	○
IVUK (CH) (z.B. /Hab-91/)	●	○	●	●	○	◐	○	○	○	○	○
IfE (z.B. /Sae-93/)	●	○	○	●	○	◐	○	○	○	○	○
IFP (z.B. /Her-91/)	●	○	○	◐	◐	○	○	○	○	○	○
IPM (PL) (z.B. /Sal-87/)	●	○	○	◐	◐	○	○	◐	◐	◐	○

Legende:
● gewährleistet/ erforderlich
◐ teilweise gewährleistet/ erforderlich
○ nicht gewährleistet/ erforderlich

Bild 2.6: Bestehende Ansätze für eine ökologieorientierte Produktbewertung

Obwohl bei der Anwendung der Ansätze einerseits ein hoher Datenerfassungs- und Bewertungsaufwand erforderlich ist, existieren andererseits weder geeignete anwendungsorientierte Methoden zur Datenaufbereitung noch aufwandsreduzierende Hilfsmittel oder gar Systematiken zur nachgelagerten Ergebnisauswertung. Auch ist eine methodische Nutzung der Potentiale der modernen Informationstechnik bislang nur für die Lösung spezieller Detailprobleme vorgesehen /GEM-92, PGL-92/.

Zwangsläufige Folge ist, daß sich aufgrund des damit verbundenen Aufwandes ein Einsatz der produktorientierten Bewertungsmethoden nur bei wenigen ausgewählten Produkten, hauptsächlich der Serien- und Großserienproduktion durchsetzen läßt /Eve-93b/. Die Potentiale der ökologieorientierten Produktbewertung lassen sich folglich nicht für Bereiche bzw. Unternehmen mit Einzel- und Kleinserienfertigung nutzen.

Eine detaillierte Analyse von wissenschaftlichen Arbeiten zum Thema bestätigt diese These (Bild 2.7). Werden die im thematischen Umfeld zur (umweltorientierten) Produkt- und Produktionsbewertung erschienenen Arbeiten untersucht, so ist zu erkennen, daß deren inhaltliche Schwerpunkte sich hauptsächlich auf bewertungstheoretische Fragestellungen beschränken /Fla-79, All-84, Tsa-85, Bin-88, Ple-88, Ste-88, Fra-89, Wlf-90, Hal-91, Sme-91, Dek-93/. Wie bereits erörtert, können diese Arbeiten hinsichtlich ihres spezifischen Betrachtungs- bzw. Bewertungskonzeptes unterschieden werden. Zu differenzieren sind dabei jeweils die Bewertungsdimension, die Allgemeingültigkeit und der Konkretisierungsgrad. Der unterschiedlichen Gewichtung dieser Aspekte steht gegenüber, daß Gesichtspunkte, die die aufwandsreduzierende Realisierung bewertungstechnischer Voraussetzungen betreffen, einheitlich nicht berücksichtigt werden.

Vor dem Hintergrund dieser Defizite ist es Ziel der Arbeit, die Entwicklung und methodische Kopplung einer umfassenden produktorientierten Bewertungsmethodik und einer bewertungsunterstützenden Systematik zur Datenaufbereitung zu realisieren. Gemäß der einleitend detaillierten Zielsetzung wird zur Realisierung eines übergeordnet angestrebten Planungshilfsmittels u.a. ein strukturiertes, den Möglichkeiten der modernen Informationstechniken entsprechendes Vorgehen zur Erfassung und Aufbereitung von erforderlichen Grunddaten konzipiert.

Aktuelle Situation und Handlungsbedarf

Wissenschaftliche Arbeiten zum Thema \ Charakteristik	energetisch	ökologisch	prozeß-unabhängig	qualitativ	quantitativ	Datenmodellierung	Systematische Datenbeschaffung	Schnittstelle zum CIM-Verbund	Produktionsorientierte Auswertung	EDV-Prototyp
Uni Köln /Ple-88/	○	●	●	●	○	○	○	○	○	○
ITU, TU Berlin /Fra-89/	●	●	○	●	●	○	○	○	○	○
FhG - IPT, RWTH Aachen /Bin-88/	●	○	●	●	●	○	○	○	○	○
FhG - IPT, RWTH Aachen /Sme-91/	●	◐	●	●	●	○	○	○	○	○
ITEM, St. Gallen /Hal-91/	○	○	●	●	○	○	○	○	○	○
FhG - IPA, Uni Stuttgart /Stn-88/	◐	◐	◐	●	○	○	○	○	○	○
FB II, TU Chemnitz /Wlf-90/	●	○	◐	●	●	○	○	○	○	○
IfE, TU München /Fla-79/	●	○	○	●	●	○	○	○	○	○
Uni Essen /All-84/	●	◐	◐	●	●	○	○	○	○	○
RWTH Aachen /Tsa-85/	●	◐	◐	●	●	○	○	○	○	○
IKP, UNI Stuttgart /Dek-93/	●	●	●	●	●	◐	○	○	○	◐
FhG - IPT, RWTH Aachen Böhlke, U.	●	●	●	●	●	●	●	◐	●	●

Legende: ● gewährleistet   ◐ teilweise gewährleistet   ○ nicht gewährleistet

Bild 2.7: Einordnung und Abgrenzung der vorliegenden Arbeit

2.3 Fazit: Ist-Zustand und Forschungsbedarf

Der Bedarf an einer stärker umweltorientierten Produktionswirtschaft stellt eine Herausforderung an alle Unternehmensbereiche dar. Sowohl die planenden als auch die ausführenden Bereiche sind gefordert, einen rationellen Ressourceneinsatz zu realisieren. Da jedoch in den Planungsphasen bereits Art und Umfang der Ressourcenbedarfe strukturell festgelegt werden, ist diesen vorgelagerten Unternehmensbereichen eine besondere Verantwortung zuzuschreiben. Um dieser Verantwortung zu entsprechen, ist es primäre Voraussetzung, daß die Vorgaben und Ergebnisse der

Produkt- und Technologieplanung ressourcenorientiert entwickelt werden. Dazu sind in der Vergangenheit erste Planungs- und Entscheidungsansätze konzipiert worden.

Die einzelnen Bewertungsstrategien auf denen diese Ansätze basieren können nach ihrem spezifischen Betrachtungsbereich und ihrer Anwendungscharakteristik unterschieden werden. Zu differenzieren sind Ansätze für die umweltorientierte

- Standortbewertung,
- Technologiebewertung und
- Produktbewertung.

Die jeweilig realisierbaren Konkretisierungsgrade sind indirekt proportional zur Dimension der primär betrachteten Bewertungs- bzw. Bezugsobjekte. Die standort- und technologiebezogenen Bewertungsverfahren eignen sich aufgrund der hohen Abstraktionsgrade primär für grobe, abschätzende Bewertungsaufgaben bzw. für anwendungsunabhängige Ressourcenbedarfsanalysen. Bei bauteilspezifisch detaillierten und objektiv fundierten Bewertungen von Ressourcenbedarfen müssen die konkreten Einsatzbedingungen in Betracht gezogen werden. Strategien, die für derartige Analysen konzipiert wurden, sind die produktorientierten Bewertungsansätze.

Zielsetzung der produktorientierten Bewertungsansätze ist die Ermittlung und Abbildung der Ressourcenbedarfe, die aus der Realisierung eines konkreten Produktes resultieren. Je nach Bewertungsansatz umfaßt die zu betrachtende Bilanzgrenze den Produktlebenszyklus partiell oder vollständig.

Trotz des hohen Potentials der produktorientierten Bewertungsansätze für die fundierte Ermittlung von rationellen Produkt- bzw. Produktionsalternativen muß der derzeitige Stand der Forschung in dieser Hinsicht als defizitär bezeichnet werden. In den aktuellen Arbeiten zu diesem Thema werden vordergründig weitergehende Detaillierungen der ansatz- bzw. methodenspezifischen Betrachtungen entwickelt und diskutiert. Der Handlungsbedarf, den eine anwendungsorientierte Operationalisierung der Bewertungsansätze bedingt, wird jedoch i.allg. nicht berücksichtigt:

o   Es sind keine praxisgeeigneten Algorithmen bekannt, mit denen der Betrachtungsumfang im Hinblick auf ein effizientes Aufwand-Nutzen-Verhältnis bei der Bewertung ermittelt werden kann. Vielmehr sind die Strukturen der aktuellen Bewertungsansätze darauf ausgerichtet, möglichst viele Detailinformationen zu berücksichtigen. Daß i.allg. ausgehend von einem gewissen Detaillierungsgrad weitergehende Ressourcenberücksichtigungen zwar zu noch höheren Erfassungsaufwänden aber nur zu marginalen Einflüssen auf das Bewertungsergebnis und folglich auf die praxisrelevante Entscheidungsfindung führen, wird nicht berücksichtigt.

o Mit den bestehenden produktspezifischen Bewertungsansätzen ist zwar der allgemeine Datenbedarf skizziert, Systematiken zu dessen aufwandsminimaler Erfassung sind jedoch nicht vorhanden. Insbesondere die Potentiale moderner, bereichsweise in Unternehmen schon etablierter Techniken zur Datenverarbeitung werden in den übergeordneten Bewertungsstrategien nicht berücksichtigt.

o Die Tatsache, daß die den Bewertungsansätzen zugrundeliegenden Regularien eine Algorithmierung der Bewertungsprozesse und der nachgelagerten Interpretationen ermöglichen, wird bisher in keinem der vorliegenden Ansätze berücksichtigt. Automatisierbare Algorithmen zur Informationsverdichtung und zur Ableitung von produktionstechnisch relevanten Entscheidungen fehlen vollständig.

Aufgrund der aus diesen Defiziten resultierenden Restriktionen für die Anwendung der bestehenden Bewertungsmethoden - der hohe Aufwand, die fehlende Ausrichtung auf praxisrelevante Entscheidungsaufgaben - wird das Potential zur Reduzierung des Bedarfs an ökologischen Ressourcen bislang nur sporadisch genutzt.

Kapitel 3: Systematisierung und Analyse möglicher Optimierungsansätze

Mit der Beschreibung und der Gliederung der derzeit zur Verfügung stehenden umweltorientierten Bewertungsstrategien ist die aktuelle Situation dargestellt und der bestehende Handlungsbedarf aufgezeigt worden. Bevor Ansätze untersucht werden, mit denen diesem Handlungsbedarf entsprochen werden kann, wird zunächst der entsprechende Soll-Zustand skizziert. Diese Darstellung wird später bei der Suche nach *Adaptionspotentialen* und der Entwicklung einer neuen, umfassenden Planungsmethodik als Orientierung dienen.

3.1 Kennzeichnung des Soll-Zustandes

Voraussetzung für die effiziente Entwicklung einer Methodik zur ressourcenorientierten Produktionsplanung ist die detaillierte Beschreibung des Soll-Zustandes. Hierfür werden zunächst die anwendungsorientierten Anforderungen an das übergeordnete Planungshilfsmittel beschrieben. Darauf aufbauend werden die Anforderungen an die in das Planungshilfsmittel zu implizierende, in dieser Arbeit zu entwickelnde Methodik abgeleitet und der resultierende Datenbedarf skizziert.

3.1.1 Anforderungen an das Planungshilfsmittel

Wie aus der Ableitung und der Darstellung des bestehenden Handlungsbedarfs hervorgeht, liegen den anstehenden Forschungsarbeiten zwei Ausrichtungen zugrunde. Die Forschungsarbeiten beziehen sich sowohl auf den vor- als auch auf den nachgelagerten Bereich einer Produktbewertung. Hinsichtlich des vorgelagerten Bereichs einer Produktbewertung ist zum Zwecke der Aufwandsminimierung die bewertungsorientierte Datenbeschaffung, -verwaltung etc. zu systematisieren. Für den nachgelagerten Bereich einer Produktbewertung gilt es, die Datenverdichtung und Interpretation methodisch zu unterstützen. Ziel ist es, die Ergebnisse dieser Arbeiten später in ein umfassendes Planungshilfsmittel zu integrieren, das sowohl für den produktspezifischen als auch für den produktionsübergreifenden Bereich Unterstützung bietet.

Um einen maximalen Nutzen zu gewährleisten, sind bei der Konzeption und der Detaillierung der Planungsmethodik neben bewertungstheoretischen Ansprüchen insbesondere die Anforderungen an die praktische Anwendung des Planungshilfsmittels zu berücksichtigen. Um diese Anforderungen abzubilden, ist zum /AWK-93/ eine Umfrage durchgeführt worden. Auch wenn die ermittelten Forderungen partiell konkurrieren, hat sich für das Soll-Profil des anvisierten Planungshilfsmittels eine eindeutige Charakteristik ergeben (Bild 3.1):

Als primäre Anforderung an ein ökologieorientiertes Planungshilfsmittel wurde die Unterstützung bei Prozessen der Entscheidungsfindung identifiziert /Eye-94/. Die Ermittlung der Bewertungsergebnisse muß reproduzierbar und verursachungsgerecht erfolgen. Neben der Berücksichtigung der Schnittstelle von Ökonomie und *Ökologie* bedarf es weiterhin einer universellen Anwendbarkeit bei gleichzeitiger Gewähr der Berücksichtigung aller relevanten Einsätze. Eine langfristige Nutzung der ermittelten Ergebnisse ist von vergleichsweise sekundärem Interesse, da ein in eine Entscheidung umgesetztes Bewertungsergebnis nachträglich i.allg. nur schwer zu beeinflussen bzw. zu revidieren ist.

Anforderungen	Relative Bedeutung [x]
Unterstützung der Entscheidungsfindung	~95%
reproduzierbare Ergebnisse	~90%
verursachungsgerechte Bewertung	~65%
ökonomie- und ökologieorientiert	~60%
universelle Handhabbarkeit	~50%
Berücksichtigung relevanter Einsätze	~45%
langfristige Nutzbarkeit von Ergebnissen	~35%

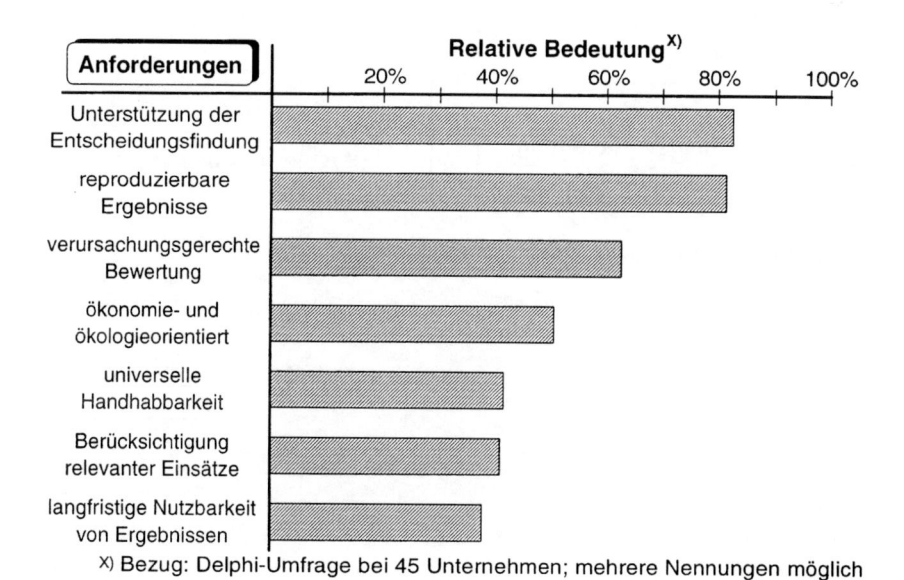

[x] Bezug: Delphi-Umfrage bei 45 Unternehmen; mehrere Nennungen möglich

Bild 3.1: Anforderungen an ein ökologieorientiertes Planungshilfsmittel /vgl. AWK-93/

Die Nutzung des Planungshilfsmittels entsprechend dem dargestellten Anforderungsprofil soll folglich sowohl für prospektive als auch für retrospektive Aufgabenstellungen ermöglicht werden. Bei prospektiven Aufgabenstellungen, wie z.B. einer anstehenden

Prozeßkettenauswahl, sind Entscheidungen für neu zu gestaltende Sachverhalte vorzubereiten. Bei retrospektiven Aufgabenstellungen sind bestehende Sachverhalte, wie z.b. die laufende Fertigung eines Bauteiles, dahingehend zu analysieren, inwieweit Ansatzpunkte für eventuelle (System-) Optimierungen identifiziert werden können. Die Basis für beide Nutzungsmodi ist jeweils eine systematische Ermittlung des produktionsbedingten Bedarfs umweltökonomischer Ressourcen (Bild 3.2).

```
┌─────────────────────────────────────────────────────┐
│           Ermittlung des produktspezifisch          │
│     verursachten Bedarfs an ökologischen Ressourcen │
└─────────────────────────────────────────────────────┘
         ▼ prospektiv                ▼ retrospektiv

┌──────────────────────────┐   ┌──────────────────────────┐
│   relative und absolute  │   │ Schwachstellenidentifika-│
│         Analyse          │   │      tion/-analyse       │
│                          │   │    Maßnahmenableitung    │
│  • Prozeß-/              │   │                          │
│    Prozeßkettenauswahl   │   │  • Konstruktion          │
│  • Investitionsplanung   │   │  • Prozeß                │
│  • Technologieplanung    │   │  • Prozeßkette           │
└──────────────────────────┘   └──────────────────────────┘
              ▼                             ▼
┌──────────────────────────┐   ┌──────────────────────────┐
│ Entscheidungsvorbereitung/│  │   (System-) Optimierung  │
│     -unterstützung       │   │                          │
└──────────────────────────┘   └──────────────────────────┘
```

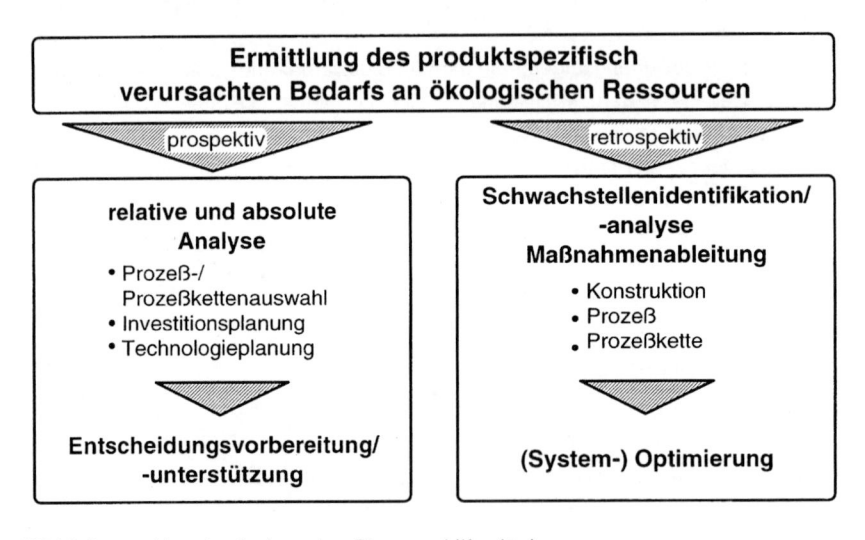

Bild 3.2:   Hauptaufgaben des Planungshilfsmittels

Zur Erfüllung der gestellten Anforderungen und zur Realisierung der angestrebten Nutzungsmodi gilt es, für das anvisierte Planungshilfsmittel eine geeignete Planungsmethodik zu konzipieren. Resultierend aus den Anforderungen an das Planungshilfsmittel können die Anforderungen an die Planungsmethodik wie folgt detailliert werden.

3.1.2 Anforderungen an die zu entwickelnde Methodik

Das Soll-Profil der zu entwickelnden Planungsmethodik wird im wesentlichen von den Forderungen an das übergeordnete Planungshilfsmittel bestimmt. Durch die ergebnisorientierte Formulierung der angestrebten Nutzungsprofile sind die Ausgangsgrößen der Planungsmethodik strukturell vorgegeben. Eine weitergehende Detaillierung der Ausgangsgrößen ist erst dann durchführbar, wenn die relevanten Eingangsgrößen nach Art (Welche Größen ...?) und Umfang (Welche Bilanzgrenze ...?) konkretisiert werden.

3.1.2.1 Bewertungsgrößen

Gemäß Zielsetzung gilt es, die mit einer Produktrealisierung verbundenen Umweltlasten systematisch zu ermitteln und zu bewerten. Als übergeordneter Sammelbegriff für die entsprechend zu berücksichtigenden Größen finden in der Literatur folgende Formulierungen gleichermaßen Verwendung: Verzehr, Bedarf, Einsatz bzw. Verbrauch von ökologischen, umweltökonomischen bzw. natürlichen Ressourcen, umweltbelastende Größen, Umweltbelastungen /Fec-89, Ahb-90, SET-91, PGL-92, Stö-92/ etc. Um eine unnötige Begriffsvielfalt zu vermeiden, wird im folgenden "Ressourcenbedarf" als Synonym genutzt. Auch wenn unter dem Begriff Ressourcen allgemein die "natürlichen Produktionsmittel für die Wirtschaft" verstanden werden /Dud-82/, wird der Begriff in dieser Arbeit primär in der ökologisch bzw. umweltökonomisch dimensionierten Bedeutung genutzt.

In der Praxis steht der Vielfalt der übergeordnet beschriebenen Begriffsnutzung eine gleichermaßen uneinheitliche Gliederung der zu berücksichtigenden Einzelpositionen gegenüber. Die dem Synonym Ressourcenbedarf untergeordneten Größen werden bislang unterschiedlich detailliert. Global unterschieden wird bspw. zwischen gasförmigen, flüssigen und festen Ein- und Ausgangsgrößen, zwischen Materialverbrauch, Energiebedarf, Emissions- und *Abfall*-aufkommen /Fec-89/, ggf. zusätzlich zwischen Bodennutzung, Flächenbelegung, Raumbelegung etc. /PGL-92/. Bei problemspezifischen Berücksichtigungen von Ressourcenbedarfen werden die zu betrachtenden Bewertungsgrößen noch detaillierter unterteilt. Bei Ressourcenbedarfen, die durch den Einsatz von Kühlschmierstoffen verursacht werden, wird bspw. zusätzlich nach Aufkommen von Schlämmen, Hilfsstoffen, Dämpfen, Reaktionsprodukten etc. unterschieden /AWK-90, Bie-93, Rce-93/.

Abgesehen von den problemspezifischen Gliederungen der relevanten Größen können die übrigen Gliederungsvarianten inhaltlich als weitestgehend deckungsgleich interpretiert werden. Analog zur Spezifizierung des übergeordneten Sammelbegriffs "Ressourcenbedarf" wird daher folgend eine Gliederungsform als Synonym für die verschiedenen Gliederungsvarianten dienen. Unter Berücksichtigung der produktionstechnisch orientierten Aufgabenstellung wird bez. der produktspezifisch relevanten Prozesse zunächst zwischen Eingangs- und Ausgangsgrößen unterschieden.

Als Eingangsgrößen werden Energie und Material unterschieden, wobei aufgrund der produktionstechnischen Orientierung im Hinblick auf das Material eine weitergehende Gliederung in Werk-, Hilfs- und Betriebsstoffe praktikabel ist. Die Ausgangsgrößen können hinsichtlich der primär angestrebten Produkte und dem - i.allg. nur bedingt angestrebten - Aufkommen an Nebenprodukten gegliedert werden (Bild 3.3). Die Nebenprodukte können wiederum hinsichtlich ihrer Dimension unterschieden werden. Als relevant ist einerseits das Aufkommen von makroskopischen Abfällen und mikroskopischen *Schadstoffen*, andererseits das prozeßbedingte Aufkommen von nutzbaren Restenergien zu beachten. Der produktspezifische Anteil am globalen Flächenbedarf /PGL-92/, an der Bodenversiegelung /Ahb-90/ und am Abbau des tropischen Regenwaldes /Wup-93/ wird wegen fehlender transparenter Möglichkeiten zur Abbildung produktspezifischer Verursachungsketten nicht berücksichtigt.

Eingangsgrößen	Betrachtungsbereich	Ausgangsgrößen
Energie		Produkt
Werkstoff	f (Bilanz- grenze)	Energie $^{x)}$
		Abfälle
Hilfs- und Betriebsstoff		Schadstoffe

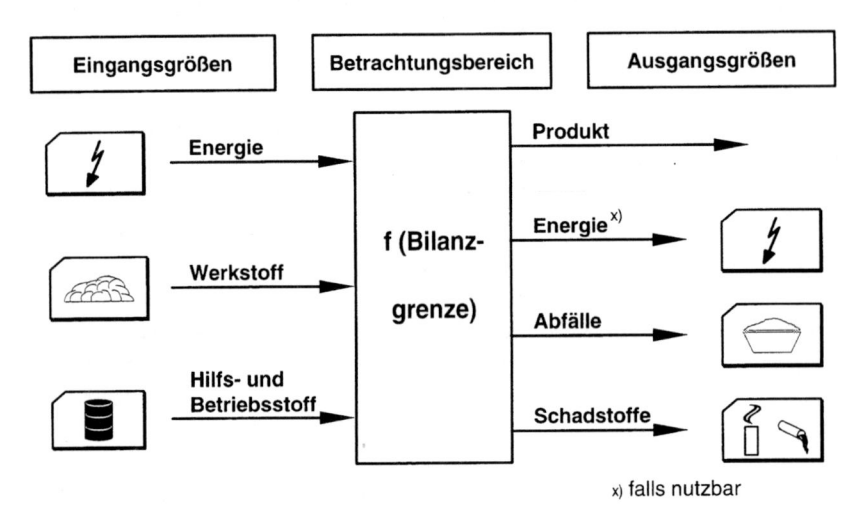

x) falls nutzbar

Bild 3.3:   Relevante Bewertungsgrößen

Für die Auflistung und Erörterung der im Rahmen einer umweltorientierten Produktbewertung relevanten Größen wird nachfolgend auf die beschriebene Strukturierung zurückgegriffen. Auch wenn damit im weiteren ein einheitliches Begriffsverständnis gewährleistet werden kann, so mindert diese klare, theoretische Abbildung nicht die mit den zu berücksichtigenden Größen einhergehende Komplexität. Denn insgesamt ist zu beachten, daß die in Bild 3.3 aufgeführten Größen in der Praxis vielschichtig vernetzt sind. Als Ursache hierfür ist die Tatsache zu sehen, daß zur Bereitstellung bzw. Beseitigung der prozeßbedingten Ein- oder Ausgangsgrößen weitergehende indirekte Ressourcenbedarfe erforderlich werden. So ist bspw. zu berücksichtigen, daß für die Bereitstellung von prozeßspezifisch erforderlicher Endenergie der Einsatz von Hilfs- und Betriebsstoffen zur Deckung des Energieträgerbedarfs erforderlich ist

Systematisierung und Analyse

(Bild 3.4). Weiterhin ist durch die Bereitstellung von Endenergie wirkungsgradbedingt ein vergleichsweise höherer *Primärenergie*bedarf und anlagenseitig ein anteiliger Werkstoffbedarf erforderlich. Diesen indirekten Einsätzen steht ein indirektes Aufkommen an Abfällen und Schadstoffen, ggf. auch ein nutzbarer Restenergieanteil gegenüber.

Entsprechend sind bei einer umweltorientierten Produktbewertung nicht nur die direkt einem Prozeß zuordenbaren Ressourcenbedarfe zu berücksichtigen, sondern auch die indirekten, nur mittelbar mit einer Produktrealisierung einhergehenden Ressour-

z.B.: Strom	z.B.: Schmieröl	z.B.: Aluminium
z.B.: Altöl	z.B.: SO$_2$- Reduktion	E Energieeinsatz W Werkstoffeinsatz HB Hilfs-/ Betriebsstoffeinsatz AB Abfallaufkommen SS Schadstoffaufkommen

Überlagerung

Legende: x verursacht ... Einsatz / ... Aufkommen

x = direkter Ressourcenbedarf
y,z = indirekter Ressourcenbedarf

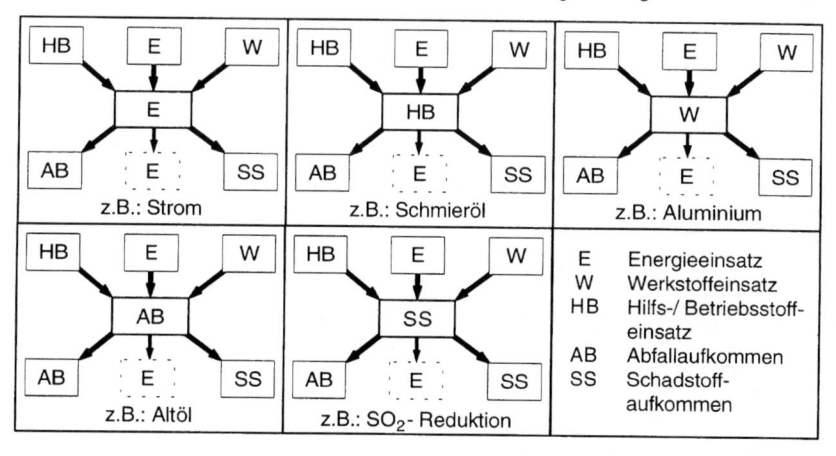

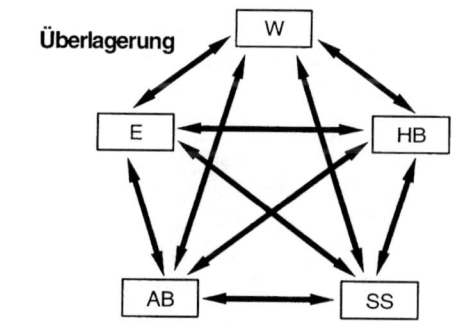

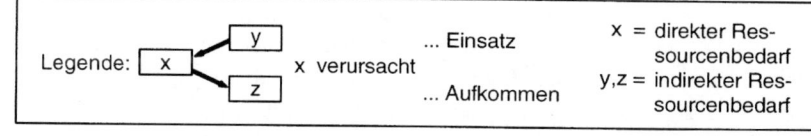

Bild 3.4: Verknüpfung von direktem und indirektem Ressourcenbedarf

cenbedarfe. Eine Konkretisierung der entsprechend zu realisierenden Detaillierungstiefe macht jedoch die Definition einer übergeordneten Bilanzgrenze erforderlich.

3.1.2.2 Bilanzgrenze

Einleitend ist bereits darauf hingewiesen worden, daß mit zunehmenden Erkenntnissen über die komplexen Auswirkungen produktionstechnischen Handelns auch die Sensibilisierung für die wahrzunehmende Verantwortung zunimmt. So steht heute gemeinhin außer Zweifel, daß die Produktverantwortung eines Herstellers nicht an dessen Werkstor aufhört, sondern sich auf die gesamte Nutzungs- und Entsorgungsphase bezieht /Wee-83, Dre-85, Rom-90/. Unter Berücksichtigung der gesetzlichen Verankerung dieser Verantwortung /Ada-91, San-92, SmM-92, ScH-94/ kann der Umfang des als relevant anzusehenden Betrachtungsbereichs als strukturell fix angesehen werden. Gemäß der ursprünglichen Definition der Produktlinienanalyse umfaßt sie den gesamten Lebensweg eines Produktes.

Vor dem Hintergrund des in Kapitel 3.1.2.1 dargelegten Zusammenhanges zwischen direkten und indirekten Ressourcenbedarfen steht der als horizontal zu bezeichnenden Bilanzgrenze "*Produktlinie*" (Produktlebenszyklus) eine vertikale Betrachtungsdimension gegenüber. Neben der Berücksichtigung sämtlicher direkt mit der Produktion, Nutzung und Entsorgung eines Produktes einhergehenden Ressourcenbedarfe ist es für eine objektive Produktbewertung erforderlich, auch sämtliche indirekten, mittelbar verursachten Ressourcenbedarfe zu berücksichtigen.

Während jedoch die Berücksichtigung der direkten Ressourcenbedarfe vergleichsweise einfach zu realisieren ist, gestaltet sich die Operationalisierung der vertikal ausgerichteten Forderung schwieriger. Neben der primär zu bewertenden Produktlinie, der Prozeßkette 1. Ordnung, gilt es in der vertikalen Dimension weitere Produktlinien zu berücksichtigen. Die Prozeßketten höherer Ordnung sind die Produktlinien der Ressourcen, die mit den Prozeßketten niedrigerer Ordnung verknüpft sind bzw. aus ihnen resultieren. Entsprechend läßt sich auch die Struktur der übergeordneten Prozeßketten im Vergleich zur Prozeßkette 1. Ordnung i.allg. nicht eindeutig in drei Phasen (Produktion, Nutzung, Entsorgung) gliedern. Die Produkte der übergeordneten Prozeßkette gehen bez. ihrer Nutzungs- bzw. Entsorgungsphase nicht selten in untergeordneten Prozeßketten auf, wobei der daraus resultierende Ressourcenbedarf auch den untergeordneten Ressourcenketten angelastet wird (Bild 3.5). Ein einfaches Beispiel für diese Verknüpfung stellt die Prozeßkette "Kraftstoffgewinnung" /GEM-89/ und die Einbindung des erzeugten Kraftstoffs in die PKW-Produktlinie dar /Eve-90/.

Systematisierung und Analyse 31

Bei der Umsetzung der vertikalen Betrachtungsdimension ist weiterhin zu ermitteln, mit welcher Detaillierungstiefe die Analyse übergeordneter Produktlinien durchzuführen ist und mit welcher "Auflösungsgenauigkeit" deren Berücksichtigung noch Einfluß auf das Bewertungsergebnis bzw. die anstehende Entscheidungsfindung hat. So ist z.B. zu beantworten, inwieweit bez. der o.g. Produktlinien "PKW" bzw. "Kraftstoffgewinnung" auch der Energiebedarf für die Bereitstellung einer off-shore-technischen Infrastuktur bewertungsrelevant ist.

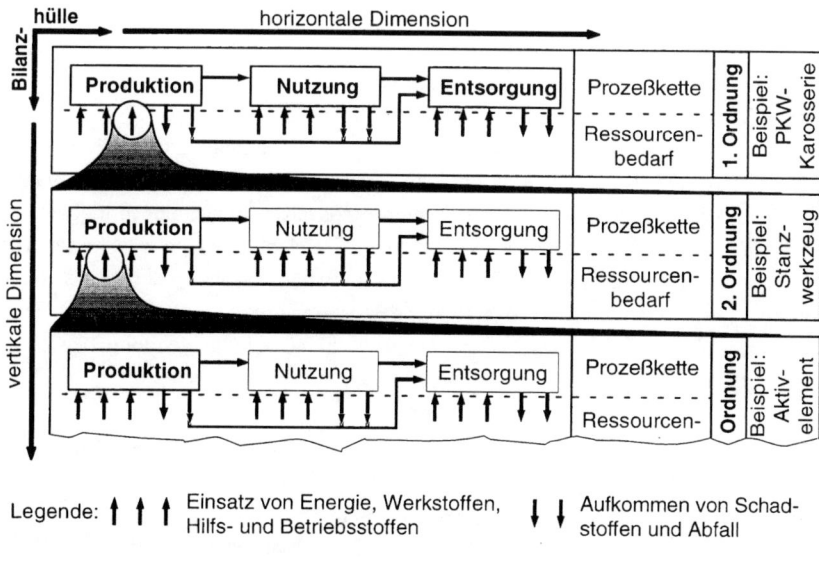

Bild 3.5: Relevante Bilanzgrenzen

Ungeachtet der noch ausstehenden Operationalisierungsansätze läßt sich der für eine objektive Produktbewertung erforderliche Betrachtungsbereich wie folgt zusammenfassen: Der relevante Betrachtungsbereich wird zum einen durch eine horizontale Bilanzgrenze umrissen, deren Ausrichtung an der Lebensdauer des zentralen Produktes zu orientieren ist. Zum anderen bezieht sich eine vertikale Bilanzgrenze auf die Berücksichtigung aller indirekten/ mittelbaren Ressourceneinsätze, die aus der Realisierung des zentralen Produktes resultieren.

3.1.3 Resultierender Datenbedarf

Die Beschreibung der der Planungsmethodik zugrundeliegenden Anwendungsintention sowie der relevanten Bewertungsgrößen und Bilanzgrenzen lassen erkennen, daß für eine umweltorientierte Produktbewertung eine umfassende Datenbasis bereitzustellen ist. Um einen ersten Überblick über Art und Umfang der zu ermittelnden und zu verarbeitenden Datenmengen zu erhalten, wird der als erforderlich absehbare Datenbedarf näher skizziert.

Für eine ganzheitlich umweltorientierte Produktbewertung sind zunächst diverse Informationen über die Produktion eines Produktes erforderlich: Aus welchen Werkstoffen besteht das Produkt? Welche Verfahren i.allg. und welche Maschinen im besonderen kommen bei der Produktion zum Einsatz? Welches Ressourcenverhalten weisen die Maschinen auf? Welche Hilfs- und Betriebsstoffe sind erforderlich? etc. Mit Bezug auf die Produktnutzungsphase gilt es, das produktspezifische Leistungsvermögen, die realistischen Nutzenszenarien etc. zu ermitteln. Die Entsorgungsphase ist hinsichtlich des zu erwartenden Entsorgungsmodus zu beschreiben. Zu berücksichtigen sind die Ressourcenbedarfe für Deponierungs- bzw. Recyclingvorgänge, aber auch evtl. Gutschriften aufgrund von Möglichkeiten zur weitergehenden Verwendung bzw. Verwertung einzelner Produktkomponenten /Eve-91, VDI-91a/.

Strukturell können die erforderlichen Daten nach unterschiedlichen Gesichtspunkten gegliedert werden: Nach ihrem qualitativen oder quantitativen Charakter, nach ihrem Phasenbezug (Produktion, Nutzung oder Entsorgung), nach ihrem Generierungsursprung (unternehmensintern oder -extern), nach dem Grad ihrer Allgemeingültigkeit (allgemein oder produktspezifisch) etc. Um Umfang und Charakter der erforderlichen Daten transparent zu machen, wird der Datenbedarf wie folgt gegliedert (Bild 3.6): Einerseits gilt es, nach dem Grad der Allgemeinheit zu unterscheiden, andererseits nach dem primären Bezugsobjekt der Daten (Werkstoff, Verfahren bzw. Maschine, Produkt).

Die quantitative Dimension der relevanten Daten ist von der Komplexität des zu betrachtenden Sachzusammenhangs und der zugrundeliegenden Bewertungsintention abhängig. Bei eindimensionalen Analysen kann sich der Datenbedarf auf wenige Kennzahlen beschränken, während er bei der multidimensionalen Bewertung eines mittelkomplexen Systems mehrere hundert bis tausend Parameter umfassen kann /Hab-91, GEM-92/.

Systematisierung und Analyse 33

Datenbedarf 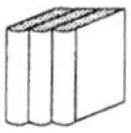	Stoffdaten 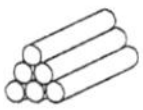	Verfahrens-, Maschinendaten 	Produktdaten 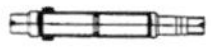
allgemein	- Aufbereitungs- alternativen - spezifischer Res- sourcenbedarf - Entsorgungs- alternativen - ...	- Hilfs- und Be- triebsstoffbedarf - Verbrauchs-/ Bedarfskenn- felder - ...	- Nutzungsmodus - Einsatz- bedingungen - ...
produkt- spezifisch	- Mengenbedarf - Aufbereitungs- zustand - ...	- Einstellparameter - Abnahmeleistung - Prozeßdauer - ...	- Leistungs- vermögen - Lebensdauer - ...

Bild 3.6:   Erforderliche Daten zur Durchführung einer umweltorientierten Produktbewertung (strukturelle Darstellung)

Der Umfang der erforderlichen Daten wird durch die aktuell vorliegenden Bilanzen bez. Umweltbelastungen durch diverse Verpackungssysteme verdeutlicht. Bspw. erfordert die Durchführung einer interpretierbaren Produktlinienanalyse für Getränke-verpackungen die Erfassung von ca. 250-400 direkten Stoffgrößen pro Verpackungs-alternative /Hab-91, UWB-92, SeG-93/. Da die Erfassung dieser Größen auf der Festlegung verschiedener Randbedingungen beruht, ist weiterhin davon auszugehen, daß zu deren Beschreibung noch diverse zusätzliche Parameter festzulegen sind.

Diese Beschreibung des anforderungsbedingten Datenbedarfs gibt einen Überblick über die für eine Anwendung erforderlichen und zu ermittelnden Daten. Einhergehend mit der Konzeptionierung und Detaillierung der Planungsmethodik muß für die Erfas-sung und die Verwaltung des skizzierten Datenbedarfs eine aufwandsminimierende Systematik entwickelt werden.

3.2 Analyse adaptierbarer Lösungsansätze

Ein systematisches Vorgehen bei der Entwicklung von neuen Lösungskonzepten bedingt eine vorgelagerte Analyse, in der überprüft wird, inwieweit für vergleichbare bzw. ähnlich strukturierte Probleme schon Lösungen bzw. Lösungsansätze bestehen. Diese gilt es zu ermitteln, zu untersuchen und potentielle Adaptionsmöglichkeiten abzuleiten. Hierzu ist vorbereitend die anstehende Aufgabenstellung zu abstrahieren. Anschließend sind für die ermittelte Problemstruktur die derzeit bereits existierenden Lösungsansätze zu ermitteln und zu analysieren.

Die Abstraktion der hier gegebenen Aufgabenstellung kann anhand von vier Kriterien erfolgen. Die zugrundeliegende Problemstruktur läßt sich durch das zentrale Bewertungsobjekt, durch die thematische und strukturelle Ausprägung der Bewertungsaufgabe, durch die geplante Anwendung der Bewertungsergebnisse bzw. der Methodik sowie durch die erforderlichen Randbedingungen charakterisieren (Bild 3.7): Für (alternative) Produkte, Bauteile bzw. Arbeitsvorgangsfolgen gilt es, den Bedarf an ökologischen Ressourcen zu ermitteln und zu bewerten. Die damit implizierte Bewertungsaufgabe ist als mehrdimensionales Optimierungsproblem mit zeitlich prospektiver Orientierung zu charakterisieren. Die zu ermittelnden Ergebnisse sollen zur Entscheidungsunterstützung in den Bereichen der Konstruktion und der Arbeitsplanung bzw. Technologieplanung genutzt werden. Voraussetzungen hierfür sind eine transparente Darstellung der Bedarfsstrukturen sowie eine systematische Bereitstellung der erforderlichen Daten.

Ökologieorientierte Produktlinienanalyse

1.	Bewertungsobjekt	⟶	• Produkt/ Bauteil • Arbeitsvorgangsfolge
2.	Bewertungsaufgabe		
	2.1 Thematik	⟶	Bedarf an ökologischen Ressourcen
	2.2 Aufgabenstruktur	⟶	Mehrzielproblem
	2.3 Zeithorizont	⟶	a priori ⟶ heute
3.	Anwendung	⟶	Entscheidungshilfe • Konstruktion • Technologieplanung
4.	Voraussetzung	⟶	• Transparenz schaffen • Datenbereitstellung

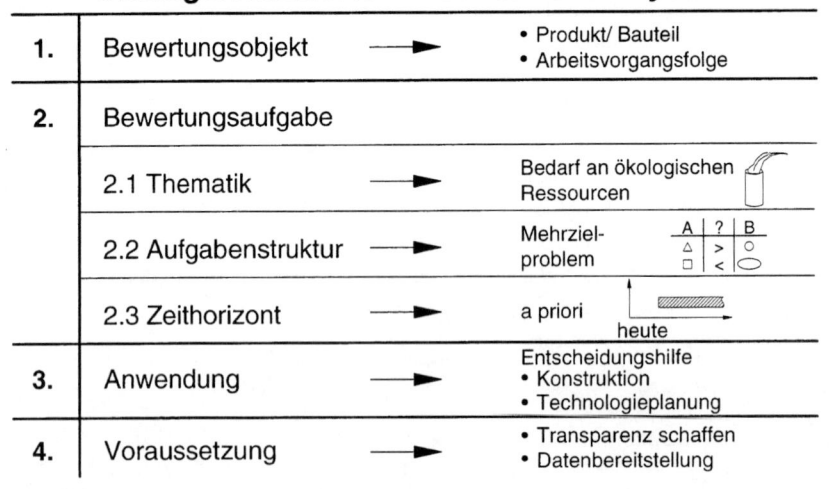

Bild 3.7: Strukturelle Darstellung der gegebenen Aufgabenstellung

Systematisierung und Analyse 35

Unter Berücksichtigung der beschriebenen Problemstruktur wird die Ermittlung von adaptierbaren Lösungsansätzen zunächst gezielt auf bestehende Analyse- und Bewertungsmethoden ausgerichtet. Vor dem Hintergrund der implizierten informations- bzw. datentechnischen Erfordernisse werden anschließend EDV-technische Planungs- bzw. Informationshilfsmittel hinsichtlich nutzbarer Synergien analysiert.

3.2.1 Bestehende Analyse- und Bewertungsmethoden

Für ein strukturiertes Vorgehen bei der Ermittlung von Adaptionspotentialen ist es erforderlich, daß zunächst die zentralen Gesichtspunkte der übergeordneten Zielsetzung berücksichtigt werden (Bild 3.7: 1, 2.3, 3). Dies bedeutet, daß zunächst Problemlösungsstrukturen für das grundsätzliche methodische Vorgehen gesucht bzw. untersucht werden. Hauptsächlich bieten sich dafür Analyse- und Bewertungsmethoden mit primär produkt- bzw. stoffbezogener Orientierung an. Aufbauend auf diesen allgemeinen Untersuchungen werden anschließend Adaptionspotentiale zur Lösung der anstehenden Unteraufgaben (Bild 3.7: 2.1, 2.2 bzw. 4) gesucht.

3.2.1.1 Energiebedarfsorientierte Bewertungsmethoden

Gemeinsames Anwendungsziel der hier relevanten fertigungsorientierten Methoden ist die energiebedarfsorientierte Bewertung von Produkt- und Produktionsalternativen. Analog zum angestrebten umweltorientierten Planungshilfsmittel dienen diese Methoden primär in den der Produktion vorgelagerten Planungsphasen als Entscheidungshilfe und bieten somit Unterstützung für konkrete Produkt- bez. Verfahrensentscheidungen.

Die i.allg. methodenübergreifenden Bewertungsergebnisse basieren einheitlich auf der Berücksichtigung der erforderlichen Primärenergiebedarfe /Bou-79, Sae-82, Deg-86, Sal-87, MüH-88, Eve-90, Sae-93, VDI-93a/. Methodische Unterschiede existieren jedoch hinsichtlich der zu berücksichtigenden Bilanzgrenzen, des primären Bezugsobjekts sowie des Vorgehens bei der Quantifizierung (Bild 3.8). Die Bedeutung der Berücksichtigung der energetischen Bedarfe für die Produktion resultiert aus der Energie- bzw. Ölpreiskrise Anfang der siebziger Jahre /Dic-84/. Die meisten der heute bekannten energetischen Bewertungsmethoden sind ursprünglich durch das Bestreben entstanden, unternehmensbezogene bzw. produktionsbedingte Energieaufwendungen zu reduzieren. Mit zunehmender volkswirtschaftlicher Sensibilisierung wurde der Betrachtungshorizont der energetischen Bewertungsmethoden dann um produktionsübergreifende Aspekte erweitert.

36 Systematisierung und Analyse

Ökologieorientierte Produktlinienanalyse	Energiebedarfsorientierte Bewertungsmethoden
1 — Bewertungsobjekt: Produkt/ Verfahren 2 / 2.1 / 2.2 / 2.3 — Zielhorizont: a priori 3 / 4 — Anwendung: Entscheidungshilfe	Erfassung/ Bilanzierung fertigungsbedingter Energiebedarfe

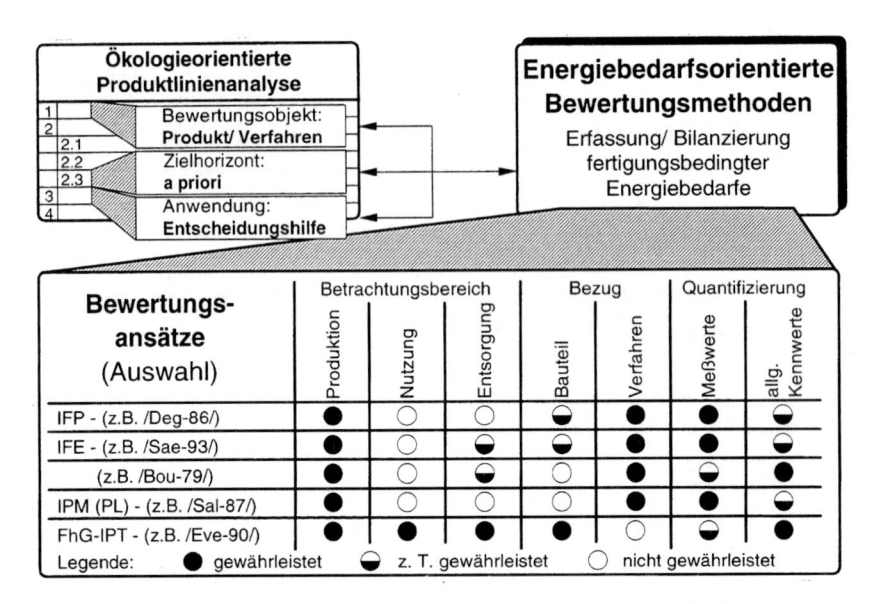

Bewertungs- ansätze (Auswahl)	Betrachtungsbereich			Bezug		Quantifizierung	
	Produktion	Nutzung	Entsorgung	Bauteil	Verfahren	Meßwerte	allg. Kennwerte
IFP - (z.B. /Deg-86/)	●	○	○	◐	●	●	◐
IFE - (z.B. /Sae-93/)	●	○	◐	◐	●	●	◐
(z.B. /Bou-79/)	●	○	◐	○	●	◐	●
IPM (PL) - (z.B. /Sal-87/)	●	○	○	○	●	●	◐
FhG-IPT - (z.B. /Eve-90/)	●	●	●	●	○	◐	●

Legende: ● gewährleistet   ◐ z. T. gewährleistet   ○ nicht gewährleistet

Bild 3.8: Ermittlung von aufgabenspezifischen Adaptionsmöglichkeiten - Energiebedarfsorientierte Bewertungsmethoden

So ist auch die Bewertungsmethode nach /Eve-88 u.a./ von einer rein produktionsorientierten Bewertungsmethode /Bin-88, Sme-88/ zu einer produktlinienübergreifenden Bewertungsmethode weiterentwickelt worden /Eve-91, Eve-94/. Unter Rückgriff auf ein allgemeines Prozeßmodell /Eve-90/ können mittels dieser Methode alle direkten und indirekten Energie- und Materialflüsse produktlinienbezogen erfaßt werden (Bild 3.9). Unter spezifischer Berücksichtigung von Arbeitsvorgangsfolgen, von Anwendungs- und Leistungscharakteristika und von Entsorgungsmöglichkeiten für Produkt- und Produktionsabfälle kann der resultierende Primärenergieaufwand bilanziert und Entscheidungsalternativen gegenübergestellt werden. Es werden sowohl variable als auch fixe Aufwendungen berücksichtigt, so daß bspw. für PPS-relevante Entscheidungen optimale Stückzahl- und Losgrößenbereiche ermittelt werden können. Bei einer Anwendung der Methode soll schwerpunktmäßig die energetisch günstigste Fertigungsalternative für ein bestehendes Handlungsspektrum identifiziert werden.

Die für die Konzeption der ökologieorientierten Planungsmethodik nutzbaren Adaptionspotentiale sind aus den in der Ausrichtung festzustellenden Parallelen zwischen dieser energetischen und der angestrebten ökologischen Bewertungsmethodik abzuleiten.

Systematisierung und Analyse 37

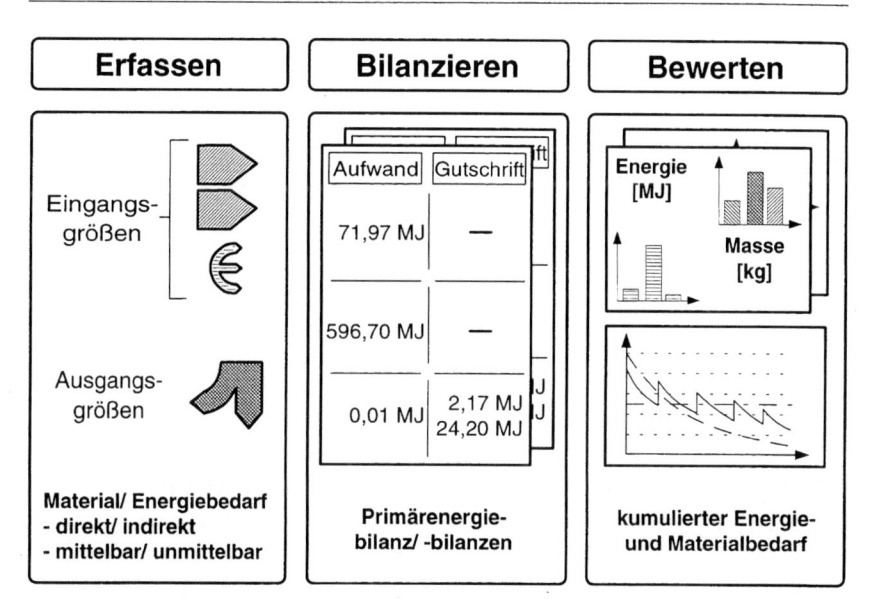

```
┌─────────────────┐   ┌─────────────────┐   ┌─────────────────┐
│    Erfassen     │   │   Bilanzieren   │   │    Bewerten     │
└─────────────────┘   └─────────────────┘   └─────────────────┘
```

Eingangsgrößen	Aufwand / Gutschrift 71,97 MJ — 596,70 MJ —	Energie [MJ] Masse [kg]
Ausgangsgrößen	0,01 MJ / 2,17 MJ J / 24,20 MJ J	
Material/ Energiebedarf - direkt/ indirekt - mittelbar/ unmittelbar	**Primärenergie-bilanz/ -bilanzen**	**kumulierter Energie- und Materialbedarf**

<u>Bild 3.9</u>:   Energieorientierte Bewertungsmethode nach /Eve-91/ - Vorgehensweise

Dies betrifft insbesondere

- <u>das methodische Vorgehen bei der Datenbeschaffung</u>:
  Daten für die spezifischen Abschnitte des Produktlebenszyklus werden nach und nach analysiert und produktlinienübergreifend aggregiert.
- <u>das methodische Vorgehen bei der Datenaufbereitung</u>:
  Daten zu praxisrelevanten Kennwerten werden entsprechend der spezifischen Aufgabenstellung verdichtet.
- <u>den erforderlichen Datenbedarf</u>:
  Energetische Prozeßdaten sind aufgrund der Zusammenhänge zwischen Energieeinsatz und Umweltbelastung sowohl für die energetischen als auch für eine ökologieorientierte Produktbewertung relevant.

Es bleibt jedoch zu berücksichtigen, daß für die Durchführung von energetischen Bewertungsaufgaben im Vergleich zu ökologischen Bewertungsaufgaben nur zwei- bzw. eindimensionale Interpretationen benötigt werden. Aufgrund der einheitlichen Wertungsgröße "Primärenergie" können unterschiedliche Einsatz- bzw. Bedarfsgrößen in eine Bezugsgröße transformiert werden. Unterschiedlich dimensionale Flußgrößen müssen also bei energetischen Aufgabenstellungen nicht aggregiert werden.

3.2.1.2 Ökotoxikologische Bewertungsmethoden

Bewertungsaufgaben mit multidimensionaler Ausrichtung treten im Fachbereich "Ökotoxikologie" auf. Denn zum Aufgabengebiet der Ökotoxikologie gehört neben der Aufklärung von Einflüssen "[...] auf das Vorkommen und Verhalten von Chemikalien [... und der] Erforschung von deren Wirkung [... insbesondere die Entwicklung] von Konzepten zur Bewertung des Gefahrenpotentials von Chemikalien" /Par-91/.

Für diese Aufgabenstellungen, die thematisch mit der o.g. ressourcenorientierten Bewertungsintention "verwandt" sind, sind verschiedene Analyse- bzw. Bewertungskonzepte entwickelt worden (Bild 3.10). Deren bewertungsstrategische Ausrichtung läßt sich dahingehend unterscheiden, inwieweit mit den Methoden das stoffspezifische Gefahrenpotential abgebildet oder eine Expositions- bzw. Wirkungsanalyse unterstützt wird. Während mit Expositionsanalysen die Verbreitung eines Stoffes in der Umwelt und mit Wirkungsanalysen die Auswirkungen auf Arten und natürliche Systeme untersucht werden, wird mit Hilfe der Methoden zur Beschreibung des stoffspezifischen Gefahrenpotentials die mengenbezogene Substanzwirkung ermittelt.

Ökologieorientierte Produktlinienanalyse
- Thematik: Ökologie
- Aufgabenstruktur: Mehrzielproblem

Ökotoxikologie
Gefährlichkeitsbewertung chemischer Stoffe

Bewertung stoffspezifischer Gefahrenpotentiale	Expositions- analyse	Wirkungs- analyse
- Benchmark-Konzept	- OECD-MPD	- Umwelt-/
- Ökotoxikologische Profilanalyse	(Minimum Pre- Marketing Set of Date)	Systemmodell
- Yardstick-Konzept	- E4 Chem-Modell	- Extrapolations- theorien
- Konkordanz-Analyse	- ...	
- ...		

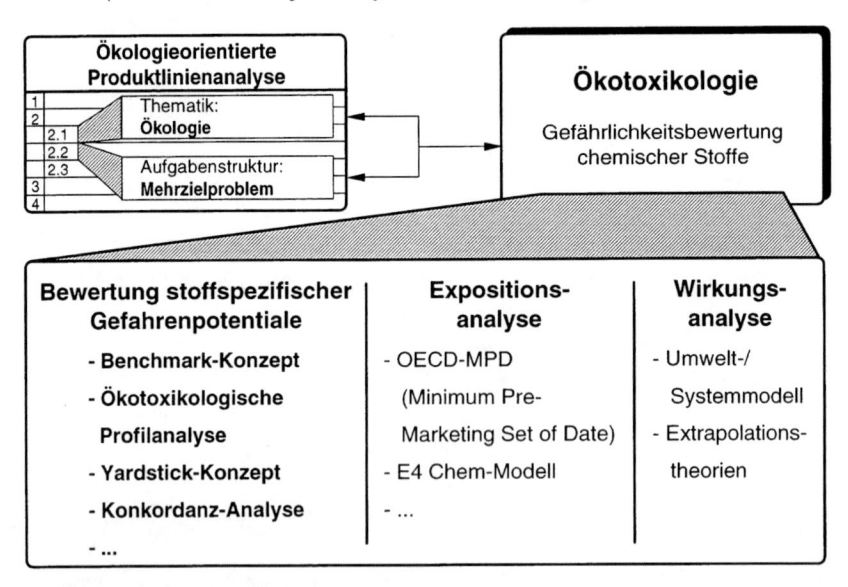

Bild 3.10: Ermittlung von aufgabenspezifischen Adaptionsmöglichkeiten - Ökotoxikologie

Systematisierung und Analyse 39

Die Bewertung des stoffspezifischen Gefahrenpotentials basiert zunächst auf der stochastischen, deterministischen, mikrokosmischen oder referenztechnischen Erfassung von ausgewählten Substanzkennwerten (Bild 3.11). Die physikalisch quantifizierbaren Kennwerte werden den Kennwerten von Stoffen mit bekanntem Umweltverhalten gegenübergestellt und, teilweise gewichtet, zugeordnet. Die Prognose über das Umweltverhalten des zu bewertenden Stoffes wird unter der Voraussetzung abgeleitet, daß Stoffe mit gleichen physikalischen Kennwerten (s. Bild 3.11) das gleiche Umweltverhalten aufweisen. Methodenabhängig kann an diese Zuordnung eine übergeordnete Klassifizierung in Stoff- bzw. Gefahrenklassen angeschlossen werden. Multidimensionale Vergleiche der einzelnen Kennwerte werden teilweise durch Matrizenrechnungen unterstützt.

Zusammenfassend kann festgehalten werden, daß sich die Strukturen der ökotoxikologischen und der ökologieorientierten Bewertungsmethoden hinsichtlich der jeweils betrachteten Parameter unterscheiden. Durch eine abstrahierende Betrachtung können jedoch aufgrund der Analogien zur vergleichenden Bewertung von produktionsbedingten Ressourcenbedarfen adaptierbare Lösungsansätze abgeleitet werden. Dies betrifft insbesondere

- das methodische Vorgehen bei der Relativierung einzelner Substanzen:
  Obwohl die ökotoxikologische Bewertung auf Stoffe bzw. Chemikalien ausgerichtet ist, bieten die methodischen Strukturen nutzbare Ansätze zur Bewertung und Relativierung von Abfall- bzw. Schadstoffen.
- den erforderlichen Datenbedarf:
  Gemäß EG-Richtline 79/839/EW5 müssen seit 1979 für Stoffe und Chemikalien, deren Produktion eine festgelegte Mindestmenge überschreitet, Gefährlichkeitsbewertungen nach o.g. Muster durchgeführt werden. Eine systematische Sammlung der aufgrund der gesetzlichen Auflagen ermittelten Bewertungsergebnisse bietet ein großes Nutzungspotential für die ökologieorientierte Bewertung, da hierbei auch ggf. das Aufkommen von Chemikalien berücksichtigt werden muß.

3.2.1.3 Bewertungsmethoden des Operations Research

Bei der Analyse der ökotoxikologischen Bewertungsansätze wurde bereits darauf hingewiesen, daß im Bereich des Operations Research Methoden konzipiert werden, die bei Optimierungsproblemen Unterstützung bieten. Abhängig von der entscheidungstheoretischen Zuordnung einer Problemsituation bietet sich die Nutzung unterschiedlicher Methoden des Operations Research an.

Methode	Ansatz (Vorgehen ▷ Ergebnis)	
Benchmark-Konzept	Bestimmung von	1. Abbaubarkeit ... 8. Wasserlöslichkeit
	Kennwertvergleich mit bekannten Stoffen	
	Referenzchemikalien mit bekanntem Umweltverhalten	
Ökotoxikologische Profilanalyse (einfach I erweitert)	Bestimmung von	1. Bioakkumulation ... 5. Photomineralisierung
	Profilaufbau	Sukzessives Klassifizieren der Kennwertausprägung [1] ♭ →]1...10[[10]
	Profilvergleich mit bekannten Stoffen	Gewichtete Addition
	Klassifizierende Prognose des Umweltverhaltens positiv/ unsicher/ negativ	
Yardstickkonzept	Kennwertermittlung und relative Zuordnung zu Referenzchemikalien	
	Normierung/ vektorielle Abbildung	
	relativer Bewertungsfaktor	
Konkordanz-Analyse (s.u.: Electre)	Kennwertermittlung und Matrizendarstellung • Testkriterien → • Substanzen ↓	
	Vergleich/ Zuordnung	→ Konkordanz-Matrix → Diskordanz-Matrix
	(relative) Klassifizierung des zu erwartenden Umweltverhaltens	

Bild 3.11: Ökotoxikologie - Bewertungsmethoden, -ansätze, -ergebnisse

Systematisierung und Analyse 41

Die Entwicklung und Einstufung dieser Methoden orientiert sich am Bestimmtheitsgrad der jeweiligen Problemlösung, an der Anzahl der an der Entscheidung beteiligten Personen und an der Anzahl der Ziele. Ebenso wird berücksichtigt, ob bzw. inwieweit sich die bez. der Problemlösung relevanten Kriterien mutuell beeinflussen (Bild 3.12).

Ökologieorientierte Produktlinienanalyse

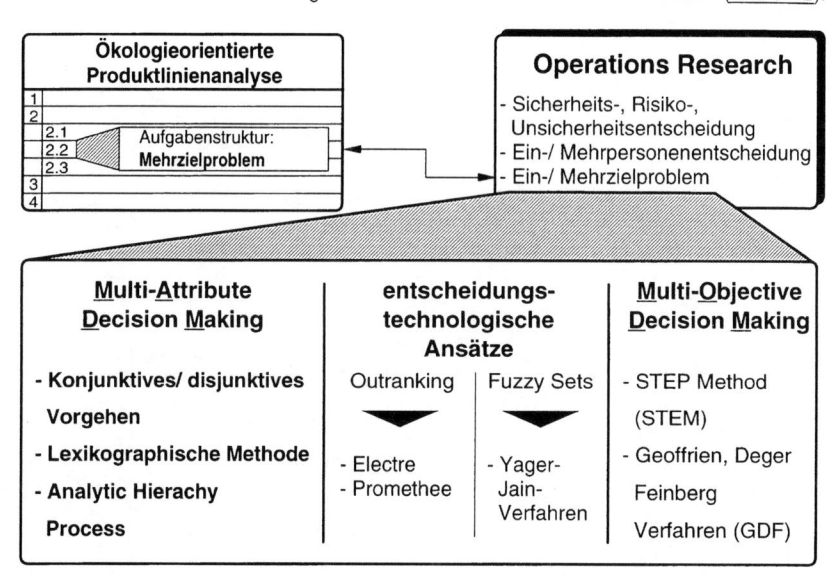

2.1 / 2.2 / 2.3 Aufgabenstruktur: Mehrzielproblem

Operations Research
- Sicherheits-, Risiko-, Unsicherheitsentscheidung
- Ein-/ Mehrpersonenentscheidung
- Ein-/ Mehrzielproblem

Multi-Attribute Decision Making	entscheidungstechnologische Ansätze	Multi-Objective Decision Making
- Konjunktives/ disjunktives Vorgehen	Outranking | Fuzzy Sets	- STEP Method (STEM)
- Lexikographische Methode	- Electre	- Geoffrien, Deger
- Analytic Hierachy Process	- Promethee | - Yager- Jain- Verfahren	Feinberg Verfahren (GDF)

Bild 3.12: Ermittlung von aufgabenspezifischen Adaptionsmöglichkeiten - Operations Research

Somit können Methoden des Operations Research Entscheidungen unterstützen, die nicht anhand eines ausschlaggebenden Kriteriums, sondern auf der Basis von Kriterienbündeln zu treffen sind. "Die Reduktion solcher Kriterienbündel zu einer möglichst in reellen Zahlen ausgedrückten Ordnung wird [...] zum eigenen Forschungs- und Betrachtungsobjekt, dem Inhalt der 'Multi-Criteria-Analyse'" /Zim-91/. Sie wird in den Bereich der "Multi-Attribut-Entscheidungen" (engl. "Multi-Attribute Decision Making", MADM) und den Bereich der entscheidungstheoretischen Ansätze, die eher als Entscheidungshilfe zu verstehen sind, gegliedert. Die in diesem Zusammenhang oft genannte Klasse der Multi-Objective-Entscheidungen (engl.: "Multi-Objective Decision Making", MODM) /Hwa-81, Bra-86/ ist hier nicht von Bedeutung. Beim MODM wird ausdrücklich von klaren, quantifizierbaren Zielfunktionen ausgegangen.

Die Bereiche des MADM und der entscheidungstheoretischen Ansätze unterscheiden sich im wesentlichen in ihrer Aussagekraft (Bild 3.13). Die eher optimierenden

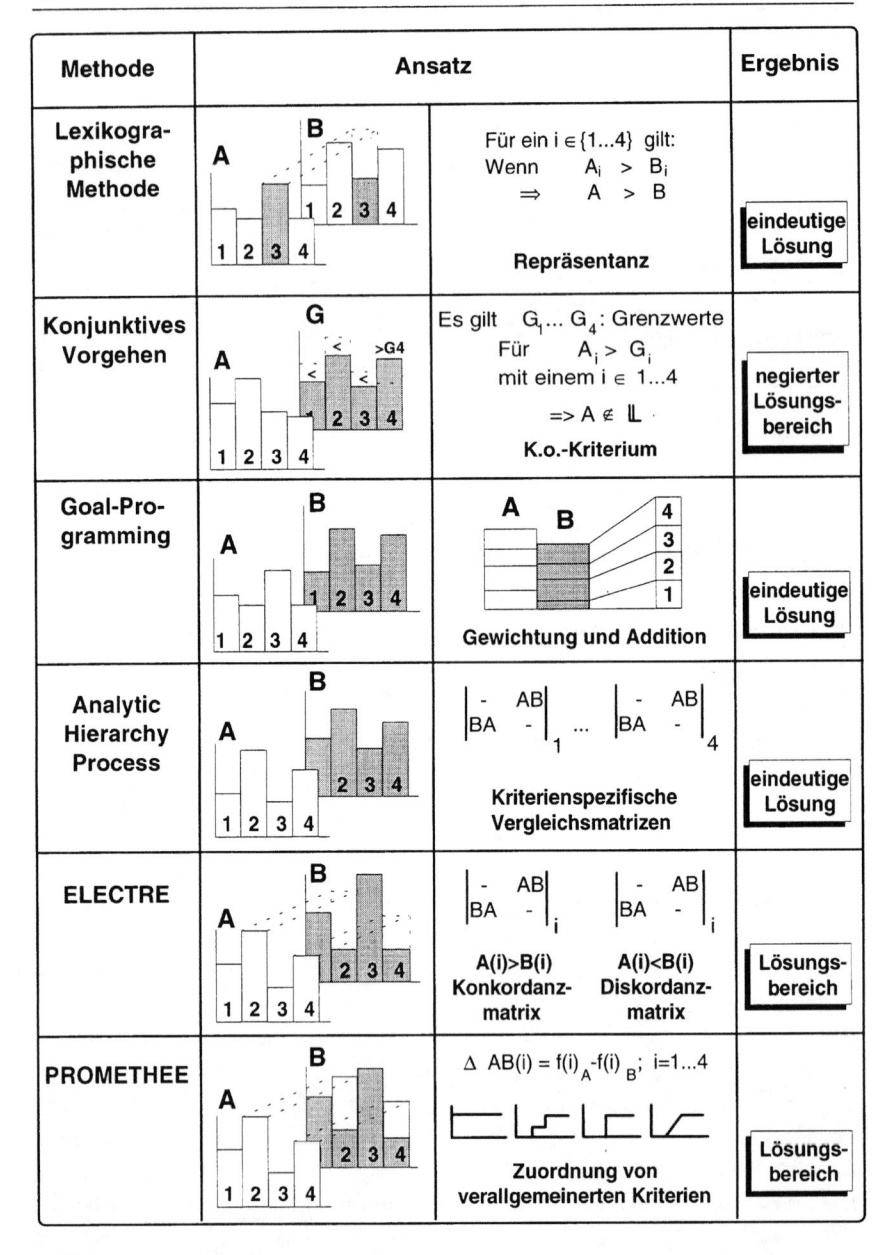

Methode	Ansatz		Ergebnis
Lexikographische Methode		Für ein $i \in \{1...4\}$ gilt: Wenn $A_i > B_i$ $\Rightarrow A > B$ Repräsentanz	eindeutige Lösung
Konjunktives Vorgehen		Es gilt $G_1 ... G_4$: Grenzwerte Für $A_i > G_i$ mit einem $i \in 1...4$ $\Rightarrow A \notin \mathbb{L}$ K.o.-Kriterium	negierter Lösungsbereich
Goal-Programming		Gewichtung und Addition	eindeutige Lösung
Analytic Hierarchy Process		$\begin{vmatrix} - & AB \\ BA & - \end{vmatrix}_1 ... \begin{vmatrix} - & AB \\ BA & - \end{vmatrix}_4$ Kriterienspezifische Vergleichsmatrizen	eindeutige Lösung
ELECTRE		$\begin{vmatrix} - & AB \\ BA & - \end{vmatrix}_i \quad \begin{vmatrix} - & AB \\ BA & - \end{vmatrix}_i$ $A(i)>B(i)$ $\quad$ $A(i)<B(i)$ Konkordanzmatrix $\quad$ Diskordanzmatrix	Lösungsbereich
PROMETHEE		$\Delta AB(i) = f(i)_A - f(i)_B$; $i=1...4$ Zuordnung von verallgemeinerten Kriterien	Lösungsbereich

Bild 3.13: Operations Research - Bewertungsmethoden, -ansätze, -ergebnisse

Systematisierung und Analyse 43

Verfahren des MADM stehen den entscheidungstechnologischen Ansätzen gegenüber, die mehr als Entscheidungshilfe zu verstehen sind. Nach /Roy-90/ bedeutet dies den "Übergang von traditionellen Multi-Criteria-Verfahren (Multi Criteria Decision Making) zur Entscheidungshilfe bei Multi-Criteria-Problemen (Multi Criteria Decision Aid)". Gesetzt den Fall, daß zwei Aktionen unvergleichbar sind, ist eine Bewertung aufgrund der Outranking-Relation möglich. Es soll - im Hinblick auf die verfügbare Information - "[...] nur der sichere Teil der Präferenzvorstellungen des Entscheidungsträgers modelliert werden" /Zim-91/.

Die nutzbaren Adaptionspotentiale sind aus den in der strukturellen Ausrichtung festzustellenden Parallelen zwischen den MADM und der entscheidungstheoretischen ressourcenorientierten Bewertungsmethode abzuleiten. Dies betrifft insbesondere

- das methodische Vorgehen bei der Entscheidungsfindung:
  Unabhängig von der thematischen Zuordnung weist die multidimensionale vergleichende Bewertung gleiche Problemstrukturen auf.
- die Ableitung von Gewichtungs- und Grenzfunktionen:
  Durch Gewichtung und Grenzwerte kann die unzureichende rein mengenmäßige Erfassung eines einzelnen Kriteriums ausgeglichen werden. Die so erreichte umfassende Bewertung berücksichtigt die gegenseitigen Einflüsse aller Kriterien.

3.2.1.4 Modellierungsmethoden

Voraussetzung für die Entwicklung und Anwendung der angestrebten ressourcenorientierten Bewertungsmethode ist, daß bei der Entscheidungsfindung die relevanten Zusammenhänge Berücksichtigung finden: Alle Prozesse, die direkt und indirekt Ressourcenbedarfe verursachen, sind zu berücksichtigen. Um komplexe Strukturen der Wirklichkeit überschaubar und praktisch nutzbar zu machen, werden sie abstrahiert in Modellen abgebildet. Die Modelle erleichtern die Ableitung von Erkenntnissen, die in der realen Umgebung unter einer Vielzahl von Einflüssen verborgen bleiben /Sto-83, Bin-88/. Weiterhin bieten Modelle die Möglichkeit, die aus abgeleiteten Maßnahmen resultierenden Änderungen simulieren und a priori hinterfragen zu können.

Zur systematischen Abbildung von Prozessen und Prozeßketten sind inzwischen verschiedene Methoden entwickelt und vorgestellt worden /Eng-85, Erk-88, Trä-90, MüG-92, MüS-92/ (Bild 3.14).

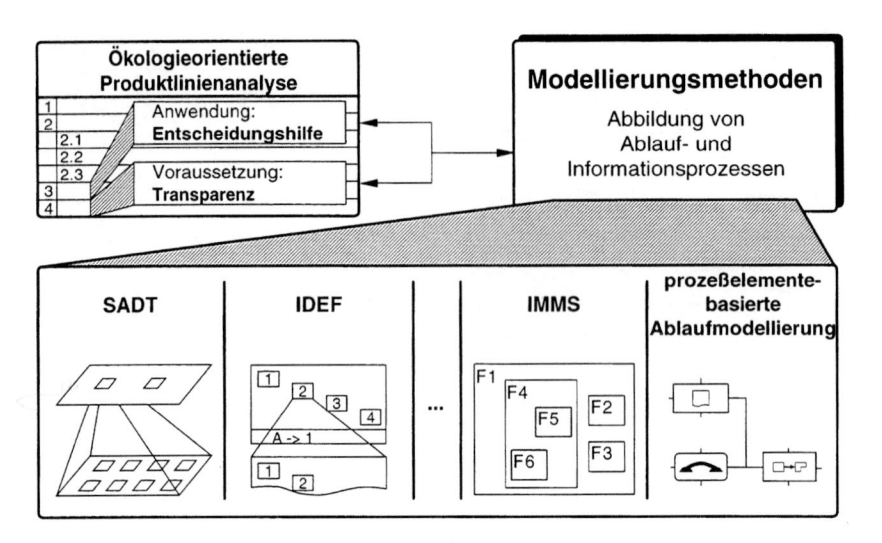

Bild 3.14: Ermittlung von aufgabenspezifischen Adaptionsmöglichkeiten - Modellierungsmethoden

Die Integration eines Modellierungsansatzes in die übergeordnete Lösungsfindung kann erhebliche Unterstützung bedeuten. Adaptionspotentiale für die angestrebte ressourcenorientierte Bewertungsmethode sind in der strukturierten Abbildung von inner- wie außerbetrieblichen Abläufen zu sehen. Durch systematisierte und standardisierte Darstellungen von Abläufen erfolgt eine effektive Erhöhung der Transparenz, die insbesondere für die Beschaffung der benötigten Daten erforderlich ist. Da die Modellierungsmethoden vergleichsweise allgemein angewendet werden können, bestehen zunächst keine für eine Adaption relevanten Restriktionen hinsichtlich bestimmter Prozeßketten. Welche Modellierungsmethode jedoch das größte Potential für adaptierbare Lösungsansätze bietet, kann nur einer Gegenüberstellung von existenten Modellierungsmethoden und der erforderlichen Zielmethode entnommen werden.

Mit der Zielmethode soll es möglich werden, daß die Produktlinien, die einhergehenden Materialflüsse und der resultierende Ressourcenbedarf mit geringem Aufwand eindeutig und nachvollziehbar abgebildet werden können. Die entsprechende Charakteristik wird in Bild 3.15 den Ist-Charakteristika von ausgewählten Abbildungsmethoden gegenübergestellt /DIN-83, Eng-85, Trä-90, MüG-93, Raa-93/. Ohne im einzelnen auf die vorgestellten Methoden einzugehen, kann festgestellt werden, daß die Modellierungmethoden nach DIN 66001 /DIN-83/ und nach /Trä-90/ aufgrund ihrer Über-

Systematisierung und Analyse

Kriterien \ Methoden/Modelle	SADT	IDEF 0/1	GRAI	PETRI	DIN 66001	IMMS	TRÄNCKNER	ZIELMETHODE
produktionsübergreifend	●	●	●	●	●	○	●	●
prozeßorientiert	○	○	○	●	●	●	●	●
funktionsorientiert	●	●	●	●	○	○	○	○
Hierarchisierung	●	●	◐	◐	●	◐	●	●
gute Darstellungsart	○	○	○	◐	●	●	●	●
geringe Komplexität	○	○	○	○	●	●	●	●
Abbildung dynamischer Vorgänge x)	○	○	○	●	○	○	○	○
Planungs- und Steuerungshilfsmittel	○	○	○	●	◐	●	●	●
Überschneidung mit Zielmodell	2	2	1,5	4	6,5	5,5	7	–

● voll erfüllt   ◐ teilweise erfüllt   ○ nicht erfüllt   x) bei Vergleich nicht berücksichtigt

<u>Bild 3.15</u>: Übersicht und Bewertung bestehender Methoden für die Abbildung betrieblicher Ablauf-/ Informationsprozesse (vgl. /Trä-90/)

schneidungen mit der Zielmethode das größte Adaptionspotential erwarten lassen. Eine detaillierte Charakterisierung des Adaptionspotentials bedarf jedoch eines direkten, anwendungsorientierten Methodenvergleichs.

Den Modellierungsmethoden ist gemeinsam, daß sie eine Führung des Anwenders durch standardisierte Elemente realisieren. Während jedoch die Methode nach /Trä-90/ ursprünglich zur Abbildung von innerbetrieblichen Prozessen bei der technischen Auftragsabwicklung konzipiert wurde, wurde die DIN 66001 als Hilfsmittel zur Darstellung von "Aufgabenlösungen in der Informationsverarbeitung" entwickelt /DIN-83/. Die Adaption auf die Problematik der ressourcenorientierten Produktbewertung würde also für beide Methoden eine entsprechende Anpassung bzw. Erweiterung bedeuten. In welchem Umfang dies erforderlich wird, muß nach der Konzeptionierung der Planungsmethodik spezifiziert werden.

3.2.2 Nutzbare Informations- und Datenquellen

Durch die systematische Untersuchung von integrierbaren bzw. adaptierbaren Methoden wurde eine Basis für die Konzeption einer ressourcenorientierten Planungsmethodik geschaffen. Diese Form der Lösungsherleitung wird im folgenden durch die Untersuchung von EDV-Hilfsmitteln, als programmtechnisch umgesetzte Methoden fortgeführt. Zielsetzung ist einerseits die Ermittlung weitergehender methodischer Adaptionsmöglichkeiten und andererseits die Vorbereitung der Datenbeschaffung. Analog zum Vorgehen in Kapitel 3.2.1 wird die Untersuchung dabei an den Anforderungen an die Planungsmethodik ausgerichtet.

Die Ansprüche an die Planungsmethodik bestehen darin, fallspezifisch die ressourcenoptimale Werkstoff-, Verfahrens- oder Maschinenauswahl realisieren zu können. Wird das "reaktive Moment" - das Erkennen und Ableiten von Optimierungsansätzen - vernachlässigt und die multidimensionale Ausrichtung in der implizierten Aufgabenstellung reduziert, so ist sie strukturell mit den Anforderungen vergleichbar, die an Arbeits- und Produktionsplanungssysteme gestellt werden. Entsprechend werden im folgenden schwerpunktmäßig CAP- und PPS-Systeme hinsichtlich ihrer strukturellen Adaptionspotentiale untersucht. Neben diesen unternehmensinternen werden jedoch auch unternehmensexterne EDV-Applikationen, wie z.b. themenspezifische Datenbanken, in die Analyse mit einbezogen.

3.2.2.1 Arbeitsplanungssysteme

In der Forderung nach fallspezifischer Realisierung der ressourcenoptimalen Werkstoff-, Verfahrens- und Maschinenauswahl ist die Forderung nach ressourcenoptimaler Festlegung von Arbeitsvorgangsfolgen, Betriebsmitteln etc. enthalten. Diese produkt- bzw. fertigungsbezogene Auswahlaufgabe stellt strukturell die ursprüngliche Aufgabenstellung an die Arbeitsplanung dar (Bild 3.16). Explizit ist dies die Halbzeug- und Verfahrensauswahl, die Arbeitsvorgangsfolgebestimmung und die Betriebsmittelauswahl /Eve-80, Eve-93c/.

Während bei der umweltorientierten Produktbewertung unterschiedlich dimensionierte Eingangsgrößen berücksichtigt werden müssen, erfolgt bei der Arbeitsplanung die Ermittlung des rationellsten Betriebsmitteleinsatzes i.allg. auf Basis der konventionellen Meßgrößen Kosten, Zeit und Qualität. Zur Systematisierung und Rationalisierung dieser Bewertungsaufgaben stehen Methoden und Hilfsmittel - wie z.B. Kennwerte, Regelkataloge etc. - zur Verfügung. Die EDV-technischen Umsetzungen dieser Methoden sind in CAP-Systemen aggregiert /See-90/. Die Funktionsumfänge der CAP-Systeme sind systemspezifisch unterschiedlich. Ihr Unterstützungspotential kann die rechnerunterstützte Verfahrens- und Betriebsmittelauswahl und die Detailplanung der Arbeitsvorgänge bis hin zur Datenerstellung für die Betriebsmittelsteuerung

Systematisierung und Analyse 47

Ökologieorientierte Produktlinienanalyse	**Arbeitsplanung**
Bewertungsobjekt: Produkt/ Fertigung	Bestimmung/ Auswahl
Anwendung: Entscheidungshilfe	- Verfahren
Voraussetzung: Datenbereitstellung	- Arbeitsvorgangsfolgen
	- Betriebsmittel

Zielsetzung	effektive/ effiziente Ermittlung des rationellen Betriebsmitteleinsatzes	**EDV-Hilfsmittel**
Meßgrößen	Durchlaufzeiten, Kosten, Materialbedarf, Qualität, ...	
Methoden/ Hilfsmittel	- Kennwerte/ -funktionen - Standardisierungen - Regelableitungen	**CAP-Systeme**

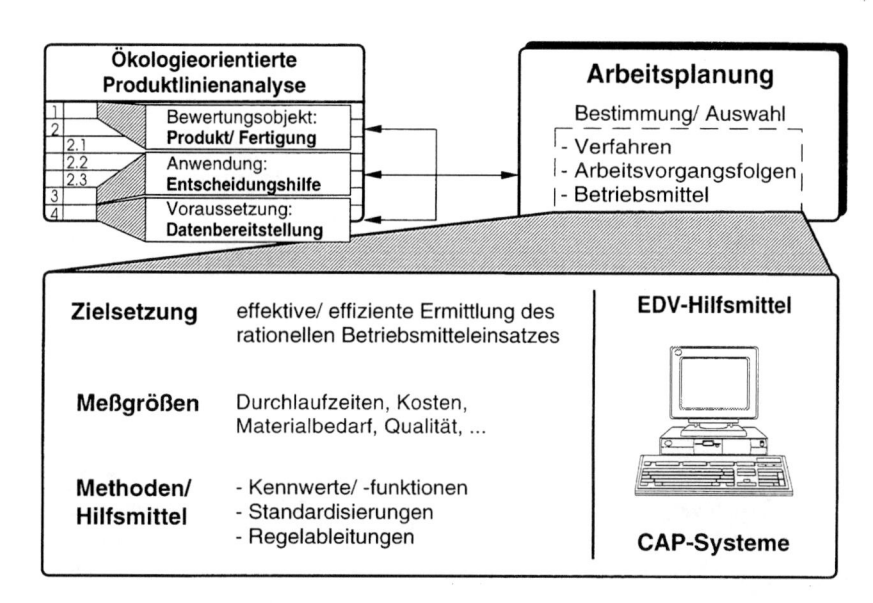

Bild 3.16: Ermittlung von aufgabenspezifischen Adaptionsmöglichkeiten - Arbeitsplanungssysteme

umfassen /AWF-85/. Zur Erfüllung dieser Aufgaben müssen CAP-Systeme über eine breite Datenbasis verfügen, die durch diverse allgemeine und produktspezifische Daten realisiert werden /Eve-93c/. Da die Arbeitsplanung auf den produktspezifischen Daten der Konstruktion und der Entwicklung basiert, stellt sie eine Schlüsselrolle bei der Umsetzung von Geometriedaten in Fertigungsdaten bzw. Fertigungsentscheidungen dar (Anhang 1) /Köl-90/. Aus den Funktionen der CAP-Systeme lassen sich auch die adaptierbaren Lösungsansätze für die Konzeption des ressourcenorientierten Planungshilfsmittels ableiten. Dies betrifft insbesondere

- das methodische Vorgehen:
  Auch wenn die in CAP-Systemen integrierten Auswahl- und Bewertungsalgorithmen auf konventionelle Meßgrößen bezogen sind, kann das strukturelle Vorgehen bei der Entscheidungsfindung als Lösungsansatz genutzt werden.
- die Datenbereitstellung, das Datenmanagement:
  Teile der in CAP-Systemen aggregierten Geometrie- und Fertigungsdaten können als wesentliche Eingangsinformationen für die ressourcenorientierte Produktbewertung genutzt werden.

3.2.2.2 Produktionsplanungs- und -steuerungssysteme

Durch die Gegenüberstellung der angestrebten ressourcenorientierten Planungsmethodik mit Aufgaben der CAP-Systeme sind Adaptionspotentiale sowohl bez. des systemspezifischen Datenbedarfs als auch bez. des zu realisierenden Vorgehens ermittelt worden. Aufgrund des spezifischen Aufgabenspektrums der klassischen Produktionsplanung und -steuerung (PPS) sind aus einer analogen Analyse von PPS-Systemen vordergründig nur Nutzungsmöglichkeiten bez. der erforderlichen Daten zu erwarten (Bild 3.17).

Primäre Aufgabe der PPS ist die Planung, Steuerung und Überwachung von Produktionsabläufen. Die PPS setzt Kundenaufträge in Fertigungsaufträge um, so daß eine termingerechte Abstimmung der Marktanforderungen mit den disponiblen Kapazitäten erreicht wird /Eve-80, RuG-91/. Meßgrößen für die Optimierungsaufgabe sind analog zur Arbeitsplanung i.allg. Kosten und Zeit. Unter Berücksichtigung von Mengen-, Termin- und Kapazitätsaspekten wird mit den in PPS-Systemen umgesetzten Algorithmen die Planung und Steuerung der Produktionsabläufe von der Materialbeschaffung bis zum Versand angestrebt /AWF-85, War-86/. Die Hauptfunktion der PPS-Systeme bezieht sich heute jedoch auf die technische Auftragsabwicklung.

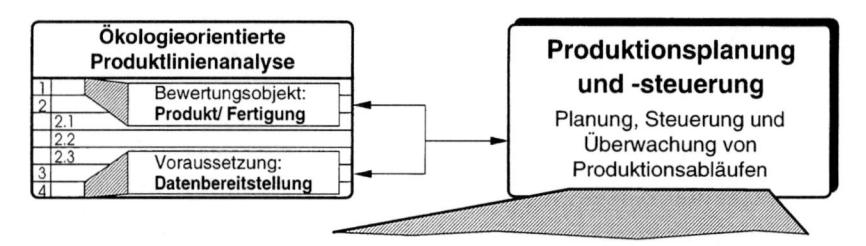

Bild 3.17: Ermittlung von aufgabenspezifischen Adaptionsmöglichkeiten - Produktionsplanungs- und -steuerungssysteme

Da mit den PPS-Systemen den auftragsbezogenen Teilfunktionen der Arbeitsvorbereitung nachgekommen wird, stehen sie in engem Zusammenhang mit den o.g. CAP-Systemen, mit denen die produktbezogenen Teilfunktionen der Arbeitsvorbereitung abdeckt werden. Ferner besteht eine Verbindung der PPS zu Marketing/ Vertrieb, da das Absatzprogramm die Grundlage für das Produktionsprogramm bildet /War-86/.

Zur Realisierung der vielfältigen Teilfunktionen und -aufgaben der PPS-Systeme bedarf es ebenfalls einer umfangreichen Datenbasis. Der Datenbedarf umfaßt dabei

Systematisierung und Analyse

sowohl produktspezifische Stamm- und Strukturdaten als auch die Stammdaten der verfügbaren Maschinen und Betriebsmittel: Personalbedarf, Maschinenausbringung etc. In der Praxis repräsentieren PPS-Systeme somit nicht selten den größten innerbetrieblichen Datenpool /Hak-87, TÜV-87/. Das primäre Adaptionspotential stellen damit insbesondere die durch PPS-Systeme bereitgestellte Datenbasis und die PPS-System-integrierten Methoden zur Bestimmung von ressourcenoptimalen Stückzahlbereichen dar. Dies betrifft im einzelnen

- die Datenbereitstellung:
  Informationen über die produktspezifischen Gestaltungsparameter und die zur Anwendung kommenden Verfahren und Betriebsmittel, insbesondere jedoch über die jeweiligen mengenspezifischen Ressourcenbedarfe, sind sowohl für die PPS-Systeme als auch für die ressourcenorientierte Bewertungsmethode erforderlich.
- die Bewertungsaufgabe:
  Die Bestimmung der optimalen Maschinenbelegung basiert nicht nur auf der Berücksichtigung von Konstruktionsdaten, sondern auch auf der Relevanz mengenspezifischer Randbedingungen.

3.2.2.3 Weitere Informationsverarbeitungssysteme

Abgesehen von CAP- und PPS-Systemen existieren weitere EDV-Applikationen, mit denen Nutzungspotentiale für die Daten- und Informationsbereitstellung verbunden sind. Neben den in Ergänzung zu den PPS-Systemen installierten Kalkulationssystemen sind dies insbesondere die CAx-Komponenten: Allgemeine und produktspezifische Daten werden durch CAx-Systeme in umfangreichem Maße zur Unterstützung des Konstruktionsprozesses (CAD-Systeme), des Qualitätsmanagements (CAQ-Systeme) oder der Fertigung (CAM-Systeme) generiert /See-90, Mil-92/.

Bereits ein struktureller Vergleich der betriebsspezifisch generierten Datenvolumina mit dem für eine umweltorientierte Produktbewertung erforderlichen Datenbedarf läßt erkennen, daß schon heute ein großer Teil der benötigten Daten in betriebsspezifischen Datenbanksystemen entwickelt bzw. verwaltet wird (Bild 3.18). Weiterhin kann festgestellt werden, daß die meisten Daten nach ihrer primären Generierung in nachgelagerten Systemen genutzt werden. Dies kann auch für die bewertungsorientierte Datenabfrage genutzt werden. Dazu muß jedoch ein Zugriff auf redundanzfreie Daten z.B. durch eine möglichst ausschließliche Nutzung von Primärdaten realisiert werden. Andererseits gilt es, den Datenzugriff durch eine unreflektierte Nutzung aller theoretisch möglichen Primärdatenadressen nicht unnötig komplex zu gestalten.

Informations-/Datenbedarf	Kalkulations-Systeme			CIM-Komponente					Umweltdatenbanken
	Kostenrechnung	Angebotsbearbeitung	Investitionsplanung	PPS	CAP	CAD	CAQ	CAM	
Produktstruktur	◐	◐	○	◐	◐	◐	○	○	○
Bauteilwerkstoff	◐	◐	◐	◐	◐	●	◐	◐	○
Bauteilgeometrie	◐	◐	○	◐	◐	●	◐	◐	○
...									
Rohteilgeometrie	◐	◐	◐	◐	●	○	◐	◐	○
Arbeitsvorgangsfolge	◐	◐	◐	◐	●	○	◐	○	○
Bearbeitungsparameter	○	◐	○	◐	●	○	○	◐	○
Fertigungsmittelauswahl	◐	◐	◐	●	◐	○	◐	◐	○
Bearbeitungszeiten	◐	◐	○	◐	●	○	○	◐	○
Losgröße	◐	◐	○	●	○	○	◐	◐	○
Fehler-/Ausschußmenge	◐	○	◐	○	○	○	●	○	○
...									
Nutzungsprofil	○	◐	○	○	○	◐	◐	○	○
Lebensdauer	○	◐	○	○	○	◐	◐	○	○
...									
Physikalische Stoffdaten	○	○	○	○	○	◐	○	○	●
Entsorgungskonzept	○	◐	◐	○	○	○	○	○	◐
...									

Legende: ● Primäre Informationsquelle
◐ Sekundäre Informationsquelle/ Informationen teilweise vorhanden
○ Informationen nicht vorhanden

Bild 3.18: Ökologieorientierte Produktbewertung - Informationsbedarf aus verschiedenen Datensystemen

Die ausstehende Gestaltung kann jedoch nicht in allgemeiner Form konkretisiert werden. Die realisierten Kopplungen der EDV-Systeme müssen fallspezifisch berücksichtigt werden. Auch wenn eine der grundlegenden Intentionen der übergeordneten CIM-Zielsetzung die EDV-technische Vernetzung einzelner Applikationen ist /CIM-91/, so existieren für einen systemübergreifenden Datenaustausch in der Praxis noch unterschiedliche Realisierungsformen /See-90, RuG-91, ScR-91, Hor-92, Mar-92/.

Für die hier primär interessanten Realisierungsformen von Datenbanksystemen können drei grundsätzliche Konstellationsstrukturen unterschieden werden. Die einfachste Form der on-line Kopplung von EDV-Systemen bzw. Datenbanken ist ein lokales Netzwerk, das die systemeigenen Datenbankkonfigurationen beibehält. Diese Form der Kopplung ist rein auf die Realisierung eines Datentransfers i.e.S. ausgerichtet. Doppelte bzw. veraltete Datenbestände und damit Datenredundanzen können mit dieser Systemkonstellation nicht vermieden werden /ScR-91/. Zur Vermeidung von Datenredundanzen, zur Verringerung des Datenumfanges und zur Gewährleistung eines schnellen Datentransfers haben sich bei der Realisierung von CIM-Strukturen folgende zwei Datenbankkonzepte etabliert. Bei einem Systemkonzept mit einer zusätzlichen gemeinsamen Datenbank verfügen die autonomen Applikationen über eigene Datenbestände und legen in der gemeinsamen Datenbasis nur die Daten ab, die auch für andere Applikationen relevant sind. Bei einer Systemarchitektur mit einer zentralen Datenbank werden die Datenbestände aller Applikationen über ein zentrales Datenbanksystem verwaltet. Nur die Systemarchitektur mit vielen einzelnen und einer gemeinsamen Datenbank weist entsprechend der o.g. Verknüpfungsform immer noch die Gefahr der Datenredundanzen auf. Die mittleren Geschwindigkeiten bei Datenzugriffen sind jedoch höher /ScR-91, Mar-92/.

Unabhängig von der fallspezifischen Form der Verknüpfung von EDV-Systemen und dem damit verbundenen Grad einer CIM-Realisierung stellen die betrieblichen Informations- und Datenbanksysteme das größte Adaptionspotential für die ökologieorientierte Bewertungsmethode dar. Dies betrifft insbesondere

- die Datenbeschaffung:
  Die betriebsintern etablierten Datenverarbeitungssysteme enthalten einen großen Teil der erforderlichen Daten.
- die Datenverwaltung:
  Der Aufwand für eine bewertungsorientierte Abfrage verringert sich mit zunehmend vernetzter Datenverwaltung bei gleichzeitig verbesserter Datenqualität.

Neben produkt- bzw. unternehmensspezifischen Informationen werden für die Durchführung einer ressourcenorientierten Produktbewertung auch allgemeine, z.B. phsyikalische oder chemische Kenndaten benötigt. Diese Daten können bereichsweise aus unternehmensexternen Informationsquellen beschafft werden. Hierzu zählen neben konventionellen Datenträgern vor allem EDV-unterstützte Datenbanken. Der Datenaustausch erfolgt vielfach on-line mittels PC- und Telefonnetz oder off-line über Datenträger wie Disketten oder Magnetbänder /GEM-92/.

Speziell für die Bereitstellung von umweltrelevanten Informationen konzipiert sind Umweltdatenbanken bzw. Umweltinformationssysteme (Bild 3.19). Sie beinhalten Informationen und Daten zu Themenbereichen wie z.b. die chemische Zusammensetzung von Stoffen, toxikologische Eigenschaften einzelner Substanzen, physikalische Materialeigenschaften, Umwelttechnologien, gesetzliche Vorschriften etc. /IIR-93, VDI-93b/. Als Faktendatenbanken können ihnen konkrete Werte wie bspw. gesetzlich vorgeschriebene Grenzwerte einzelner Substanzen entnommen werden. Literaturdatenbanken geben Auskunft über Publikationen zu speziellen Themenbereichen oder verweisen auf Anlagenhersteller im Bereich der Umwelttechnologie /VDI-93b/.

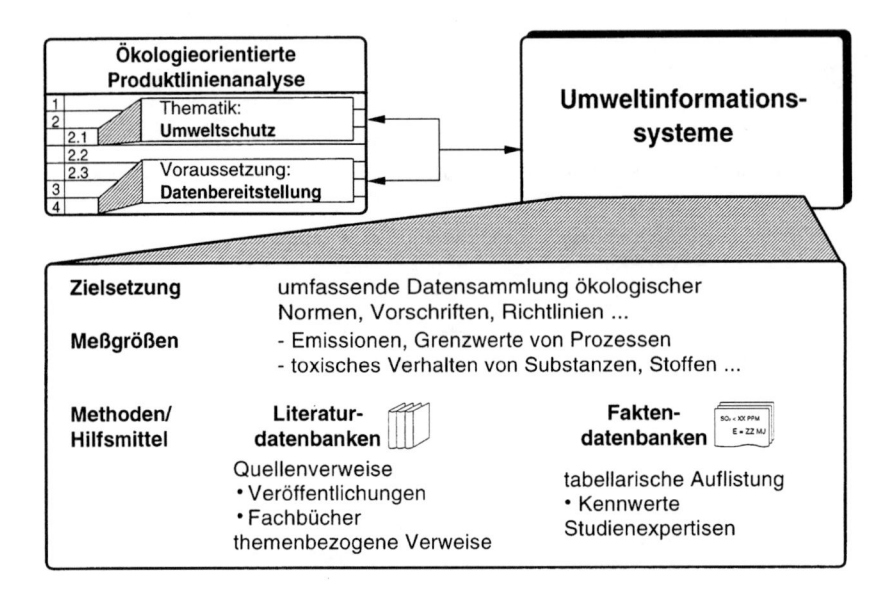

Bild 3.19: Ermittlung von aufgabenspezifischen Adaptionsmöglichkeiten - Umweltinformationssysteme

Die Umweltdatenbanken stellen damit analog zu den CAx-Systemen ein allgemeines Nutzungspotential für bewertungsrelevante Daten dar. Dies betrifft insbesondere

- die Datenbereitstellung:
  Dem produkt- bzw. unternehmensneutralen Datenbedarf kann durch die Nutzung von themenspezifischen Datenbanken entsprochen werden. Durch eine Kopplung einer EDV-technisch umgesetzten Planungsmethodik mit den Faktendatenbanken kann sogar eine on-line-Nutzung der Daten erreicht werden.

3.3 Fazit: Soll-Zustand und Adaptionspotential

Aufbauend auf der Analyse der bereits existierenden umweltorientierten Planungsmethoden wurde als Forschungsbedarf die Entwicklung eines praxisorientierten Planungshilfsmittels festgestellt, mit dem bauteilspezifische Produktionskonzepte systematisch hinsichtlich ihres Umweltverhaltens bewertet werden können (Kapitel 2). Als Schwerpunkt der anstehenden Entwicklungsarbeiten wurde dabei insbesondere die Realisierung einer methodischen Unterstützung der Datenerfassung, -aufbereitung und -interpretation identifiziert. Konkretisiert wurde der implizierte Forschungsbedarf nun durch die Anforderungen an das Planungshilfsmittel, die implizierte - hier zu entwickelnde - Planungsmethodik und den Datenbedarf.

Aus der übergeordneten Zielsetzung ergab sich als primäre Forderung die Realisierung eines anwendungsorientierten Planungshilfsmittels, das allg. eingesetzt und universell angewandt werden kann. Mit dem Hilfsmittel sollen für potentielle Gestaltungsmöglichkeiten von produktionstechnischen Systemen die resultierenden Ressourcenbedarfe ermittelt und reproduzierbar abgebildet werden können. Die gewonnenen Ergebnisse sollen Entscheidungsträgern bei ressourcenorientierten Auswahlentscheidungen als Unterstützung dienen.

Zur Realisierung dieses Anspruchs ist es erforderlich, daß das Planungshilfsmittel mit einer entsprechend ausgerichteten Planungsmethodik hinterlegt wird. Mit der Planungsmethodik müssen sämtliche Bedarfe an ökologischen Ressourcen berücksichtigt werden können, die im Laufe eines Produktlebens verursacht werden. Im Detail bedeutet dies, daß zunächst eine systematische Erfassung der erforderlichen Daten realisiert werden muß. Weiterhin ist die Datenauswertung und -interpretation so zu unterstützen, daß eine effiziente methodische Ermittlung von praxisrelevanten Entscheidungsgrößen möglich ist.

Nicht zuletzt aufgrund der vielschichtigen Detailanforderungen an die Planungsmethodik erfordert ein systematisches Vorgehen bei der Entwicklung eine vorgelagerte Untersuchung von potentiellen Lösungsansätzen, die bereits in ähnlichen Problemstrukturen vorhanden sind. Diese waren zu ermitteln, zu untersuchen und bestehende Adaptionspotentiale abzuleiten. Entsprochen wurde dieser Forderung durch die Abstraktion der vakanten Aufgabenstellung: Unter Berücksichtigung umweltrelevanter Ressourcenbedarfe gilt es, die Lösung von produktspezifischen, mehrdimensionalen Optimierungsproblemen bei zeitlich prospektiver Orientierung zu unterstützen.

Als Fachdisziplinen, die aufgrund ihrer thematischen Ausrichtungen für Teilbereiche dieser Problemstruktur ebenfalls Lösungsansätze entwickeln, ergaben sich die energie- bzw. produktionswirtschaftlich orientierten Ingenieurwissenschaften, die auf die Lösung von Multikriterienproblemen ausgerichteten Bereiche der Mathematik bzw. des Operations Research und die der Chemie bzw. der Ökotoxikologie. Weiterhin wurde festgestellt, daß sowohl Teilbereiche der Wirtschaftswissenschaften als auch der Informatik Adaptionspotential für die anstehende Aufgabenstellung beinhalten.

Im Rahmen der Konzeption ist im folgenden zu ermitteln, welche der aufgezeigten Adaptionspotentiale für methodische Ansätze auch konkret genutzt und in die übergeordnet zu realisierende Planungsmethodik aufgenommen werden können.

… *Konzeption der Methodik* … 55

Kapitel 4: Konzeption der Methodik für die rechnerunterstützte Analyse von Produktlebenszyklen

Durch die Beschreibung der aktuellen Bewertungsstrategien für die umweltorientierte Produkt- und Produktionsplanung wurde der diesbez. Ist-Zustand dargestellt (Kapitel 2). Mit der Darstellung des Handlungsbedarfs wurde der angestrebte Soll-Zustand abgebildet. Die entsprechenden Anforderungen an das Planungshilfsmittel wurden abgeleitet und als Vorgabe für die zu entwickelnde Planungsmethodik formuliert (Kapitel 3). Es gilt nun, die gestellten Forderungen in ein Methodikkonzept umzusetzen.

Hierzu werden zunächst die als grundlegend anzusehenden Strukturen der Bewertungsmethodik fixiert und damit ein Grobkonzept festgelegt (Kapitel 4.1). Anschließend wird der modulare Aufbau detailliert und die daraus resultierenden, erforderlichen informationstechnischen Vernetzungen konkretisiert (Kapitel 4.2).

4.1 Strukturierung der Planungsmethodik

Es gilt, das Konzept einer Planungsmethodik zu entwickeln, mit deren Hilfe für ein konkretes Betrachtungsobjekt (Produkt, Bauteil) die innerhalb einer vorgegebenen Bilanzgrenze (Produktlebenslauf) verursachten, ökologischen Ressourcenbedarfe (Energie-, Werkstoff-, Hilfs- und Betriebsstoffeinsatz bzw. Abfall- und Schadstoffaufkommen) berücksichtigt werden können. Sowohl Art und Umfang der relevanten Größen als auch die verschiedenen potentiellen Nutzungs- bzw. Auswertungsmodi weisen auf die Komplexität der Aufgabenstellung hin.

Für die zielorientierte Umsetzung von hochkomplexen Aufgabenstellungen bieten Ansätze der Systemtechnik /End-84/ die Möglichkeit, hochkomplexe Strukturen in mehrere Teilstrukturen - Module - mit geringerer (Gesamt-) Komplexität zu transformieren. Die Modularisierung bietet weiterhin den Vorteil, daß die Teilmodule sowohl partiell angewendet als auch ggf. leicht erweitert werden können.

Das strukturelle Vorgehen bei einer zielorientierten Modularisierung gliedert sich in drei Ablaufschritte. Im Rahmen der "Modulspezifikation" gilt es zunächst, die übergeordnete Aufgabenstellung in handhabbare, möglichst in sich abgeschlossene Teilbereiche - Module - zu unterteilen. Als Kriterium kann z.B. ein spezifischer Aspekt der

Aufgabenstellung genutzt werden. In der zweiten Phase, der "Modulkonzeption", sind die einzelnen, aufgabenbezogenen Module zunächst unabhängig voneinander zu strukturieren. Die erarbeiteten modulbezogenen Konzepte werden erst wieder bei der "Moduldetaillierung" in engerer Abstimmung aufeinander konkretisiert bzw. mit der übergeordneten Aufgabenstellung koordiniert /End-84/. Die Strukturierung der Modularisierung wird als Orientierungshilfe für die folgende Vorgehensweise genutzt.

Mit Bezug auf die übergeordnete Aufgabenstellung sind zunächst thematisch weitgehend abgeschlossene Teilaufgaben abzugrenzen. Diese werden einzelnen Entwicklungsmodulen zugeordnet, die später zu einer modular aufgebauten Gesamtmethodik aggregiert werden. Unter Berücksichtigung der in Kapitel 3 aufgezeigten Adaptionsmöglichkeiten bietet sich für die Modulspezifikation die Nutzung von Synergien aus bereits existierenden energetischen Bewertungsmethoden an. Die Methodik nach /Eve-90/, mit der produktionsübergreifende produktspezifische Energie- und Materialbedarfe berücksichtigt werden können, wird in drei bzw. vier Ablaufschritte gegliedert (s. Kapitel 3.2.1.1). Die Adaption dieser übergeordneten Vorgehensstrukturen erscheint grundsätzlich praktikabel, auch wenn es sich bei der Aufgabenstellung in dieser Arbeit nicht - wie bei energetischen Bewertungsaufgaben - um ein zwei- sondern ein multidimensionales Problem handelt (Bild 4.1).

Zentrale Voraussetzung für eine entscheidungsorientierte Interpretation von produktspezifischen Ressourceneinsätzen ist die qualitative und die quantitative Ermittlung der relevanten Ressourcen. Entsprechend muß die Realisierung einer methodengestützten Erfassung der direkten Ressourcenbedarfe als erste Teilaufgabe der übergeordneten Aufgabenstellung angesehen werden (Modul 1). Als zweite Teilaufgabe folgt, daß eine Systematik zur weitergehenden Berücksichtigung der indirekten Ressourcenbedarfe zu realisieren ist (Modul 2). In Analogie zur energetischen Bewertungsmethodik nach /Eve-90/ soll durch die dritte abgrenzbare Teilaufgabe die Komprimierung der zuvor erfaßten und bilanzierten Größen realisiert werden (Modul 3). Schließlich gilt es, für die nachgelagerte Auswertung und Interpretation der ermittelten Bewertungsergebnisse eine produktions-, investitions- oder standortspezifische Entscheidungsableitung zu systematisieren (Modul 4).

Die Realisierung der modulspezifischen Teilaufgaben, der resultierende Datenbedarf und das erzeugte Datenaufkommen stellen hohe Ansprüche an die Bereitstellung, Sicherung und Verwaltung der erforderlichen Daten. Entsprechend gilt es, vorbereitend methodikorientierte Algorithmen für ein systematisches Datenmanagement zu generieren (Modul 5).

Konzeption der Methodik

Modul 1	Modul 2	Modul 3	Modul 4
Ermittlung der Ressourcen-bedarfe 1. Ordnung nach Art und Umfang	Ableitung relevanter Ressourcen-bedarfe bez. Prozesse/ Prozeßketten höherer Ordnung	Komprimierung der multidimen-sionalen Ressourcen-bedarfe	Ableitung von Handlungs-empfehlungen für das umwelt-ökonomische Management • Produktion • Investition • Standort
Erfassung	**Bilanzierung**	**Bewertung**	**Auswertung**

Modul 5

| Bereitstellung/ Sicherung von Daten
• Werkstoffe • Methoden
• Verfahren   • Bauteile | **Datenverwaltung/ Stammdaten** |

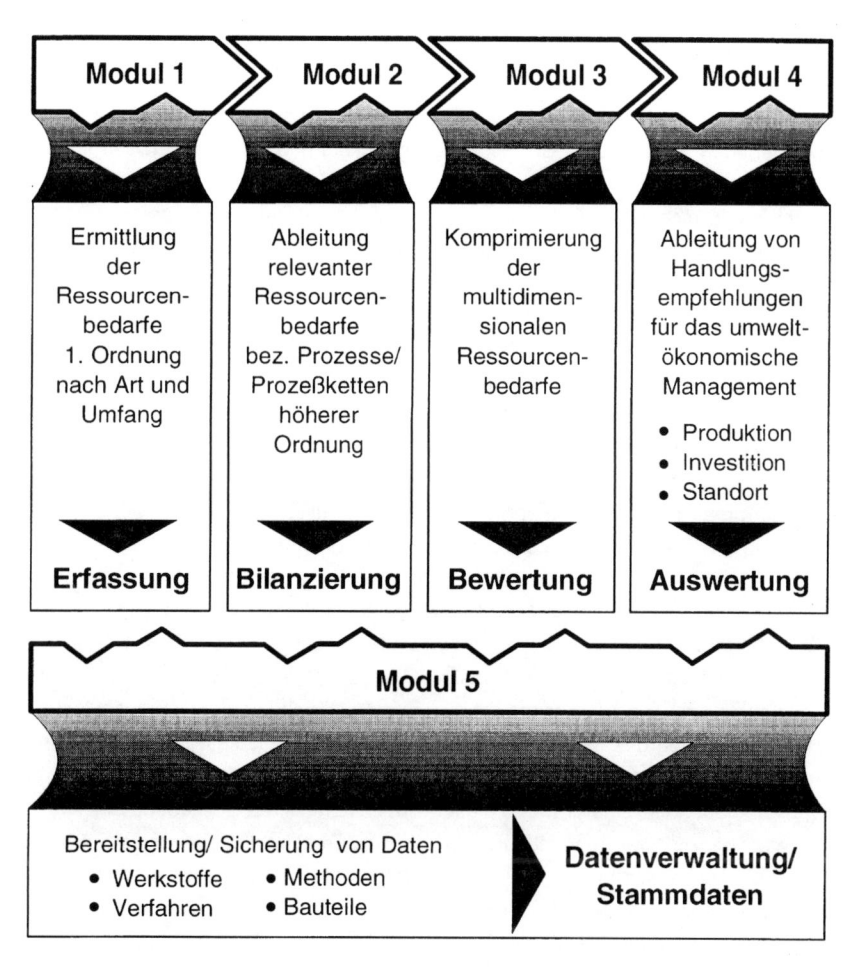

Bild 4.1: Modulspezifikation - Modulare Strukturierung der Methodik

4.2 Entwicklung des Konzepts der Planungsmethodik

Durch die Beschreibung ihrer Teilaufgaben sind die Module spezifiziert. Den zu realisierenden Leistungspotentialen wird folgend mit der Konkretisierung der modul-spezifischen Strukturen begegnet. Die Module werden i.e.S. konzeptioniert und der intermodular zu realisierende Informationsfluß konkretisiert. Weiterhin konkretisiert wird der methodikintern bzw. -extern gerichtete Informationsfluß.

4.2.1 Modularer Aufbau

Zielsetzung der Modulkonzeption ist es, die Lösung der durch die Modulspezifikation vorgegebenen Teilaufgaben strukturell zu entwickeln und für eine Detaillierung vorzubereiten. Die Realisierung einer modular aufgebauten Planungsmethodik muß folglich durch modulspezifische Vorgehens- und Lösungssystematiken erfolgen, die die Definition der spezifischen Inhalte und die Zielvorgaben für die jeweiligen Ergebnisse beinhalten:

o Für das Modul "Erfassung" ist eine Systematik zu konzipieren, die die Ermittlung und Abbildung der ressourcenbelastenden Größen 1. Ordnung ermöglicht. Weiterhin muß berücksichtigt werden, daß im Rahmen einer Nutzung der übergeordneten Methodik die "Erfassung" das zuerst genutzte Modul ist.

Für die Konkretisierung der modulinternen Strukturen ist es somit erforderlich, die anvisierte Schrittfolge durch eine vorausgehende Abfrage der übergeordneten Zielsetzung und eine abschließende Zusammenfassung der produktlinienübergreifend ermittelten Ressourcenbedarfe zu flankieren (Bild 4.2). Aufgrund der durch die Bilanzgrenzen und Bilanzgrößen bedingten Komplexität (Produktlebenslauf/ Multidimensionalität) der Erfassungsaufgabe gilt es, diese zu unterteilen und zu operationalisieren. Ausgehend von der Zieldefinition sind im Rahmen des Modulteilschritts Dekomposition zunächst für die zu berücksichtigende Produktlinie die relevanten Prozesse 1. Ordnung zu spezifizieren. Für jeden einzelnen Prozeß dieser Prozeßkette sind anschließend alle spezifischen Ein- und Ausgangsgrößen nach Art und Umfang zu ermitteln. Die Zusammenfassung und matrizenorientierte Aufbereitung der ermittelten Größen dient sowohl als Ausgangsgröße für das Modul "Erfassung" als auch als Eingangsgröße für das Modul "Bilanzierung".

o Für das Modul "Bilanzierung" ist eine Systematik zu konzipieren, die die Ableitung der relevanten Ressourcenbedarfe für Prozesse bzw. Prozeßketten höherer Ordnung ermöglicht.

Zur Realisierung dieser Vorgabe sind in einem vorbereitenden Schritt die Ergebnisse der "Erfassung" in eine Abbildung von Prozeßkette und Ressourcenbedarf 1. Ordnung zu transformieren (Bild 4.3). Für eine Ableitung der Ressourcenbedarfe höherer Ordnung sind in einer ersten Detaillierung die je Ressourcenbedarf 1. Ordnung verbundenen Prozeßketten und Ressourcenbe-

Konzeption der Methodik 59

Schritt	Inhalt	Ergebnis
1.1 Zieldefinition	Beschreibung der Bewertungs-/ Auswertungsaufgabe	Art und Umfang der Bewertungsaufgabe/ Produktstammdaten
1.2 Dekomposition	Ermittlung der relevanten Produktlinie	Prozeßkette 1. Ordnung $(\ )(\ )$
1.3 Spezifikation	Ermittlung der relevanten Energie- und Stoffströme	Prozeßspezifischer In-/ Output (qualitativ) $(\sim\ )(\sim\ )$
1.4 Quantifizierung	Messung/ Berechnung der Einsatz-/ Ausfallmengen	Prozeßspezifischer In-/ Output (quantitativ) $(\sim\sim)(\sim\sim)$
1.5 Aggregation	Produktlinienübergreifende Zusammenfassung der ermittelten Größen	Matrizendarstellung des Ressourcenbedarfs 1.Ordnung $(\sim\sim\sim)$

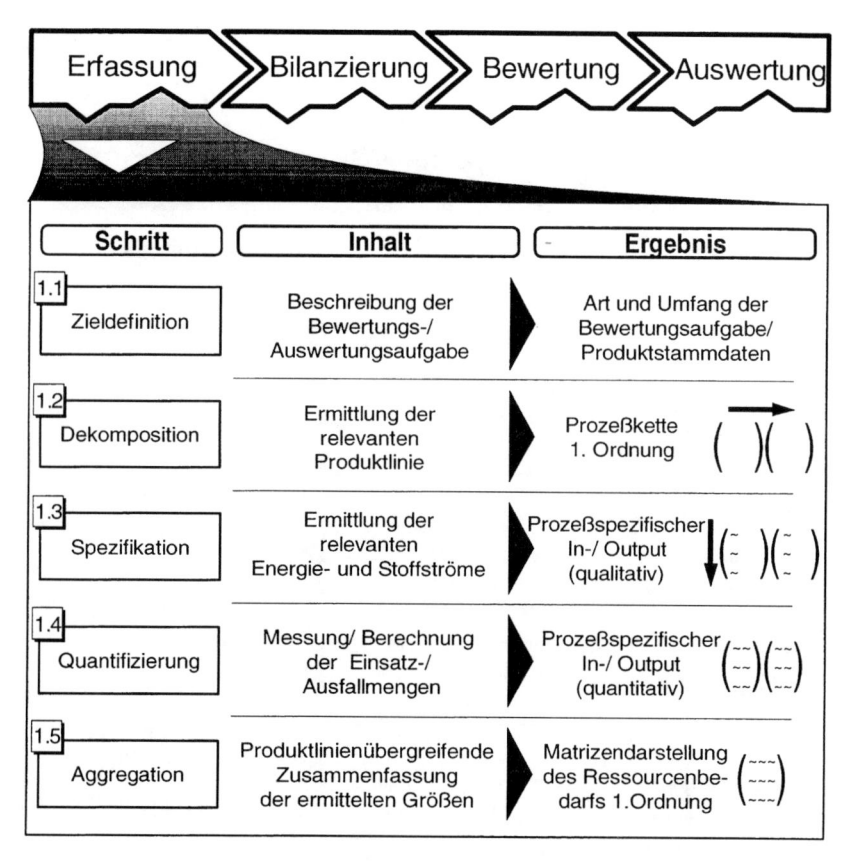

Bild 4.2: Modulkonzeption - Vorgehen bei der Erfassung

darfe 2. Ordnung und analog je Ressourcenbedarf 2. Ordnung die verbundenen Prozeßketten und Ressourcenbedarfe 3. Ordnung zu qualifizieren. Im Rahmen eines anschließenden Analyseschrittes werden die qualitativ ermittelten Ressourcenbedarfe hinsichtlich ihrer quantitativen Relevanz für die übergeordnete Produktbetrachtung untersucht. Je nach Untersuchungsergebnis werden die quantitativen Ausprägungen der Ressourcenbedarfe in den weitergehenden Untersuchungen berücksichtigt oder vernachlässigt.

Für die als relevant identifizierten Ressourcenbedarfe 3. Ordnung gilt es, in einer weiterführenden Detaillierung die Prozeßketten und Ressourcenbelastungen höherer Ordnung zu ermitteln. Durch sukzessive Detaillierung und Ab-

Schritt	Inhalt	Ergebnis
2.1 Transformation	Übertragung der RB-Matrize 1. Ordnung	Abbildung von Prozeßkette und RB 1. Ordnung
2.2 Primäre Detaillierung	Erweiterung der Abbildung (qualitativ)	RB bis 3. Ordnung
2.3 Abstraktion	Reduktion der Abbildung auf relevante Größen (quantitativ)	Vereinfachte RB-Struktur
2.4 Sekundäre Detaillierung	Weitergehende Detaillierung/ Abstraktion auf verbleibenden Ordnungsstufen	Detaillierung der vereinfachten RB-Struktur
2.5 Kumulierung	Relation der resultierenden Einsatz-/ Ausfallmengen auf Prozeßkette 1. Ordnung	Vektorielle Abbildung der kumulierten Ressourcenwerte

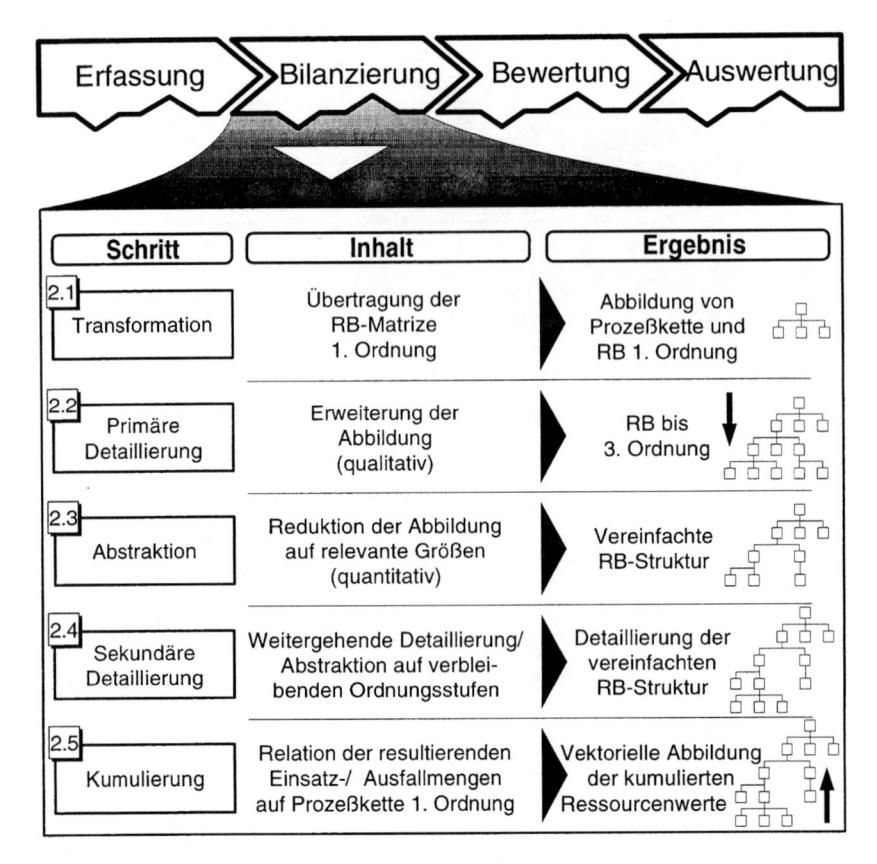

Bild 4.3: Modulkonzeption - Vorgehen bei der Bilanzierung

straktion werden nach und nach sämtliche relevanten Ressourcenbedarfe qualifiziert und quantifiziert.

Die sich über "n" Ordnungen erstreckende Struktur von Ressourcenbedarfen und den verursachenden Prozessen sind für die weitergehende Bewertung handhabbar aufzubereiten. Sowohl im Hinblick auf die Multidimensionalität der prozeßspezifischen Ressourcenbedarfe als auch im Hinblick auf die Möglichkeit, daß auch prozeßübergreifend artgleiche Ressourcenbedarfe resultieren können, sind die ermittelten Einsatz- und Ausfallmengen zusammenfassend abzubilden. Mit einer kumulierenden vektoriellen Abbildung der Ressourcenbedarfe auf die Prozeßkette 1. Ordnung können die Daten für die weitergehende Bewertung genutzt werden.

Die Anwendung des Moduls "Erfassung" soll i.allg. unter Bezug auf die originale Prozeßkette zur Anwendung kommen. Dies ist für die aktuelle Konzeption noch von sekundärer Bedeutung, für die Detaillierung jedoch von methodischer Relevanz. Bei der Detaillierung des zweiten Moduls "Bilanzierung" sollte im Sinne einer effizienten Qualifizierung und Quantifizierung der Ressourcenbelastung 2. und höherer Ordnung möglichst auf allgemeine Stamm- bzw. Kenndaten zurückgegriffen werden.

o Für das Modul "Bewertung" ist eine Systematik zu konzipieren, die die Komprimierung der ermittelten und abgebildeten Ressourcenbedarfe ermöglicht:

Vor dem Hintergrund der multidimensionalen Ausrichtung dieser Aufgabe und den methodisch unterschiedlichen Lösungsmöglichkeiten für solche Problemstrukturen /Ahb-90, Zim-91, Eye-92, UWB-92/ werden zunächst die für dieses Modul relevanten theoretisch einsetzbaren Bewertungsalgorithmen aufgezeigt (Bild 4.4). Zwecks Identifizierung der aufgabenspezifisch geeigneten Methoden gilt es, den Methodenkatalog mit einer Kennung von methodenspezifischen Einsatzpotentialen und -restriktionen zu hinterlegen. Durch den Vergleich von methodenspezifischer Anwendungskennung und fallspezifischer Anwendungsintention wird es möglich, die Auswahl der anwendungsspezifisch optimalen Methode zu algorithmieren.

Die konkrete Anwendung der ausgewählten Bewertungsmethode ist abhängig von der zugrundeliegenden Methodenstruktur und den Randbedingungen der Betrachtungen. Bei bestimmten fallspezifischen Randbedingungen ist ggf. ein vorgelagerter Normierungs- bzw. Relativierungsschritt erforderlich /Eve-91/. Dies ist z.B. bei einer relativen Produktbewertung mit produktspezifischen Leistungsdifferenzen der Fall.

Auch Art und Umfang der Bewertungsergebnisse sind abhängig von dem zu bewertenden Produkt bzw. der für die Bewertung genutzten Methode. Abhängig von den gewählten Parametern ergeben sich als Bewertungsergebnisse eine oder mehrere absolute oder relative Kennzahlen. Diese gilt es einerseits schon für die potentielle methodikexterne Interpretation zur Verfügung zu stellen, andererseits für die nachgelagerte Auswertung aufzubereiten. Eine

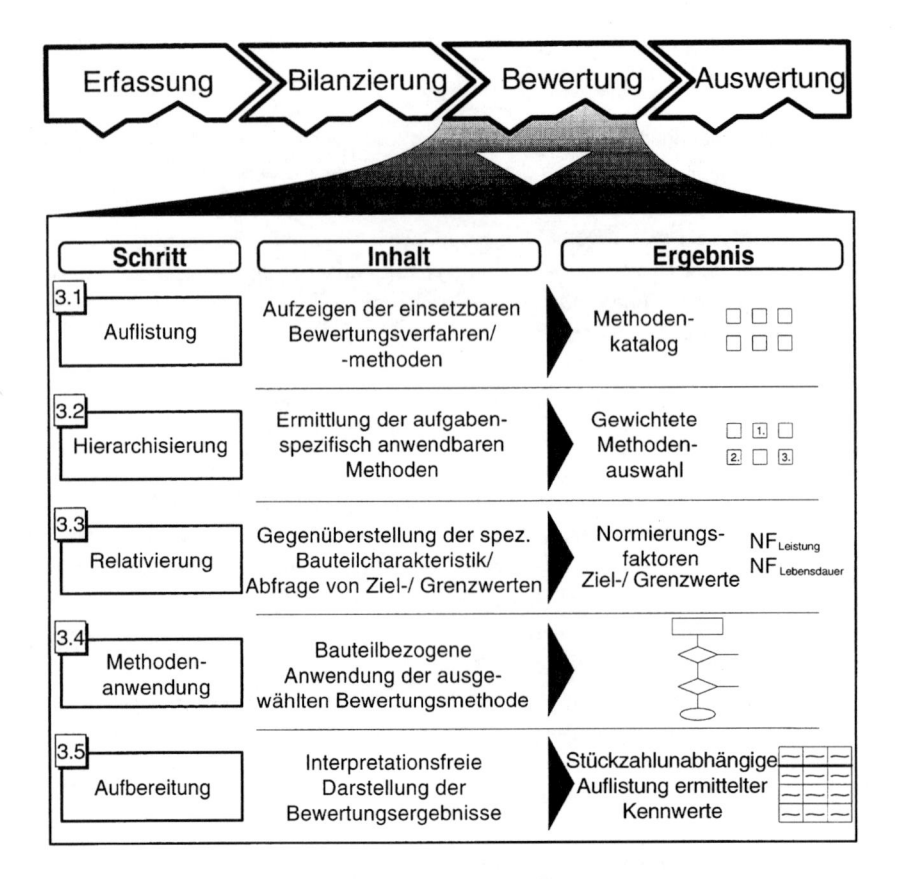

Erfassung ≫ Bilanzierung ≫ Bewertung ≫ Auswertung

Schritt	Inhalt	Ergebnis
3.1 Auflistung	Aufzeigen der einsetzbaren Bewertungsverfahren/ -methoden	Methoden- katalog
3.2 Hierarchisierung	Ermittlung der aufgabenspezifisch anwendbaren Methoden	Gewichtete Methoden- auswahl
3.3 Relativierung	Gegenüberstellung der spez. Bauteilcharakteristik/ Abfrage von Ziel-/ Grenzwerten	Normierungs- faktoren Ziel-/ Grenzwerte $NF_{Leistung}$ $NF_{Lebensdauer}$
3.4 Methoden- anwendung	Bauteilbezogene Anwendung der ausgewählten Bewertungsmethode	
3.5 Aufbereitung	Interpretationsfreie Darstellung der Bewertungsergebnisse	Stückzahlunabhängige Auflistung ermittelter Kennwerte

Bild 4.4: Modulkonzeption - Vorgehen bei der Bewertung

solche Aufbereitung erfordert eine klar strukturierte, interpretationsfreie Zusammenfassung der methodisch gewonnenen Bewertungsergebnisse und ihre tabellarische Transformation in das nachgelagerte Modul.

o Das Modul "Auswertung" umfaßt die Ableitung von Handlungsempfehlungen für die umweltorientierte Produkt-, Investitions- und Standortplanung. Informations- bzw. Datenbasis für die Auswertung sind vorgelagert durchgeführte Produktbewertungen, deren Ergebnisse in diesem Modul problemspezifisch analysiert bzw. aggregiert werden:

Für das Modul "Auswertung" ist eine Systematik zu konzipieren, die, unter Rückgriff auf die im dritten Modul stückzahlunabhängig ermittelten fixen und variablen Bewertungsergebnisse, den Bezug zu realen Auswertungsaufgaben ermöglicht (Bild 4.5).

Die prozeßorientierte Verursachungsanalyse dient hier zur Ermittlung der produktlinieninternen Schwachstellen. Durch eine systematische Hinterfragung der Ressourcenbedarfe aller Prozesse einer Prozeßkette gilt es, die dominierenden Belastungsquellen bzw. Ressourcensenken zu identifizieren. Dadurch werden vorhandene Rationalisierungspotentiale aufgezeigt und können so zu einer Optimierung der gegebenen Produktlinie genutzt werden.

Die prozeßkettenorientierte Sensitivitätsanalyse ist auf produktlinienübergreifende Vergleiche ausgerichtet. Bei konstruktiv gleichen Produkten soll durch die relative Analyse der ressourcenorientierte Vergleich von alternativen Fertigungskonzepten realisiert werden. Bei gleichen Funktionsträgern, aber alternativer Gestaltung sollen durch die baugruppenorientierte Extrapolation weitergehende Vergleiche von Konstruktionsmöglichkeiten und ihren Auswirkungen auf den Ressourcenbedarf des übergeordneten Systems durchgeführt werden können.

Für die methodische Unterstützung von erweiterten, investitionsorientierten Auswahlentscheidungen bez. alternativer Fertigungskonzepte bzw. -technologien sind besondere Charakteristika zu berücksichtigen. So ist für eine detaillierte Ermittlung der umweltökonomisch günstigsten Investition nicht nur die Berücksichtigung des Ressourcenbedarfs eines konzeptspezifisch gefertigten Produktes erforderlich. Vielmehr bedarf es hierzu einer bauteilefamilienübergreifenden Betrachtung des resultierenden Ressourcenbedarfs.

Durch eine anlagenbezogene Extrapolation wird es möglich, bauteil- bzw. bauteilefamilienspezifisch verursachten Ressourcenbedarf derart zu aggregieren, daß für ein Fertigungskonzept die produktionsbedingten Ressourcenbedarfe kumuliert werden können. Durch die weitergehende Kumulierung der Bedarfswerte auf Anlagenebene wird es möglich, einen ganzen Bereich eines Unternehmens ggf. sogar ein Unternehmen insgesamt hinsichtlich des verursachenden Ressourcenbedarfes zu beschreiben. D.h., daß standortbezogene Analysen von verursachten Ressourcenbedarfen realisiert werden können und somit auch ein aktiver Beitrag zum Ökocontrolling geleistet werden kann.

Schritt	Inhalt	Ergebnis
4.1 Prozeßorientierte Verursachungsanalyse	Ermittlung konstruktiver/ fertigungstechnischer Schwachstellen	Rationalisierungs-/ Optimierungsansätze
4.2 Prozeßkettenorientierte Sensitivitätsanalyse	Bauteilbezogener Vergleich alternativer Konstruktions-/ Fertigungskonzepte	Bauteilbezogen rationelles Produktionskonzept
4.3 Systemorientierte Extrapolation	Baugruppenbezogene Untersuchung alternativer Gestaltkonzepte	Rationelle Baugruppen
4.4 Investitionsorientierte Extrapolation	Bauteilübergreifender Vergleich resultierender Anlagenalternativen	Umweltökonomisch günstigere Investitionsalternative
4.5 Standortorientierte Extrapolation	Standortbezogener Vergleich mit vorgegebenem Ökotarget	aktives Ökocontrolling

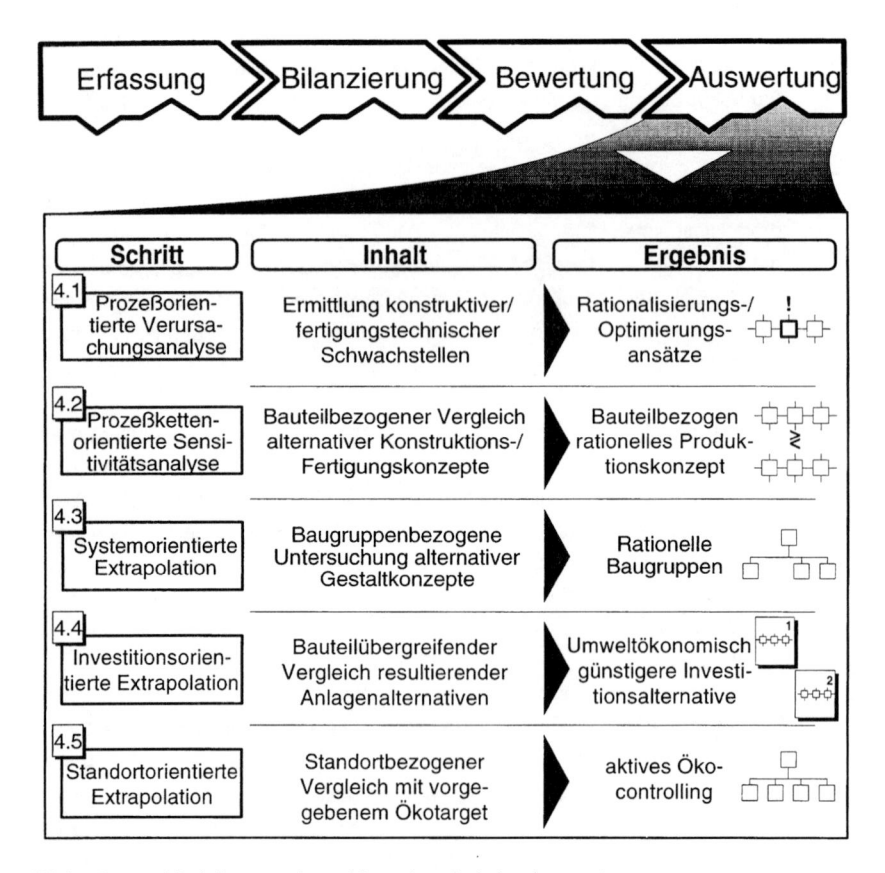

<u>Bild 4.5</u>: Modulkonzeption - Vorgehen bei der Auswertung

Der für die Realisierung der methodenspezifisch angestrebten Optionen erforderliche Datenbedarf bzw. der durch die Optionen ermöglichte Datentransfer wird im folgenden skizziert. Die Betrachtungen beziehen sich dabei zunächst auf die modulintern und anschließend auf die modulextern gerichteten Informationsflüsse.

4.2.2 Schnittstellen zwischen den Modulen

Aus der Konzeption der methodikspezifisch geplanten Funktionen wird implizit der erforderliche Datenbedarf bzw. der methodikinterne Informationsfluß ersichtlich. Dieser ist aufgrund des modularen Aufbaus der Methodik und ihrer hierarchischen Orientierung zweidimensional zu realisieren. Einerseits ist eine horizontale Informations-

Konzeption der Methodik

verknüpfung erforderlich, die an den methodisch orientierten Modulen ausgerichtet ist. Andererseits ist eine vertikale Informationsverknüpfung zu realisieren, durch die die methodisch orientierten Module mit dem Stammdatenmodul vernetzt werden.

Die inhaltliche Konkretisierung der Informationsverknüpfung ist direkt von den Strukturen der jeweils vor- bzw. nachgelagerten Module abhängig. Sie wird von den in den vorgelagerten Modulen erfaßten bzw. generierten Daten und den in den nachgelagerten Modulen bestehenden Informationsvoraussetzungen dominiert (Bild 4.6).

So soll in der Schnittstelle zwischen dem ersten Modul und dem zweiten Modul der Transfer der Beschreibungsdaten zur Prozeßkette 1. Ordnung und deren direkte Ressourcenbedarfe realisiert werden. Zur Anwendung des dritten Moduls müssen die Informationen über sämtliche direkten und indirekten Ressourcenbedarfe zur Verfügung stehen. Erforderliche Eingangsdaten für das vierte Modul sind aufgabenspezifisch kumulierte und aggregierte Bedarfskennwerte bzw. Ressourcenfunktionen.

Schnittstelle	Transferdaten	
dul 1 >> Mo	Prozeßkette 1. Ordnung und direkter Ressourcenbedarf RB_i	$\begin{pmatrix} P_1 & P_2 & P_3 \\ RB_1 & \sim & \sim & \sim \\ RB_2 & \sim & \sim & \sim \\ RB_3 & \sim & \sim & \sim \end{pmatrix}$
dul 2 >> Mo	Ressourcenbedarf 1. und höherer Ordnung	$\begin{array}{c|ccccc} & P_1 & P_2 & P_3 & P_4 & P_5 \\ \hline RB_1 & \sim & \sim & \sim & \sim & \sim \\ RB_2 & \sim & \sim & \sim & \sim & \sim \\ RB_3 & \sim & \sim & \sim & \sim & \sim \end{array}$
dul 3 >> Mo	• Bedarfskennwerte • Ressourcenfunktionen	K ↑ (Kurve) → h
	• Erfassungsdaten • Bilanzierungsdaten	• Ressourcenfunktion
	Stammdaten: • werkstoffspezifisch • verfahrensspezifisch	• ...

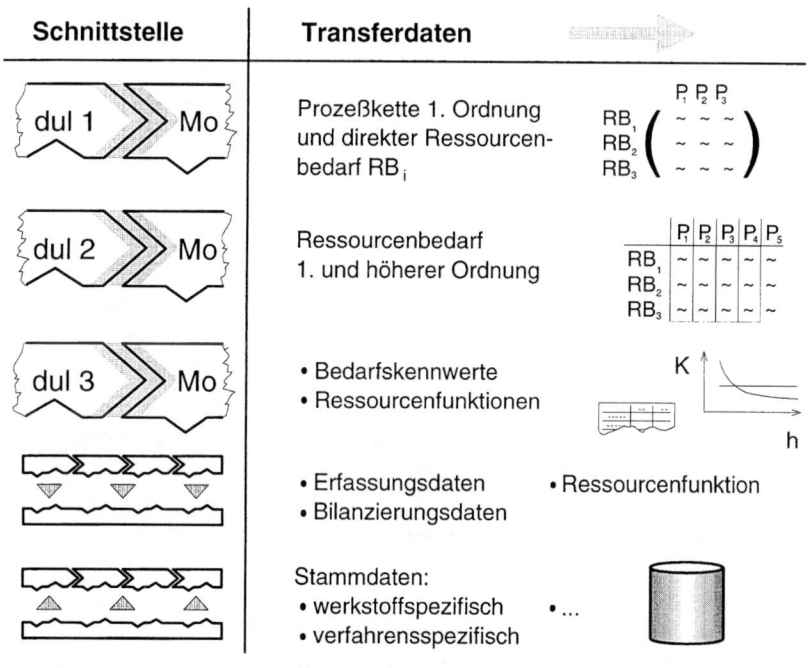

Bild 4.6: Intermodular zu realisierender Datentransfer

Art und Umfang der horizontal zu realisierenden Informationsflüsse spiegeln sich auch in den Anforderungen an den vertikalen Informationsfluß wider. Zur Vermeidung von Redundanzen sind sowohl die horizontal als auch die vertikal zu transferierenden Daten in eine zentrale Datenbasis aufzunehmen. Für die Nutzung der Methodik soll diese Datenbasis als Referenz für allgemeine und produktspezifische Informationen dienen. Folglich muß der horizontal zu realisierende Informationsfluß bereichsweise als virtuell-horizontal bezeichnet werden; alternativ zum horizontalen Datentransfer kann bei Anwendung nachgelagerter Module auf die vertikal angeordnete Datenbasis zurückgegriffen werden. Für eine zielorientierte Anwendung der Methodik ist die reelle Umsetzung des Informationsflusses jedoch von sekundärer Bedeutung. Von primärer Relevanz hingegen ist die Realisierung einer übergeordneten Systematik für eine reproduzierbare Datenverwaltung.

Eine Strukturanalyse der zur Verwaltung anstehenden Daten läßt erkennen, daß diese grundlegend nach allgemeinen Stammdaten und betrachtungsspezifischen Ergebnisdaten unterschieden werden können. Bei weitergehender Informationsmodellierung sind die Stammdaten in stoffspezifische und verfahrensspezifische Stammdaten sowie mit Berücksichtigung auf ihren Methoden- bzw. Methodikbezug zu untergliedern (Bild 4.7). Auf dritter Ebene können die stoffspezifischen Stammdaten nach Art der prozeßspezifischen Massenströme, die verfahrensspezifischen Stammdaten mit Bezug auf den Produktlebenslauf gegliedert werden.

In analoger Form lassen sich auch die Ergebnisdaten strukturieren. Gliederungs- bzw. Modellierungskriterium ist dabei der Zeitpunkt bzw. das Modul der Datenentstehung. Durch diesen Ansatz der Datenverwaltung wird es bspw. möglich, daß auch bei unterschiedlich orientierten Bewertungen eines Sachverhaltes nur ein Datensatz in der Erfassungsdatei zu verwalten ist.

Zur Vermeidung von Datenredundanzen bleiben jedoch der hierarchischen Datenstruktur auf Verwaltungsebene den Datensätzen horizontale Relationen zu überlagern.

4.2.3 Schnittstellen zum Anwender der Methodik

Die konkrete Gestaltung der informatorischen Vernetzung der Module ist eng verknüpft mit Struktur und Inhalt der methodikintern und -extern gerichteten Informationsflüsse. Art und Umfang der auf die Methodik ausgerichteten Eingangsgrößen bestimmen über ihren Informationsgehalt die Anwendung von modulintern optionalen Bewertungs- bzw. Auswertungsstrategien. Die realisierbaren Ergebnisse bedingen

Konzeption der Methodik

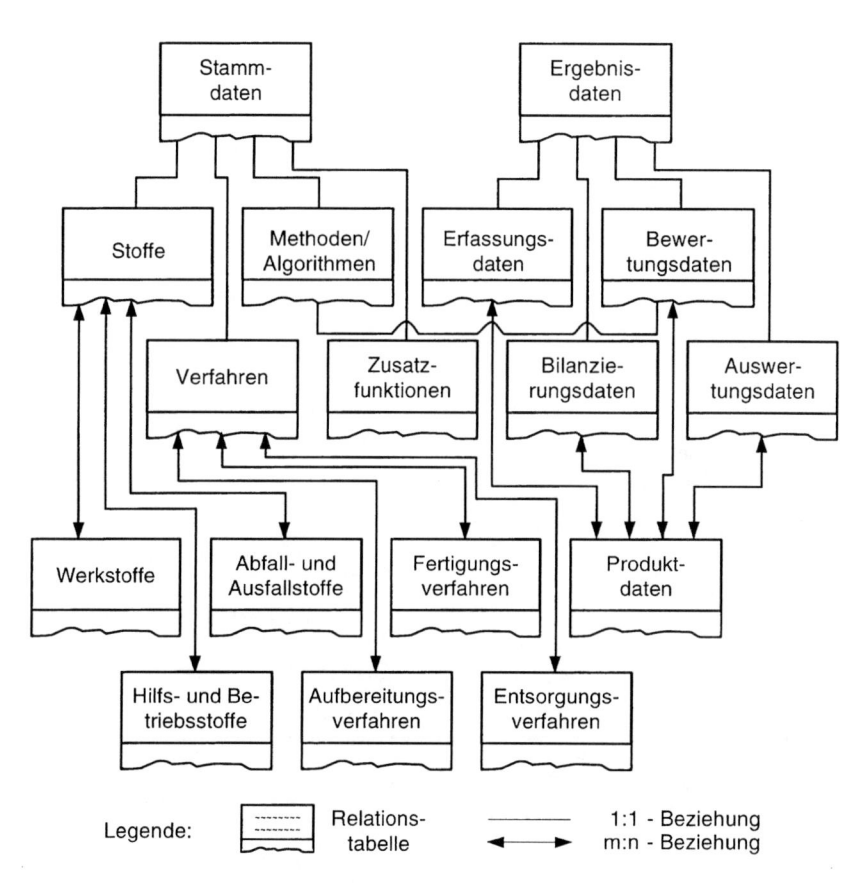

[Diagramm: Strukturelle Darstellung der intermodular zu realisierenden Datenverwaltung mit Blöcken: Stammdaten, Ergebnisdaten, Stoffe, Methoden/Algorithmen, Erfassungsdaten, Bewertungsdaten, Verfahren, Zusatzfunktionen, Bilanzierungsdaten, Auswertungsdaten, Werkstoffe, Abfall- und Ausfallstoffe, Fertigungsverfahren, Produktdaten, Hilfs- und Betriebsstoffe, Aufbereitungsverfahren, Entsorgungsverfahren]

Legende: ▭ Relationstabelle   ——— 1:1 - Beziehung   ◄——► m:n - Beziehung

<u>Bild 4.7</u>: Intermodular zu realisierende Datenverwaltung (strukturelle Darstellung)

wiederum Detaillierungsgrad und Qualität der methodikextern gerichteten Aussagen (Bild 4.8). Gemäß Beschreibung des Soll-Zustands ist somit die Realisierung des jeweils erforderlichen, methodikspezifischen Datenbedarfs von zentraler Bedeutung.

Für die Anwendung der Methodik sind die erforderlichen Eingangsinformationen datumsbezogen zu konkretisieren. Jedes erforderliche Datum, unabhängig ob bauteilspezifisch oder allgemeingültig, ist hinsichtlich seiner Art, seiner thematischen Zugehörigkeit und seines Generierungs- bzw. Verwaltungsortes zu spezifizieren. Konzeptionell operationalisiert wird diese Forderung durch Nutzung der Methoden zur Informationsmodellierung. Durch Abbildung der methodikextern zu beziehenden Daten

68 Konzeption der Methodik

```
   Modul 1  >  Modul 2  >  Modul 3  >  Modul 4
                       Modul 5
```

Eingangsdaten

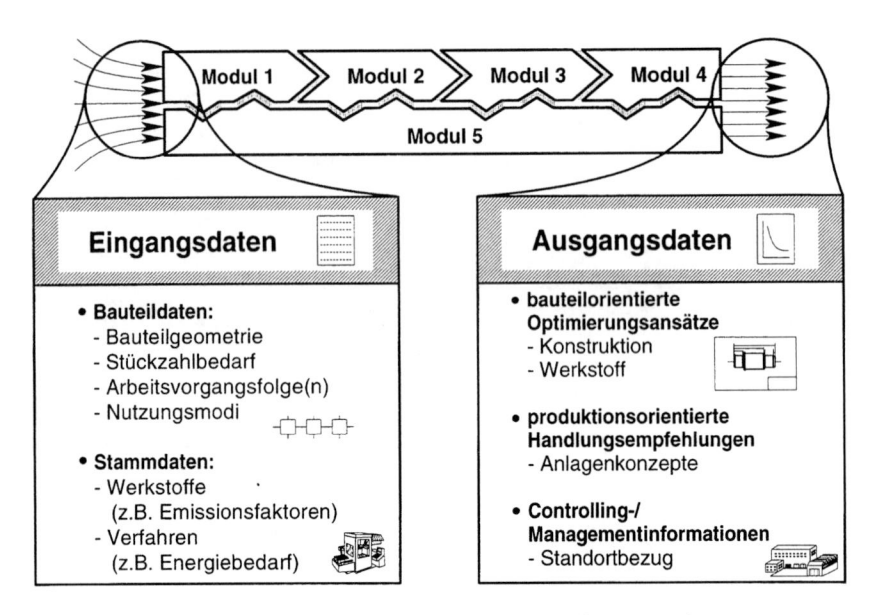

- **Bauteildaten:**
  - Bauteilgeometrie
  - Stückzahlbedarf
  - Arbeitsvorgangsfolge(n)
  - Nutzungsmodi
- **Stammdaten:**
  - Werkstoffe
    (z.B. Emissionsfaktoren)
  - Verfahren
    (z.B. Energiebedarf)

Ausgangsdaten

- **bauteilorientierte Optimierungsansätze**
  - Konstruktion
  - Werkstoff
- **produktionsorientierte Handlungsempfehlungen**
  - Anlagenkonzepte
- **Controlling-/ Managementinformationen**
  - Standortbezug

Bild 4.8:   Zu realisierender extramodular gerichteter Datentransfer

wird ein methodikspezifisches Informations(bedarfs)modell geschaffen, für das die potentiellen Datenquellen relevant sind (Bild 4.9). Um Datenbedarf/ -nachfrage und -angebot systematisch abgleichen zu können, ist ein Informationsträgermodell zu entwickeln. Durch das Abgleichen und die Kopplung des Informations(bedarf)modells und des Informationsträgermodells werden datenspezifische Informationsquellen ermittelt und reproduzierbare Pfade für die systematische Datenermittlung abgeleitet.

Die so als nutzbar identifizierten Datenträger bieten Potential für einen methodikorientierten Datenimport. Eine strukturelle Vorgehensweise für den methodikintern gerichteten Datentransfer beinhaltet nach der Identifikation der Datenträger die Isolation und den modulgerichteten Transfer der bewertungsrelevanten Daten. Bei konventionellen Datenträgern (Tabellen, Zeichnungen etc.) und manueller Anwendung der Methodik kann dieses Vorgehen datenbezogen leicht durchgeführt werden. Im Hinblick auf die Vielzahl der erforderlichen Daten ist jedoch sowohl eine EDV-gestützte Anwendung der Methodik als auch eine direkte Nutzung der EDV-gestützten Datenträger anzustreben. Zur Realisierung des Datenimports auf diesem Entwicklungsniveau sind a priori geeignete Schnittstellenstandards (/ScR-91/: IGES, PDDI, STEP etc.) zu integrieren.

Konzeption der Methodik 69

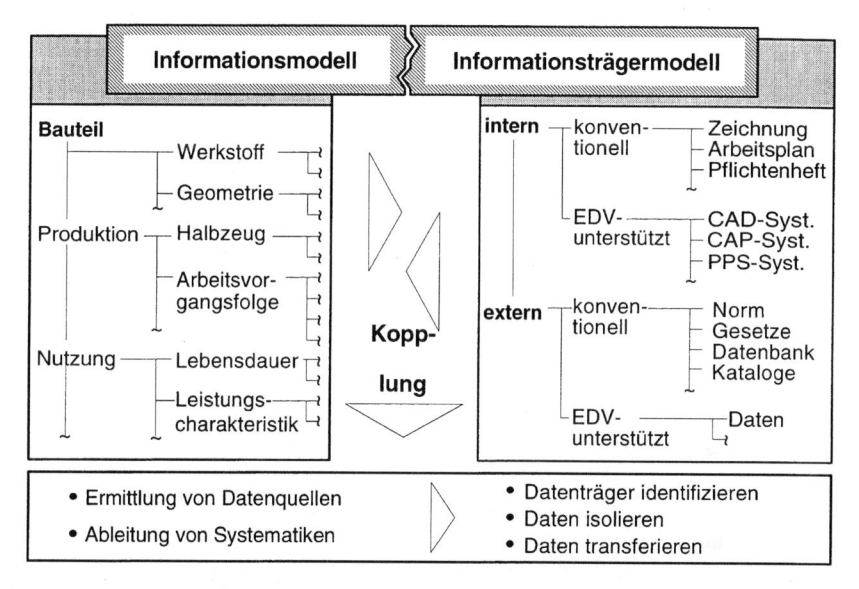

```
┌─────────────────────────────────────────────────────────────────────┐
│          Informationsmodell      │     Informationsträgermodell    │
├──────────────────────────────────┼──────────────────────────────────┤
│ Bauteil                          │ intern ┬─ konven-  ┬─ Zeichnung │
│   ├── Werkstoff                  │        │  tionell  ├─ Arbeitsplan│
│   └── Geometrie                  │        │           └─ Pflichtenheft│
│ Produktion ── Halbzeug           │        └─ EDV-     ┬─ CAD-Syst.  │
│   ├── Arbeitsvor-                │          unterstützt├─ CAP-Syst. │
│   │   gangsfolge                 │                    └─ PPS-Syst.  │
│                    Kopp-         │ extern ┬─ konven-  ┬─ Norm       │
│ Nutzung ── Lebensdauer           │        │  tionell  ├─ Gesetze    │
│            Leistungs-    lung    │        │           ├─ Datenbank  │
│            charakteristik        │        │           └─ Kataloge   │
│                                  │        └─ EDV-     ─── Daten     │
│                                  │          unterstützt             │
├──────────────────────────────────┼──────────────────────────────────┤
│ • Ermittlung von Datenquellen    │ • Datenträger identifizieren     │
│ • Ableitung von Systematiken     │ • Daten isolieren                │
│                                  │ • Daten transferieren            │
└──────────────────────────────────┴──────────────────────────────────┘
```

<u>Bild 4.9</u>: Bauteilbezogene Eingangsdaten und ihre Datenquellen (Auswahl)

Die Berücksichtigung der standardisierten Schnittstellenprotokolle ist auch für die Detaillierung des modulextern gerichteten Datenflusses erforderlich. Für den Fall, daß eine nicht manuelle Anwendung der Methodik vorgesehen ist, sind die Potentiale der EDV zu berücksichtigen. Dadurch werden komplexere Auswertungen und erweiterte Möglichkeiten der Ergebnisnutzung realisierbar.

4.3 Methoden zur Unterstützung der Modulfunktionen

Durch die Konzeption der Methodik und die Ableitung der internen und externen Informationsvernetzung ist ein struktureller Rahmen entwickelt worden, der für die Realisierung einer allgemein anwendbaren Methodik zu detaillieren ist.

Schon für die Konzeption der Methodik sind zur effizienten Gestaltung des Entwicklungsprozesses existierende Lösungsansätze und -methoden genutzt worden. Für die Entwicklung des Methodikkonzepts wurden aus der Systemtechnik Grundlagen der Modularisierung /End-84/ sowie aus der Energie- bzw. Produktionstechnik Strukturen der primärenergieorientierten Bedarfsanalyse adaptiert /Eve-90/. Zur Detaillierung der informatorischen Vernetzung konnten Adaptionspotentiale für die Ansätze der Modellierungstechnik sowie der Schnittstellenstandardisierung /ScR-91/ identifiziert werden.

Weitere Adaptionsmöglichkeiten sind für die Detaillierung der modulinternen Teilschritte zu spezifizieren (Bild 4.10). Für die transparente Abbildung der relevanten Prozeßketten (Teilmodul 1.2) bietet der Ansatz der prozeßorientierten Ablaufanalyse nach /Trä-90/ methodisches Nutzungspotential. Für die ressourcenorientierte Ableitung von Handlungsempfehlungen können Strukturen der Investitionsrechnung genutzt werden und für die Detaillierung der multivariablen Entscheidungsfindung Ansätze des Operations Research und der Ökotoxikologie. Eine entwicklungsnachgelagerte Verifizierung der Methodik und deren EDV-technische Umsetzung kann durch CASE-Tools unterstützt werden.

Bezug	Anvisierte Adaptionen	Zuordnung
Daten-verarbeitung	> primärenergieorientierte Bedarfsanalyse[1]	Modul 1-5
	> prozeßorientierte Ablaufanalyse[2]	Modul 1-2
	> Analytic Hierarchy Process > Electre > Promethee > Goal-Programming > Konkordanzanalyse	Modul 3
	[> Target-Costing	Modul 3-4
	> Investitionsrechnung]	Modul 1-4
Datenerhebung	> Informationsmodellierung > K-/ AV-Datenauswertung > CIM-System-Komponenten	Modul 1/5
Umsetzung/ Anwendung	> CASE-Tools > Standard Schnittstelle	Prototyp/ Fallbeispiel

[1] IPT   [2] WZL/ ITEM   K= Konstruktion   AV= Arbeitsvorbereitung

Bild 4.10:   Adaption bestehender Methoden zur Detaillierung der Modulfunktionen

4.4 Fazit: Grobkonzept

Mit Bezug auf den festgestellten Handlungsbedarf wurde eine Planungsmethodik konzipiert, mit der produktspezifisch verursachter Ressourcenbedarf ermittelt und bewertet werden kann. Bei der Ausrichtung der Konzeptstruktur wurde berücksichtigt, daß die Bewertungsgrößen systematisch und aufwandsminimal ermittelt werden können.

Die konzeptionelle Gliederung der Methodik wurde an der übergeordneten Aufgabenstellung orientiert. In Anlehnung an eine Problemlösungsstrategie aus der Systemtechnik wurden thematisch abgrenzbare Teilaufgaben identifiziert und durch modulare Teillösungen abgedeckt. Im einzelnen sind für die produktspezifische Ermittlung und Analyse von Ressourcenbedarfen fünf Lösungsmodule konzipiert worden:

o Eine Analyse produktspezifisch verursachter ökologischer Ressourcenbedarfe wird genau dann möglich, wenn sämtliche relevanten Energie- und Materialflüsse berücksichtigt werden. Das dem Modul "Erfassung" hinterlegte Konzept bietet methodische Unterstützung bei der Ermittlung und Analyse der für eine umweltökonomische Produktbewertung relevanten Prozesse.

o Die im Modul "Erfassung" konkretisierten Ressourcenbedarfe 1. Ordnung bilden im Modul "Bilanzierung" die Bezugsbasis für die Berücksichtigung der implizierten indirekten Ressourcenbedarfe. Mit den konzipierten Bilanzierungsschritten werden nach und nach alle bewertungsrelevanten Ressourcenbedarfe in die Betrachtung mit einbezogen, die unmittelbar und mittelbar durch eine Produktrealisierung verursacht werden. Durch zyklische Erweiterung und Abstraktion des Betrachtungsbereiches wird der Einfluß dieser Prozesse auf eine Entscheidungsfindung überprüft.

o Die als relevant ermittelten Ressourcenbedarfe sind durch ihre Multidimensionalität charakterisiert. Für eine aussagekräftige absolute, aber auch für eine relative Bewertung ist es oft erforderlich, das Bedarfsprofil aus einer multidimensionalen in eine quasi-monodimensionale Ebene zu transformieren. Dementsprechend sind für das Modulkonzept "Bewertung" verschiedene Ansätze für einen multidimensionalen Vergleich vorgesehen. Durch die aufgabenspezifische Anwendung des Bewertungsansatzes wird die Ableitung von konkreten Handlungsempfehlungen für eine ressourcenorientierte Produktion realisierbar.

o   Für eine Auswertung der resultierenden Daten ist die Berücksichtigung der aufgabenspezifischen Randbedingungen erforderlich. Zur Unterstützung unterschiedlicher Auswertungsstrategien wurde das Modulkonzept "Auswertung" mit einander ergänzenden Aggregierungssystematiken hinterlegt. Durch methodische Auswertung der als fix und variabel ermittelten Ressourcenbedarfe kann so aufgabenspezifisch die Ermittlung ressourcenoptimaler Handlungsalternativen vorbereitet werden. Ressourcenbedarfe, die durch einen Arbeitsvorgang, eine Arbeitsvorgangsfolge, eine Investition oder einen Unternehmensbereich entstehen, können so qualitativ und quantitativ ausgewertet werden.

o   Aus den Konzepten der methodisch orientierten Module von "Erfassung" bis "Bewertung" ist ersichtlich, daß deren Umsetzung und Anwendung in hohem Maße von einem geeigneten Datenmanagement abhängig ist. Um die erfaßten und generierten Daten ablegen, redundanzfrei verwalten und für die weitergehende Nutzung bereitstellen zu können, wurde das Modul "Stammdaten" konzipiert. Eine Systematisierung der Datenablage ermöglicht es, problemspezifisch erforderliche Daten, die in konventionellen Verwaltungssystemen nicht berücksichtigt werden, zu verwalten und somit eine sukzessiv wachsende Informationsbasis zu realisieren.

Sowohl die Konzeption der Einzelmodule als auch deren strukturelle Ausrichtung wurde demnach darauf ausgerichtet, Unterstützung für ökologieorientierte Auswahlaufgaben und für die auswertungsparallele Datenaufbereitung und -verwaltung zu bieten. Der strukturelle Aufbau und die fallspezifischen Anwendungsmöglichkeiten der einzelnen Teilfunktionen der Module werden im folgenden detailliert.

Kapitel 5: Detaillierung der Methodik für die rechnerunterstützte Analyse von Produktlebenszyklen

Mit der Konzeption der Methodik für die Analyse von Produktlebenszyklen ist ein struktureller Rahmen für die Entwicklung eines Planungshilfsmittels zur umweltorientierten Produktbewertung geschaffen worden. Die Realisierung des Hilfsmittels erfordert eine Detaillierung des in Kapitel 4 entwickelten Konzepts. Ausgehend von der modularen Grobstruktur sind die skizzierten Modulschritte nach und nach methodisch zu konkretisieren (Kapitel 5.1). Anschließend sind die damit verfügbaren Optionen der Methodikanwendung (Kapitel 5.2) und die für ihre Realisierung erforderlichen Bedingungen zu spezifizieren (Kapitel 5.3).

5.1 Methodikspezifische Module

Die Reihenfolge der Moduldetaillierung wird auf die Modulnutzungsfolge einer Methodikanwendung ausgerichtet. Im einzelnen werden zunächst die primär auswertungstechnisch orientierten Module detailliert (Kapitel 5.1.1). Aufbauend auf den damit konkretisierten Informationsbedarfen wird anschließend die Informationsorganisation formuliert (Kapitel 5.1.2).

5.1.1 Methodenorganisation

5.1.1.1 Erfassung

Die konzeptionell entwickelte Struktur des Moduls "Erfassung" basiert auf fünf modulinternen Teilschritten: Die vorgelagerte "Zieldefinition", um die der Methodikanwendung zugrundeliegenden Aufgabenstellung zu erfassen, die "Dekomposition" zur Ermittlung der aufgabenrelevanten Prozeßkette 1. Ordnung, die "Spezifikation" zur Erfassung der relevanten Energie- und Stoffströme und die "Quantifizierung" zur wertmäßigen Konkretisierung der Flußgrößen. Die "Aggregierung" dient der systematischen Zusammenfassung der produktübergreifend ermittelten Daten.

Gemäß der einleitenden Beschreibung des Handlungsbedarfs soll die Methodik für verschiedene Aufgabenstellungen eine Unterstützung bei der Ermittlung von produktspezifisch verursachten Ressourcenbedarfen darstellen. Um die jeweils optimale

Nutzung der Methodik realisieren zu können, muß frühzeitig berücksichtigt werden, ob eine reine Bauteilanalyse, ein Bauteilvergleich oder eine Aggregierung auf System-, Anlagen- oder Standortniveau angestrebt wird.

Spezifiziert wird das Betrachtungsniveau durch die aufgabenbezogene Definition von beschreibenden Attributen: Abhängig davon, ob die Festlegung eines Beschreibungsparameters die Festlegung eines anderen Beschreibungsparameters ausschließt oder nicht, sind disjunktive und konjunktive Attribute zu unterscheiden. Als die wichtigsten disjunktiven Attribute sind bewertungsvorgelagert das Bezugsobjekt und die Bezugsform zu nennen. Die zentralen konjunktiven Attribute sind die relevanten Bilanzierungsgrößen und die Bilanzgrenze. Neben der Ausrichtung der weiteren Methodikanwendung wird durch die Definition dieser Attribute insbesondere der notwendige Datenbedarf festgelegt.

Betrachtungsumfang und Datenbedarf sind direkt voneinander abhängig. Für eine aussagekräftige Bewertung von produktspezifischen Umweltlasten ist die Berücksichtigung von den der Produktion vor- und nachgelagerten Bereichen erforderlich. Für jeden aufgabenspezifisch relevanten Prozeß sind alle umweltökonomischen Prozeßparameter zu erfassen. Daß die implizierten komplexen Strukturen reproduzierbar ermittelt und abgebildet werden, ist eine zentrale Voraussetzung für die transparente Bewertung der Größen. Möglichkeiten zur transparenten Abbildung von komplexen Strukturen bieten graphische und mathematische Modellierungsmethoden. Für die beabsichtigte Anwendung werden durch eine adäquate Kombination die besten Resultate erzielt. Durch eine vorgelagerte graphische Abbildung der Zusammenhänge wird die erforderliche Transparenz geschaffen. Die anschließende Ableitung einer mathematischen Darstellung dient der komprimierenden Datenaufbereitung.

Für eine transparente Abbildung der bewertungsrelevanten Zusammenhänge weisen gemäß Kapitel 3.2.1.4 die Modellierungsmethoden nach /Trä-90/, /DIN-83/ und /Eng-85/ Potentiale auf. Da die Methode mit der größten Überdeckung zur Zielmethode den geringsten Anpassungsaufwand vermuten läßt, bietet sich für die hier gegebene Aufgabenstellung die Prozeßmodellierung nach /Trä-90/ an.

Auch wenn diese Methode ursprünglich für die Abbildung der technischen Auftragsabwicklung konzipiert und dabei primär für die Analyse der indirekten Bereiche ausgelegt wurde, sind ihre methodischen Strukturen so flexibel, daß sie auch für die hier anstehende Aufgabe geeignet ist. Die durch standardisierte Prozeßelemente systematisierte Abbildung und analytische Aufbereitung von Prozeßketten ist auf die

Detaillierung der Methodik 75

Abbildung eines Produktlebenslaufes übertragbar. Unterschiedliche Schwerpunkte in der Anwendung sind lediglich darin zu sehen, daß für die Abbildung der hier interessanten Prozesse primär direkte Prozeßelemente und dabei solche mit Werkstückbezug i.e.S. zur Anwendung kommen. Es bleibt dennoch festzustellen, daß die aktuelle "Elemente-Bibliothek" nach /Trä-90/ bzw. /Kru-93/ noch bereichsweise erweitert werden muß, um Produktlinien vollständig abbilden zu können (Bild 5.1):

Bei der Abbildung von Prozessen zur Rohstofförderung und Halbzeugaufbereitung können diese noch weitgehend als Beschaffungselemente dargestellt werden. Mit Hilfe der ursprünglich enthaltenen Prozeßelemente kann damit die Darstellung der Produktion eines Produktes vollständig realisiert werden. Für die Abbildung der Produktnutzung fehlt jedoch ein Hilfsmittel zur Beschreibung von Gebrauchsphasen und für die Entsorgungsphase fehlen Hilfsmittel zur Beschreibung von Recycling- bzw. Deponierungsabläufen. Durch die Einführung der Prozeßelemente "Gebrauch", "Demontage" und "Lagerung" kann diesen Defiziten begegnet werden. Die so erweiterte Elemente-Bibliothek bietet die Möglichkeit, alle Prozesse eines Produktlebens-

[1] nach /Trä-90/   [2] i.allg. für Produktlinienanalyse irrelevant

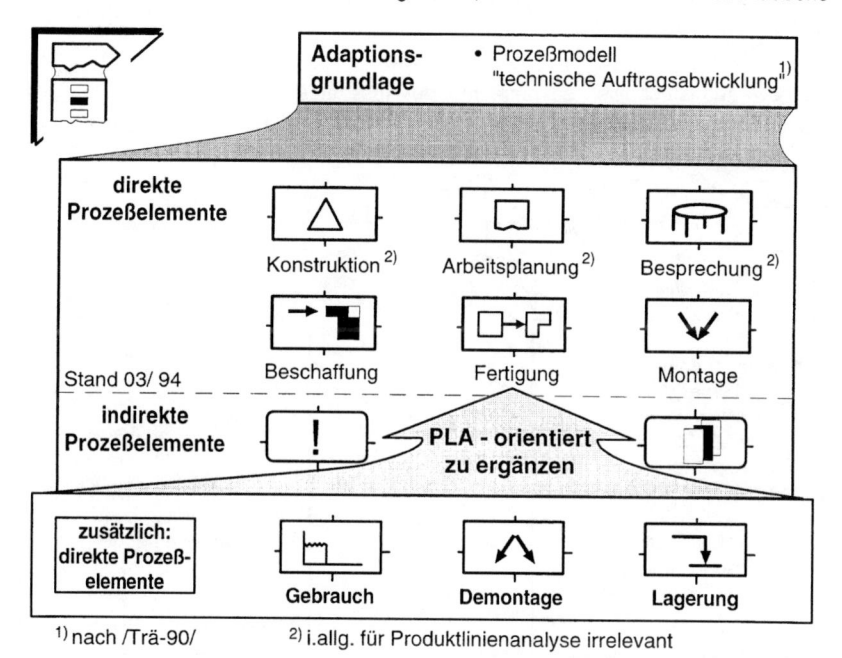

Bild 5.1:   Prozeßelemente nach /Trä-90/ - Hilfsmittel für die Erfassung und transparente Darstellung der bewertungsrelevanten Produktlinien

laufes abbilden zu können. Die bei einer Produktlinienanalyse zu berücksichtigende Syntax kann auch bei o.g. Erweiterungen vollständig von /Trä-90/ bzw. /Kru-93/ übertragen werden.

Dieses Vorgehen bietet zusätzlich den Vorteil, daß Prozeßketten bzw. Daten, die bspw. im Rahmen innerbetrieblicher Analysen aufgenommen werden, ohne großen Anpassungsaufwand auch für die umweltorientierte Produktbewertung genutzt werden können. Im Hinblick auf eine ganzheitlich orientierte Unternehmensmodellierung besteht hierdurch gleichzeitig die Möglichkeit zur Datenkopplung /CIM-91/.

Für die weitergehenden Modulschritte dient das Prozeßmodell als Bezugsbasis, um je Prozeß die für eine umweltökonomische Bewertung relevante Ressourcenbedarfsmatrix P_p ableiten zu können. Im Rahmen des Modulteilschritts "Dekomposition" wird für die betrachtete Prozeßkette 1. Ordnung je Prozeß P_p eine $(2 \times m_{p,\,max})$-dimensionale Matrix P_p definiert. Der Spaltenrang der Matrizen $m_{p,\,max}$ ($m_{p,\,i}$: Ressourcenkennung) ergibt sich folgend in Abhängigkeit von den prozeßspezifisch zu betrachtenden Flußgrößen $d_{p,\,1}$ bis $d_{p,\,max}$.

Als bewertungstechnisch zu betrachtende Ressourcenbedarfe $d_{p,\,i}$ sind für jeden Prozeß sämtliche Energie- und Stoffströme 1. Ordnung zu berücksichtigen. Defini-

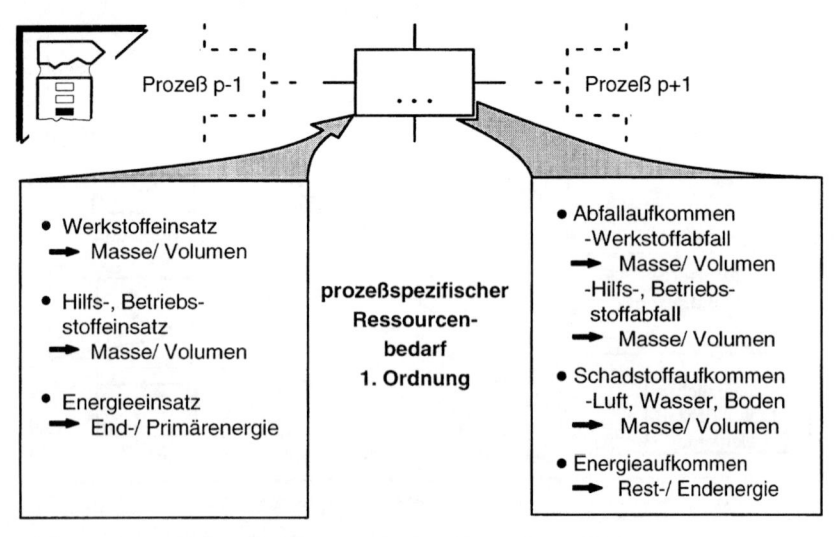

Prozeß p-1 ... Prozeß p+1

- Werkstoffeinsatz
  ➡ Masse/ Volumen
- Hilfs-, Betriebsstoffeinsatz
  ➡ Masse/ Volumen
- Energieeinsatz
  ➡ End-/ Primärenergie

prozeßspezifischer
Ressourcenbedarf
1. Ordnung

- Abfallaufkommen
  -Werkstoffabfall
  ➡ Masse/ Volumen
  -Hilfs-, Betriebsstoffabfall
  ➡ Masse/ Volumen
- Schadstoffaufkommen
  -Luft, Wasser, Boden
  ➡ Masse/ Volumen
- Energieaufkommen
  ➡ Rest-/ Endenergie

Legende: ➡ ... zu quantifizierende Größe

Bild 5.2: Zu erfassende Prozeßeingangs- und -ausgangsgrößen

die umweltrelevanten Ein- und Ausgangsgrößen, die direkt am
nachweisbar sind. Konkret als Prozeßeingangsgrößen erfaßt
den sollen der Werk-, der Hilfs- und der Betriebsstoffeinsatz
atz. Ausgangsgrößen sind das makroskopische Abfall- und das
dstoffaufkommen sowie die resultierenden, noch nutzbaren

ung der Energie- und Stoffströme hängt von den Kenntnissen
schen Ressourcenbedarfsfunktionen ab und ist dementspre-
ei Prozessen, die noch nicht hinsichtlich ihres Ressourcen-
vurden, müssen grundlegend alle Ressourcenbedarfsgrößen
ir Prozesse, für die schon im Rahmen anderer Bewertungen
edarfsprofile ermittelt wurden, können die Ressourcengrößen
igefragt werden. Sowohl das entsprechende strukturelle Vor-
ordnungssymbolik, die an der Syntax der Methode nach
1 in Bild 5.3 aufgeführt. Die diesbez. in den zugeordneten Ta-
len (s. Ressourcentabelle, Spalte b und c) sind die Parame-
Spalte der prozeßspezifischen Ressourcenbedarfsmatrizen
e prozeßspezifischen Ressourcenbedarfe $d_{p,i}$.

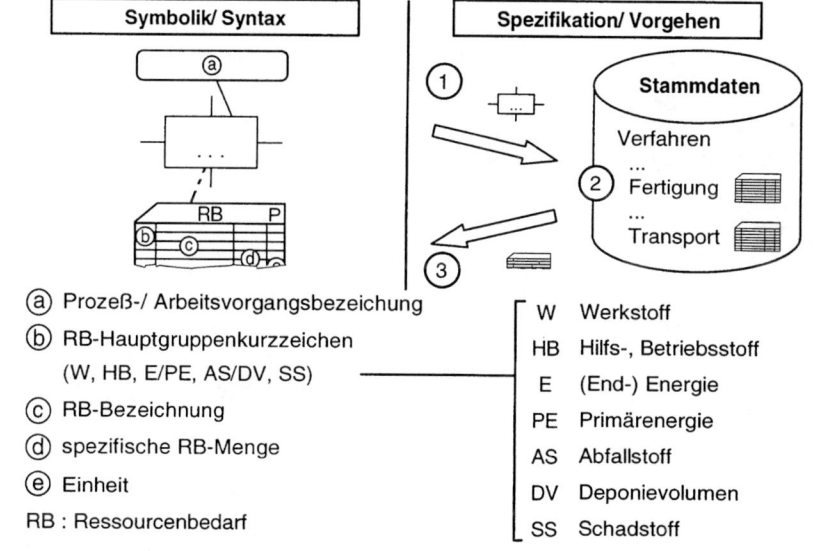

Symbolik/ Syntax	Spezifikation/ Vorgehen

ⓐ Prozeß-/ Arbeitsvorgangsbezeichnung
ⓑ RB-Hauptgruppenkurzzeichen
   (W, HB, E/PE, AS/DV, SS)
ⓒ RB-Bezeichnung
ⓓ spezifische RB-Menge
ⓔ Einheit
RB : Ressourcenbedarf

W   Werkstoff
HB Hilfs-, Betriebsstoff
E   (End-) Energie
PE Primärenergie
AS Abfallstoff
DV Deponievolumen
SS Schadstoff

Bild 5.3:   Ermittlung und Darstellung des prozeßspezifischen Ressourcenbedarfs
unter Einsatz von Ressourcentabellen

Die Spezifizierung der zweiten Spalte der Ressourcenbedarfsmatrizen P_p, d.h. die Quantifizierung der aufgabenspezifisch real anfallenden Prozeßbedarfe $u_{p,1}$ bis $u_{p,\,mpmax}$ (s. Ressourcentabelle, Spalte d und e), erfolgt anhand von meßtechnisch ermittelten Ist-Werten oder rechentechnisch ermittelten Plan-Werten. Die Auswahl der Quantifizierungsmethode bleibt fallspezifisch auf die Zielsetzung der Analyseaufgabe bzw. auf die zu betrachtenden Prozesse abzustimmen. Anforderungsorientiert ist zwischen maximaler Genauigkeit (Ist-Werte) und minimalem Aufwand (Plan-Werte) zu optimieren.

Analog zur qualitativen Ermittlung des Ressourcenbedarfs bieten sich auch für die quantitative Ermittlung Potentiale zur Reduktion von Erfassungsaufwendungen an. Durch Rückgriff auf abgelegte Bedarfswerte können Erfassungsvorgänge eingespart werden. Desweiteren kann für parallele Bewertungen eine einheitliche Datengrundlage geschaffen werden. Ein solches Vorgehen bietet sich insbesondere bei Prozessen an, die in ihrer Durchführung (z.B. Wärmebehandlungen) bzw. ihren Ergebnissen (z.B. Halbzeugherstellung) homogen sind /Eve-90/. Mit einmal betriebenem Aufwand zur Erfassung von Ist-Daten können bspw. allgemeine Durchschnittsdaten bzw. -funktionen abgeleitet werden, die dann für weitere Bewertungen zur Verfügung stehen.

Durch sukzessive Quantifizierung aller Ressourcenbedarfe werden für die Prozeßkette 1. Ordnung p_{max} Ressourcenbedarfsmatrizen bestimmt. Für deren Auswertung und für die bilanzielle Berücksichtigung der indirekten Ressourcenbedarfe ist eine vorbereitende Aufbereitung erforderlich. Im Rahmen einer Aggregation werden die einzelnen Vektoren normierend erweitert und in eine zusammenfassend abbildende Matrix transformiert. Der in Bild 5.4 aufgeführte Algorithmus dient als Basis für die Transformation der unterschiedlich dimensionalen, prozeßspezifischen Ressourcenbedarfsmatrizen P_1 bis P_{pmax} in eine prozeßkettenübergreifende $(m_{R1,max} \times (p_{max} + 1))$ - Ressourcenbedarfsmatrix R_1 /Bro-85/.

5.1.1.2 Bilanzierung

Die aufbereiteten Erfassungsinformationen sind die zentralen Eingangsdaten für das Modul "Bilanzierung". Auf der Basis der Erfassungsdaten werden die Prozeßkette 1. Ordnung und die daraus resultierenden Ressourcenbedarfe abgebildet, transformiert und detailliert. Im Rahmen des Modulteilschritts "primäre Detaillierung" werden zusätzlich zu den direkten Ressourcenbedarfen die bislang unberücksichtigten, indirekten Ressourcenbedarfe in die Betrachtung mit einbezogen. Nachdem die Betrachtungen auf ressourcenbeeinflussende Größen 3. Ordnung ausgedehnt wurden, wird nach und

Detaillierung der Methodik 79

Dekomposition $P_1, P_2, \ldots, P_{p_{max}}$

Spezifikation

$$P_1 = \begin{vmatrix} d_{1,1} & \cdots \\ \vdots & \vdots \\ d_{1,m_{1,max}} & \cdots \end{vmatrix}, \ldots, P_{p_{max}} = \begin{vmatrix} d_{max,1} & \cdots \\ \vdots & \vdots \\ d_{p_{max},m_{p_{max},max}} & \cdots \end{vmatrix}$$

Quantifizierung

$$\otimes \quad P_1 = \begin{vmatrix} d_{1,1} & u_{1,1} \\ \vdots & \vdots \\ d_{1,m_{1,max}} & u_{1,m_{1,max}} \end{vmatrix}, \ldots, P_{p_{max}} = \begin{vmatrix} d_{p_{max},1} & u_{p_{max},1} \\ \vdots & \vdots \\ d_{p_{max},m_{p_{max},max}} & u_{p_{max},m_{p_{max},max}} \end{vmatrix}$$

Aggregation

$$R_1 = \begin{vmatrix} d_{R_1,1} & u_{R_1,1,1} & \cdots & u_{R_1,p_{max},1} \\ \vdots & \vdots & \vdots & \vdots \\ d_{R_1,m_{R_1,max}} & u_{R_1,1,m_{R_1,max}} & \cdots & u_{R_1,p_{max},m_{R_1,max}} \end{vmatrix} \quad bzw. \quad R_{1,p} = \begin{vmatrix} d_{R_1,1} & u_{R_1,p,1} \\ \vdots & \vdots \\ d_{R_1,m_{R_1,max}} & u_{R_1,p,m_{R_1,max}} \end{vmatrix}$$

mit (i) $D_{R_1} := \{d_{R_1,1}, \ldots, d_{R_1,m_{R_1,max}}\} = \bigcup_{p=1}^{p_{max}} \bigcup_{m_p=1}^{m_{p,max}} \{d_{p,m_p}\}, \quad m_{R_1,max} := |D_{R_1}|$

(ii) $u_{R_1,p,m_{R_1}} := \begin{cases} u_{p,m_p} & \text{für } d_{R_1,m_{R_1}} = d_{p,m_p} \in D_p := \{d_{p,1}, \ldots, d_{p,m_{p,max}}\} \\ 0 & \text{für } d_{R_1,m_{R_1}} \notin D_p \end{cases}$

P_p: Prozeßspezifische Ressourcenbedarfsmatrix
  $[m_{p,max} \times 2]$-Matrix
R_1: Produktlinienspezifische Ressourcenbedarfsmatrix
  $[m_{R_1,max} \times (p_{max}+1)]$-Matrix
$d_{p,m_p}, d_{R_1,m_{R_1}}$: Bezeichnung des Ressourcenbedarfs
$u_{p,m_p}, u_{R_1,p,m_{R_1}}$: Wert des Ressourcenbedarfs incl. Einheit

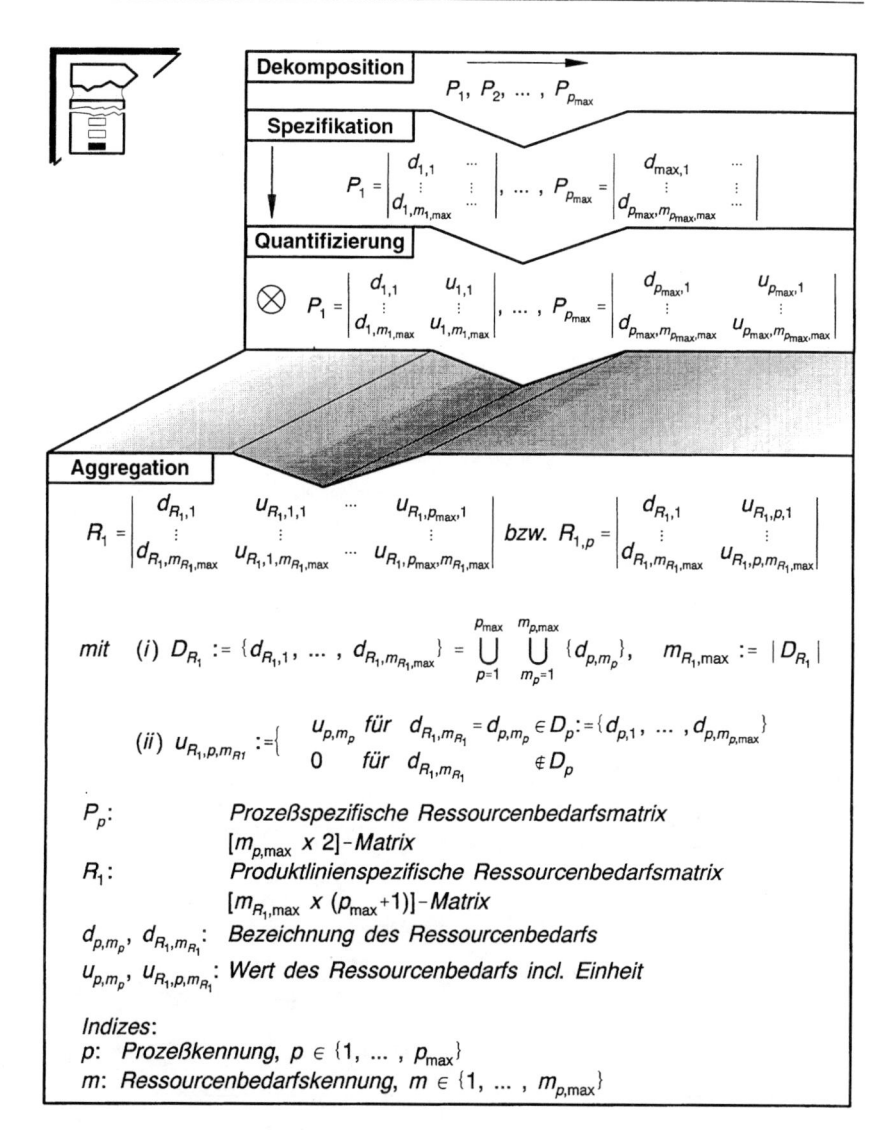

Indizes:
p: Prozeßkennung, $p \in \{1, \ldots, p_{max}\}$
m: Ressourcenbedarfskennung, $m \in \{1, \ldots, m_{p,max}\}$

<u>Bild 5.4</u>:   Vektorielle Aufbereitung der Erfassungsdaten

nach die bewertungstechnische Relevanz jedes einzelnen Ressourcenelements und seiner quantitativen Ausprägung hinterfragt. Je nach Identifikation im Modulschritt "Abstraktion" bleibt das Element entweder für die weitergehende Bewertung unberücksichtigt oder wird im Rahmen der "sekundären Detaillierung" weitergehend betrachtet. Die resultierende Struktur von direkten und indirekten Ressourceneinsätzen wird anschließend aggregiert:

Die für dieses Vorgehen erforderlichen Eingangsdaten sind die elementbasierte Abbildung der Prozeßkette 1. Ordnung (s. Modulschritt 1.2) und die Matrixdarstellung der direkten Ressourcenbedarfe (s. Modulschritte 1.4, 1.5). Mit Hilfe dieser Informationen kann jedem Prozeßelement eine Ressourcenbedarfstabelle und damit eine sowohl qualitative als auch quantitative Auflistung der prozeßspezifisch direkten Ressourcenbedarfe zugeordnet werden.

Für die weitergehende Auswertung ist diese Abbildung zu detaillieren. Jede Eintragung in der Ressourcentabelle, jede Zeile in der prozeßspezifischen Ressourcenmatrix entspricht dem Bedarf einer Prozeßeingangsgröße bzw. dem Aufkommen einer Prozeßausgangsgröße. Mit der Erzeugung, Weiterverarbeitung bzw. Entsorgung dieser Größen sind nach o.g. Erörterungen Prozeßketten höherer Ordnung verbunden. Um die ressourcenbeeinflussenden Wirkungen dieser Prozeßketten in die Betrachtungen mit aufnehmen zu können, muß auch ihre Struktur und der Ressourcenbedarf ihrer Prozesse hinterfragt werden. Zur Vorbereitung auf diese Detaillierung

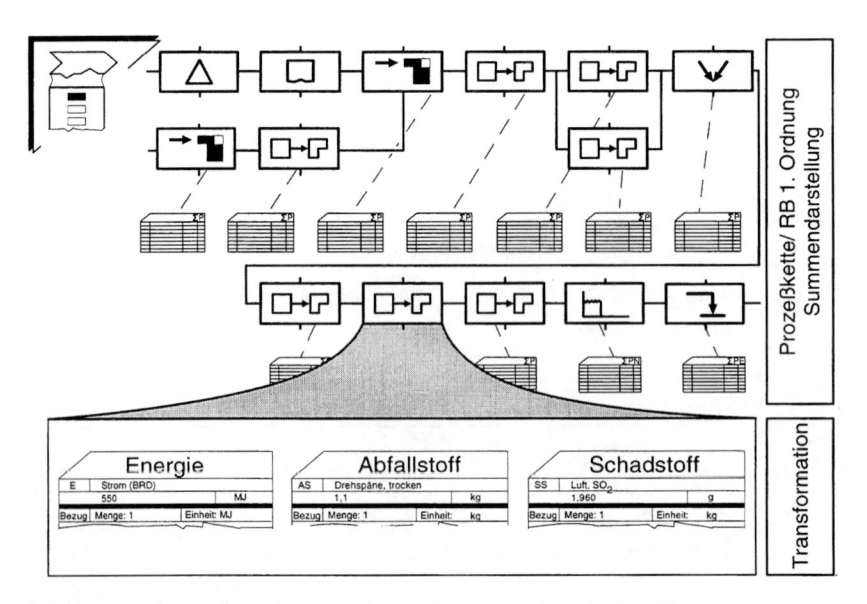

Bild 5.5: Transformation - Basis für die weitergehende Detaillierung

werden die zusammenfassenden Ressourcenbedarfsmatrizen zeilenweise in Transformationsmatrizen überführt. Für jeden Ressourcenbedarf n-ter Ordnung existiert dann eine Transformationsmatrix, in die folgend der Ressourcenbedarf (n+1)-ter Ordnung aufgenommen werden kann (Bild 5.5).

Da die Detaillierung ein einheitliches Vorgehen erfordert, sind auch die Transformationsmatrizen universell anwendbar zu gestalten. Hierzu sind in die Transformationsmatrix Angaben über die betrachteten Ressourcengrößen n-ter Ordnung und Angaben über die resultierenden Ressourcenbedarfe (n+1)-ter Ordnung aufzunehmen (Bild 5.6). Im Gegensatz zur Ressourcenbedarfsmatrix (Bild 5.3) stellen die in die Transformationsmatrix aufgenommenen Ressourcenbedarfe (n+1)-ter Ordnung jedoch nicht den Ressourcenbedarf eines Prozesses, sondern den einer ganzen Prozeßkette dar. Entsprechend kann es erforderlich werden, die Entstehung der Ressourcenbedarfe (n+1)-ter Ordnung genauso analytisch zu hinterfragen wie die Entstehung des Ressourcenbedarfs 1. Ordnung. Direkt erforderlich wird dies bei der Ermittlung der umweltökonomischen Auswirkungen von Ressourcenbedarfen, die rein prozeß- bzw. produktspezifisch verursacht werden. Ein Beispiel hierfür ist die prozeßbezogene Bereitstellung eines produktspezifischen Werkzeugs.

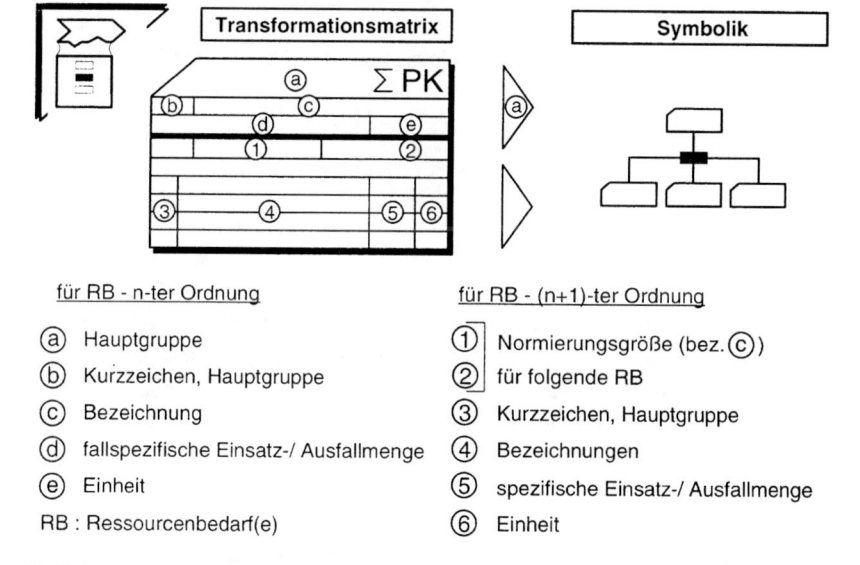

für RB - n-ter Ordnung

ⓐ Hauptgruppe
ⓑ Kurzzeichen, Hauptgruppe
ⓒ Bezeichnung
ⓓ fallspezifische Einsatz-/ Ausfallmenge
ⓔ Einheit
RB : Ressourcenbedarf(e)

für RB - (n+1)-ter Ordnung

① Normierungsgröße (bez. ⓒ)
② für folgende RB
③ Kurzzeichen, Hauptgruppe
④ Bezeichnungen
⑤ spezifische Einsatz-/ Ausfallmenge
⑥ Einheit

Bild 5.6: Transformationsmatrix - Hilfsmittel für die Erfassung von Ressourcenbedarfen höherer Ordnung

Um die Darstellung der produktspezifischen Ressourcenbedarfe durch die Schachtelung verschiedener Prozeßketten nicht unnötig komplex zu gestalten, sollte in solchen Fällen vorgelagert eine Zusammenfassung der Ressourcenbedarfe für die einzelnen Bereiche erfolgen. Für die eigentliche Produktbewertung können dann die aufbereiteten Ressourcenbedarfsmatrizen (s. Modulschritt 1.5) einer parallel durchgeführten Produktbewertung als Transformationsmatrix übernommen werden. Erfahrungen aus /GEM-89, Ahb-90, Eve-90, Sme-91 u.a./ zeigen, daß zur Beschreibung vieler, insbesondere homogener Ressourceneinsätze - bzw. den damit verbundenen Prozeßketten - ohnehin allgemeingültige Ressourcenbedarfskennwerte/ -funktionen abgeleitet werden können. Durch analoges Vorgehen zu Modulschritt 1.3 können bspw. für die Energie- oder Materialbereitstellung Prozeß- bzw. Prozeßkettenbedarfswerte aufbereitet und für produktspezifische Abfragen zur Verfügung gestellt werden.

Ähnlich wie bei der Ermittlung der prozeßspezifischen Ressourcenbedarfe ist eine Nutzung von Stammdaten auch für die Ermittlung der energie- bzw. stoffspezifischen Ressourcenbedarfe möglich (Bild 5.7). Durch eine allgemeine Ermittlung bzw. Abfrage von ressourcenspezifischen Transformationsmatrizen können den direkten Ressourcenbedarfen nach und nach die indirekten Ressourcenbedarfe zugeordnet werden. Die indirekten Ressourcenbedarfe können wiederum als Transformationsmatrizen abgebildet werden, denen ebenfalls ein Ressourcenbedarf höherer Ordnung zuzuordnen ist. Um in der graphischen Abbildung dieser Zuordnungen darzustellen, daß die Bereitstellung dieser Ressourcen mit der Nutzung von weiteren Prozeßketten verbunden ist, wird in die Symbolik ein entsprechendes Aggregationselement (geschwärztes Rechteck) aufgenommen.

Für die vektorielle Abbildung stellt diese Detaillierung den Bedarf der multiplikativen Verknüpfung der Elemente $u_{p,m}$ der Ressourcenbedarfsmatix R_i mit d_m-bezogen ermittelten Ressourcenbedarfsvektoren dar. Im Rahmen der primären Detaillierung ist diese Verknüpfung bzw. diese Abbildung für die Ressourcenbedarfe 1. bis 3. Ordnung durchzuführen. Erfahrungsgemäß /Eve-91/ finden damit i.allg. die meisten der bewertungsrelevanten Ressourcenbedarfsgrößen Berücksichtigung. So können sowohl die direkten als auch die bewertungsrelevanten indirekten Ressourcenbedarfe (z.B. Werkzeuge) bilanziert werden.

Durch die zunächst auf drei Ordnungsstufen bezogene Detaillierung liegen nach Anwendung dieses Modulschrittes verschiedene Transformationsmatrizen vor. Je nach ihrer strukturellen Ausprägung können diese einer von drei Typenklassen zugeordnet werden. Unterscheidungskriterium für die Matrizentypen ist die Art der in

Detaillierung der Methodik 83

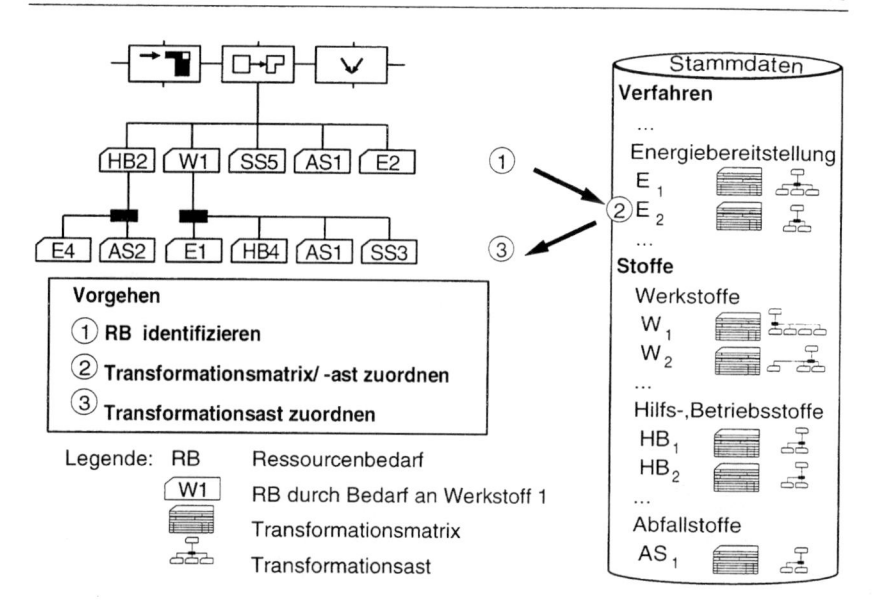

Bild 5.7: Vorgehensweise bei der primären Detaillierung

den Transformationsmatrizen aufgeführten Abbildungen auf Ressourcenbedarfe höherer Ordnung. Transformationsmatrizen vom Typus 1 und 2 bilden Ressourcenbedarfe ab, die ihrerseits nur auf die Größen Primärenergie [MJ], Deponiebedarf [Volumen/ Klasse] oder Schadstoffaufkommen [g] abgebildet worden sind bzw. abgebildet werden. Mit den Transformationsmatrizen vom Typus 3 werden die Ressourcenbedarfe abgebildet, die ihrerseits Bedarf an weiteren, anderen Ressourcen verursachen (Bild 5.8).

Bezogen auf eine multidimensionale Bewertung sind Primärenergiemenge, Deponievolumen und/ oder Schadstoffmengen die Größen, auf die die übergeordneten Ressourcenbedarfe im Sinne eines kleinsten gemeinsamen Nenners zu beziehen sind. Entsprechend sollte es das Ziel einer Detaillierung sein, auf der letzten Ebene der Detaillierungsäste möglichst ausschließlich o.g. Betrachtungsgrößen zu realisieren.

Aufgrund der Komplexität und der Vernetzung produktionstechnischer Zusammenhänge untereinander kann diese Zielsetzung in der 3. Ordnungsstufe i.allg. schon umfassend aber nicht vollständig realisiert werden (vgl. auch Eve-91). Daraus entsteht jedoch kein Defizit für die Methodikanwendung, da mit der Planungsmethodik primär eine hinreichend fundierte Basis für die Ableitung von Entscheidungen bereitgestellt

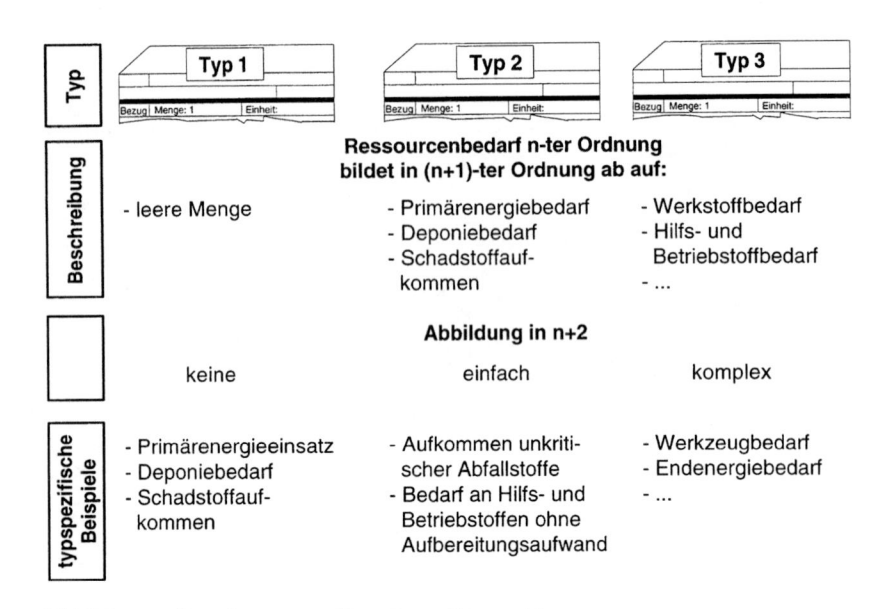

Typ	Typ 1	Typ 2	Typ 3
	Bezug|Menge: 1|Einheit:	Bezug|Menge: 1|Einheit:	Bezug|Menge: 1|Einheit:
Beschreibung	- leere Menge	**Ressourcenbedarf n-ter Ordnung bildet in (n+1)-ter Ordnung ab auf:** - Primärenergiebedarf - Deponiebedarf - Schadstoffaufkommen	- Werkstoffbedarf - Hilfs- und Betriebstoffbedarf - ...
	keine	**Abbildung in n+2** einfach	**komplex**
typspezifische Beispiele	- Primärenergieeinsatz - Deponiebedarf - Schadstoffaufkommen	- Aufkommen unkritischer Abfallstoffe - Bedarf an Hilfs- und Betriebstoffen ohne Aufbereitungsaufwand	- Werkzeugbedarf - Endenergiebedarf - ...

Bild 5.8: Grundtypen von Transformationsmatrizen

werden soll. Durch Spezifizierung des Modulteilschritts "Abstraktion" und des ihm entgegenwirkenden Teilschritts "sekundäre Detaillierung" soll für die Erfassung bzw. Bilanzierung das Optimum zwischen hoher Genauigkeit und geringem Aufwand ermittelt werden. Methodisch umgesetzt werden kann dies durch Bildung mathematischer Reihen oder durch die Definition von Abbruchkriterien. Bezogen wird sich dabei einmal auf Ressourcenbedarfe höherer Ordnung und einmal auf Ressourcenbedarfe niedriger Ordnung (Bild 5.9).

Durch Reihenbildung können Ressourcenbedarfe, die sich sukzessive oder wechselseitig ineinander abbilden, von einem Niveau niedriger Ordnung bis zur Erfassungstiefe n mit $n \rightarrow \infty$ zusammengefaßt werden. Dieses Vorgehen bietet sich z.B. für die Bereitstellung von Endenergien bzw. Energieträgern an /Hab-91/. Die Reihenbildung ist dabei keine Abstraktion i.e.S., sondern vielmehr eine Komprimierung der Ressourcenbedarfsstruktur bei quantitativ realer Bedarfsabbildung. Hingegen ist die Definition von Abbruchkriterien und deren elementweiser Nutzung sowohl im qualitativen als auch im quantitativen Sinne eine Abstraktion der Ressourcenbedarfe: Durch die Gegenüberstellung eines jeden Ressourcenelements mit einer festgelegten Grenzfunktion wird die Relevanz für eine weitergehende Berücksichtigung überprüft. Die zur Anwendung kommenden Abbruchkriterien können dabei sowohl statisch als auch

Detaillierung der Methodik 85

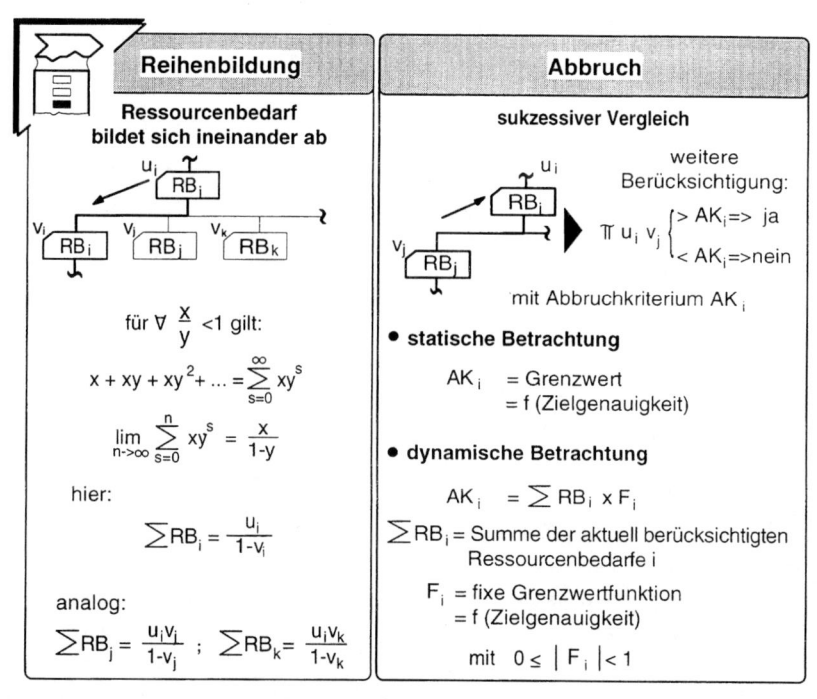

Reihenbildung	Abbruch
Ressourcenbedarf bildet sich ineinander ab	**sukzessiver Vergleich**
für $\forall \frac{x}{y} < 1$ gilt: $x + xy + xy^2 + \ldots = \sum\limits_{s=0}^{\infty} xy^s$ $\lim\limits_{n \to \infty} \sum\limits_{s=0}^{n} xy^s = \frac{x}{1-y}$ hier: $\sum RB_i = \frac{u_i}{1-v_i}$ analog: $\sum RB_j = \frac{u_i v_j}{1-v_j} \; ; \; \sum RB_k = \frac{u_i v_k}{1-v_k}$	weitere Berücksichtigung: $\pi\, u_i\, v_j \begin{cases} > AK_i => \text{ja} \\ < AK_i => \text{nein} \end{cases}$ mit Abbruchkriterium AK_i • **statische Betrachtung** AK_i = Grenzwert = f (Zielgenauigkeit) • **dynamische Betrachtung** $AK_i = \sum RB_i \times F_i$ $\sum RB_i$ = Summe der aktuell berücksichtigten Ressourcenbedarfe i F_i = fixe Grenzwertfunktion = f (Zielgenauigkeit) mit $0 \leq |F_i| < 1$

Legende: RB_i Bedarf an Ressource i
u_i absoluter Einsatzfaktor
$v_{i,j,k}$ spezifische Einsatzfaktoren

<u>Bild 5.9</u>: Abstraktion durch Reihenbildung oder Abbruch (vgl. /Bro-85/)

dynamisch formuliert sein. Durch Nutzung statisch definierter Grenzwerte wird produktlinienübergreifend eine gleichmäßige Berücksichtigung der Ressourcenbedarfe sichergestellt. Die bewertungsvorgelagerte Dimensionierung von Grenzwerten gestaltet sich jedoch schwierig. Bei Anwendung dynamischer Grenzfunktionen werden insbesondere zu Beginn einer Bilanzierung viele kleinere Bedarfspositionen mit berücksichtigt. Im Laufe der Bilanzierung wird jedoch das Abbruchniveau an die Dimension der quantitativ vordergründigen Ressourcenbedarfe angepaßt.

Unabhängig von der jeweiligen Abstraktionsart sind nach Abschluß einer elementebezogenen Relevanzanalyse verschiedene Betrachtungsergebnisse möglich: Bei bestätigter Relevanz des betrachteten Ressourcenbedarfs ist eine analoge Betrachtung der in höherer Ordnung resultierenden Bedarfe erforderlich. Bei wechselseitigen Abbildungen werden die realen Bedarfswerte durch Reihenbildung bzw. komprimierende Summenwerte substituiert. Bei Nutzung eines Abbruchkriteriums kann eine Ressourcenbetrachtung nach- oder vorgelagert abgebrochen werden. Dabei bleibt zu beachten, daß die Kriterien so zu spezifizieren sind, daß in der letzten Zeile eines Ressourcenbedarfsastes nur o.g. Grundgrößen (Primärenergie, Deponievolumen etc.) enthalten sind. Wird bspw. ein Endenergieeinsatz (z.B. Strom) als bewertungsrelevant ermittelt, so muß zwangsläufig auch die Bilanzierung der entsprechenden Primärenergiebedarfe durchgeführt werden. Dies bedeutet, daß die Grenzfunktionen aufeinander abgestimmt sein müssen.

Bei der sekundären Detaillierung verläuft die strukturelle Vorgehensweise analog zur primären Detaillierung. Unterschiede existieren lediglich in der Schrittweite bzw. -folge. Bei der sekundären Detaillierung wird die Betrachtungstiefe nicht einmal um drei Ordnungsstufen erhöht, sondern m-mal um jeweils eine Ordnungsstufe.

Nachdem die Betrachtungstiefe im Modulschritt 1.5 noch $n=1$ und nach Modulteilschritt 2.2 noch $n=3$ entsprach, erfolgt mit der Modulschrittfolge 2.4, 2.3, 2.4 ... die Erhöhung der Betrachtungstiefe auf $n= n_{max}$. Als vektorielle Abbildungen der Ressourcenbedarfe resultieren die Matrizen R_1., R_2. ... R_{nmax} ., mit "." als Kennung für die gemäß Modulteilschritt 2.3 durchgeführte Abstraktion. Die ermittelten, auf die Ordnungszahl n bezogenen Ressourcenbedarfsmatrizen R_n. sind zur Vorbereitung auf weitergehende Betrachtungen auf die betrachtete Produktlinie, d.h. die Prozeßkette 1. Ordnung zu beziehen. Um bei der Kumulierung Doppelverrechnungen zu vermeiden, sind bei der Relation der Einsatz- und Ausfallmengen nur Endglieder der Ressourcenbedarfsäste zu berücksichtigen. Ausgehend von der Ordnungsstufe n_{max} ist (im Sinne einer bottom-up-Verrechnung) über die erzeugten Ressourcenbedarfsäste eine multiplikative bzw. additive Verknüpfung der allgemeinen bzw. spezifischen Ressourcenbedarfe durchzuführen.

5.1.1.3 Bewertung

Die Eingangsdaten für die Bewertung sind die ermittelten, direkt und indirekt durch eine Produktrealisierung verursachten Ressourcenbedarfe. Die nach Typ und Charakter gegliederten Daten sind nun zu verdichten und interpretierbar aufzubereiten. Hierzu sind im Modul "Bewertung" folgende Teilschritte vorgesehen: Identifikation geeigneter Bewertungsmethoden mit anschließender Auswahl, Vorbereitung ("Relativierung") und Anwendung einer Methode sowie eine auswertungsorientierte "Aufbereitung" der Ergebnisse:

Detaillierung der Methodik 87

Für den in der Zieldefinition (Modulschritt 1.1) spezifizierten Betrachtungsbereich soll so der quantifizierte Ressourcenbedarf zusammenfassend interpretiert werden. Aufgrund des zugrundeliegenden Informations- bzw. Handlungsbedarfs wurde die Planungsmethodik so konzipiert, daß sie primär die Bewertung einer vollständigen Produktlinie unterstützt. Die Anwendung der Bewertungsmethode kann aber auch der vorbereitenden Aufbereitung für nachgelagerte Analysen bzw. Extrapolationen dienen.

Mögliche Bewertungsmodi sind mono- oder multidimensionale Betrachtungen, die für absolute oder relative Bewertungen genutzt werden. Realisiert werden können diese, indem verschiedene, sich ergänzende Bewertungsmethoden in die übergeordnete Planungsmethodik integriert werden. Bei absoluten Betrachtungen sind hierfür Systematiken zur Ermittlung und Gegenüberstellung von Grenzwerten und Ressourcenbedarfen erforderlich. Für relative Betrachtungen werden Bewertungsmethoden benötigt, mit denen den möglichen unterschiedlichen Bewertungsrelationen (mono-/ multidimensional, summarisch/ paarweise, etc.) entsprochen werden kann.

Im Rahmen von Kapitel 3 wurden für derartige Bewertungsaufgaben Methoden des Operations Research als strukturell nutzbar erkannt. Welche Methode des Operations Research welches Adaptionspotential beinhaltet, bleibt jedoch fallspezifisch zu ermitteln. Prinzipiell bieten die lexikographische und die konjunktive Methode sowie das Goal-Programming und das Promethee-Verfahren Anwendungspotential (Bild 5.10). Für den vergleichsweise trivialen Fall einer monodimensionalen Bewertung führt schon ein Vorgehen in Anlehnung an die aufwandsarme lexikographische Methode zu eindeutigen Ergebnissen. Dies gilt sowohl für relative als auch für absolute Bewertungen. Können für die ermittelten Ressourcenbedarfsprofile dominante Ressourcenbedarfe ermittelt werden, kann sich der Einsatz der lexikographischen Methode auch für multidimensionale Betrachtungen eignen. Der Grad dieser Eignung ist abhängig von der Dominanz des Ressourcenbedarfs.

Allgemeineres Anwendungspotential für multidimensionale Bewertungen bietet die konjunktive Methode. Sie ist für eine systematische Gegenüberstellung von ermittelten Ressourcenprofilen und Auflagen- bzw. Zielwerten geeignet. Ebenso kann sie bei relativen Bewertungen für eine überschlägige Erstprüfung genutzt werden. Für detaillierte Bewertungen eignen sich die Ansätze des Goal-Programming und des Promethee. Strukturell basieren diese auf der Gewichtung von Faktoren und auf einer anschließenden Addition der Produkte aus Faktor-Wertigkeit und Faktor-Gewichten.

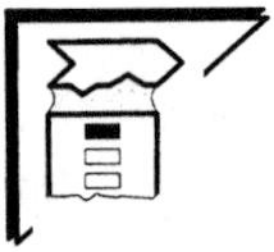 Ansatz/ Adaption		Einsatzbereich	relativ	absolut [3]	geringer Aufwand	hohe Genauigkeit
Lexikographische Methode	Betrachtung einer repräsentativen Ressource	[Mono→ Detailanalysen] Mult → grobe Taxierung	● ●	● ●	● ●	● ○
Konjunktive Methode	Vergleich Ist-/ Grenzwert(e) $W_{i,ist} \gtreqless W_{i,grenz}$	Mult → Auflagenvergleich Mult → Erstprüfung	● ●	○ ○	◐ ◐	● ◐
Goal-Programming	Gewichtung & Addition					
... "kritische Mengen" [1]	Basis: mengenspezifisch max. zul. Belastungen	Mult → Grenzwertbetrachtung	●	◐	◐	◐
Promethee ... "ökologische Knappheit" [2]	Bezug auf "Knappheit" nationales/ regionales Belastungsmaximum	Mult → Grenzmengenbetrachtung	●	◐	○	◐
Kombination ... ökologieorientierte Präferenzanalyse mit Sicherheitsfunktion	Absolute Größen werden über Gewichtungsfunktionen dimensionslos abgebildet	Mult → Zielwertbetrachtung	●	◐	○	●

[1] vgl. /Fec-90/ [2] vgl. /AhB-90/ [3] zur Vorbereitung grenzwertorientierter Bewertungen

Mono = Monocriteriaanalyse   Mult = Multicriteriaanalyse

Bild 5.10: Methodische Ansätze für die ressourcenorientierte Bewertung

Es ist jedoch zu berücksichtigen, daß die Ansätze des Goal-Programming und des Promethee-Verfahrens zwar von der Methodik her universell einsetzbar sind, die Interpretation der Ergebnisse jedoch eingeschränkt ist. Wie bei allen gewichtungsbasierten Bewertungsmethoden besteht ein Schwachpunkt darin, daß die Gewichte nur dem jeweiligen Kenntnisstand bzw. den jeweiligen Einflüssen des Gewichtungszeitpunkts entsprechen können und zeitlichen Veränderungen ausgesetzt sind. Weiterhin können bei der Addition o.g. Produkte gegenseitige - positive wie negative - Einflüsse nicht berücksichtigt werden.

Detaillierung der Methodik

Ähnliche Einschränkungen existieren auch für die Anwendung der ersten rein ressourcenorientierten Bewertungsansätze: Der auf dem Goal-Programming basierende *Bilanzierungsansatz "kritische Mengen"* nach /Fec-90/ u.a. (Wasser-, Luft- und Bodenbelastungen werden anhand maximal zulässiger Emissionskonzentrationen normiert und addiert) kann nur bei Emissionen eingesetzt werden, für die (ökotoxikologisch realistische) Grenzwerte vorliegen /Pop-91, FhG-93, Weu-94/. Analog ist der *Ansatz "ökologische Knappheit"* gemäß /AhB-90/ (fallspezifische Belastungen werden als Anteil der volkswirtschaftlichen Maximalwerte hochgerechnet und über funktionelle Zusammenhänge als dimensionslose Umweltfaktoren abgebildet) nur dann geeignet, wenn für alle fallspezifisch verursachten Ressourcenbedarfe auch entsprechende Maximalwerte vorliegen. Weiterhin ist der Einsatz des Ansatzes "ökologische Knappheit" aufgrund der resultierenden Zahlenformate vordergründig nur für Betrachtungen von dimensionalen Zusammenhängen mit größerem Umfang geeignet. Hierfür kann weniger die Bewertung von Bauteilen der Einzel- und Kleinserienfertigung als Beispiel genannt werden, als vielmehr die volkswirtschaftliche Extrapolation von Massenprodukten.

Der im Vorfeld dieser Arbeit konzipierte Ansatz "Ökologieorientierte Präferenz-Analyse mit Sicherheitsfunktion" (ÖPAS) (Anhang 5) bietet den Vorteil, daß er i.allg. universell für ressourcenorientierte Bewertungen genutzt werden kann. Der Nachteil und damit auch die eingeschränkte Anwendbarkeit dieses Ansatzes besteht jedoch in dem erforderlichen Rechenaufwand.

Für unterschiedliche Bewertungsaufgaben stehen somit verschiedene Bewertungsmethoden mit spezifischen Anwendungspotentialen zur Verfügung. Durch die Struktur der übergeordneten Planungsmethodik kann das bestehende Repertoire jedoch jederzeit durch neuentwickelte Bewertungsmethoden erweitert werden.

Für die jeweils aktuelle Bewertungsaufgabe ist die optimale Methode unter den aktuell vorhandenen Bewertungsmethoden zu ermitteln. Prinzipiell muß die dazu erforderliche Ermittlung und Auswahl fallspezifisch durch einen detaillierten Vergleich in bezug auf die anstehende Bewertungsaufgabe erfolgen. Aufgrund der allgemeinen Anforderungen an eine absolute/ relative bzw. mono-/ multidimensionale Bewertung kann jedoch zur Identifizierung der geeigneten Methode eine grundlegende Auswahlempfehlung formuliert werden (Bild 5.11).

Es wurde bereits darauf hingewiesen, daß sich für Bewertungsaufgaben, bei denen gemäß Zieldefinition die Bedarfsanalyse einer konkreten Ressource vorgegeben ist,

	Mono-Criteria-Analyse	Multi-Criteria-Analyse
absolute Bewertung ☐	Lexikographische Methode [x) (→ Kennwert)	[Lexikographische Methode (→ Kennwert für Taxierung)] Goal Programming/ Promethee (→ Aggregierende Kennwerte für Detailanalyse)
relative Bewertung ☐₁, ☐₂ ...	Lexikographische Methode [x) (→ Kennwerte, relatives Optimum)	[Lexikographische Methode (→ Kennwert für Taxierung)] Konjuktive Methode/ Electre (→Erstprüfung) Goal Programming/ Promethee (→Detailanalyse)

x) Reduktion auf: Addition bzw. Addition und Vergleich
(...) ansatzspezifisches Ergebnis   [...] bedingte Eignung

Bild 5.11:   Darstellung der methodenspezifischen Anwendungsfelder

die Nutzung der Lexikographischen Methode anbietet. Ihre Anwendung im Rahmen solcher Mono-Criteria-Analysen reduziert sich jedoch auf eine rein additive bzw. additive und vergleichende Funktion. Vollständig zur Anwendung kommt die Lexikographische Methode bei Multi-Criteria-Analysen, für die das Vergleichskriterium noch zu bestimmen ist. Dieses Vorgehen ist jedoch nur dann praktikabel, wenn für die Bedarfsprofile ein repräsentativer bzw. dominanter Ressourcenbedarf ermittelt werden kann, mit dem das multidimensionale Problem auf eine monodimensionale Ebene transformiert wird. I.allg. kann jedoch bez. der hier relevanten Aufgabenstellung mit der Lexikographischen Methode nur eine vorgelagerte Taxierung unterstützt werden.

Für die detaillierte Bewertung von multidimensionalen Zusammenhängen bietet sich eine gestaffelte Methodenanwendung an. Wenn eine Taxierung durch die Anwendung der lexikographischen Methode nicht ausreicht oder für das gesamte Ressourcenprofil ein übergreifend charakterisierender Kennwert zu ermitteln ist, bietet sich der Einsatz der Goal-Programming- bzw. der Promethee-basierten Ansätze an. Die resultierenden Kennwerte können bei absoluten Bewertungen als charakterisierende Größen genutzt und bei relativen Bewertungen zusätzlich in Vergleichsprozesse eingebunden werden.

Detaillierung der Methodik 91

Für relative Bewertungsaufgaben mit multidimensionalem Betrachtungsbereich kann vorgelagert auch die konjunktive Methode bzw. des Electre zur Aufwandsreduzierung eingesetzt werden. Durch einen sukzessiven Vergleich der Einzelpositionen der Ressourcenprofile werden die betrachteten Alternativen hinsichtlich der eindeutig vorliegenden Dominanzen untersucht (Konjunktive Methode). Bei schwachen Dominanzen werden die Alternativen durch Entwicklung von Konkordanz- und Diskordanzmatrizen (Electre) nach den jeweiligen Restriktionen gruppiert. Liegt eine starke Dominanz vor, kann ein Vergleich schon nach Anwendung der konjunktiven Methode als eindeutig erkannt und abgeschlossen werden. Nach Anwendung des Electre können die weiteren Betrachtungen gezielt auf die ermittelten Konkordanzen bzw. Diskordanzen ausgerichtet werden. Für detaillierte Analysen von als nicht trivial ermittelten Zusammenhängen bleibt die Anwendung o.g., auf dem Goal-Programming bzw. Promethee basierenden Ansätze erforderlich.

In Anlehnung an die dem Bild 5.11 hinterlegte Argumentation für einen konkreten Bewertungsfall können die Bewertungsmethoden hierarchisiert werden. So kann die optimale Methode bzw. Methodenfolge ausgewählt und auf die erfaßten und bilanzierten Ressourcenwerte angewendet werden. Für vergleichende Bewertungen kann zuvor der Modulschritt "Relativierung" vorgelagert werden. Einerseits ist dies erforderlich, wenn bei einem Vergleich von Produktlinien nicht nur bauteilspezifisch alternative Produktionskonzepte zu berücksichtigen sind (Funktionsträger sind gleich gestaltet), sondern gleichzeitig auch unterschiedliche Produktkonzepte (Funktionsträger sind unterschiedlich gestaltet). Andererseits wird dieser Modulteilschritt erforderlich, wenn eine Produktionsalternative anhand vorgegebener Vergleichs- bzw. Zielwerte relativ zu bewerten ist:

Bei relativen Untersuchungen von alternativen Produktkonzepten ist eine Betrachtung der konzeptspezifischen Bauteilcharakteristiken erforderlich: Unter Berücksichtigung der einsatzbezogenen Erfordernisse werden die Leistungs- und Lebensdauercharakteristiken der einzelnen Funktionsträger ermittelt und relativiert. Anschließend werden für den Vergleich von technisch gleichwertigen Produktalternativen Normierungsfaktoren abgeleitet, die in Anlehnung an /Eve-90/ für produktspezifisch unterschiedliche Leistungsvermögen ($NF_{Leistung}$) und Lebensdauern ($NF_{Lebensdauer}$) definiert werden können. Diese beziehen sich dann nicht auf eine Ressourcengröße, sondern auf das ganze Ressourcenprofil. Bei vergleichender Bewertung können damit im o.g. Sinne technisch unterschiedliche Produktpotentiale berücksichtigt werden.

Ist eine vergleichende Bewertung weder absolut noch relativ zu anderen technischen Lösungen, aber relativ zu theoretisch vorgegebenen Ziel- bzw. Vergleichswerten durchzuführen, so müssen diese im Teilschritt 3.3 spezifiziert werden. Die Spezifizierung kann entweder auf der Basis von Ist-Werten oder auf der Basis von Soll-Werten erfolgen. Die Werte können weiterhin auf unterschiedliche Bereiche bezogen werden, wobei diese für eine allg. Anwendung der Planungsmethodik mit Bezug auf ein Bauteil bzw. einen Funktionsträger zu definieren sind. Abhängig von den vorgesehenen Auswertungsoptionen können jedoch auch Ist- bzw. Soll-Werte mit Bezug auf ein ganzes Produkt, einen Standort oder ein Unternehmen anzugeben sein (Bild 5.12).

Bei der quantitativen Spezifizierung von Vergleichs- bzw. Grenzwerten kann bei Ist-Wert-basierten Größen auf Ergebnisse aus abgeschlossenen Bewertungen zurückgegriffen werden. Extern vorgegebene Soll-Werte können auf Basis von Auflagen fixiert werden /TAL-87 u.a./, intern entwickelte Soll-Werte auf Basis unternehmensspezifischer Ziele. In Anlehnung an die methodische Intention der Zielkostenrechnung /Sei-93/ können diese Zielwerte bspw. in Relation zu Vorgängerprodukten formuliert oder als absolute Werte vorgegeben werden.

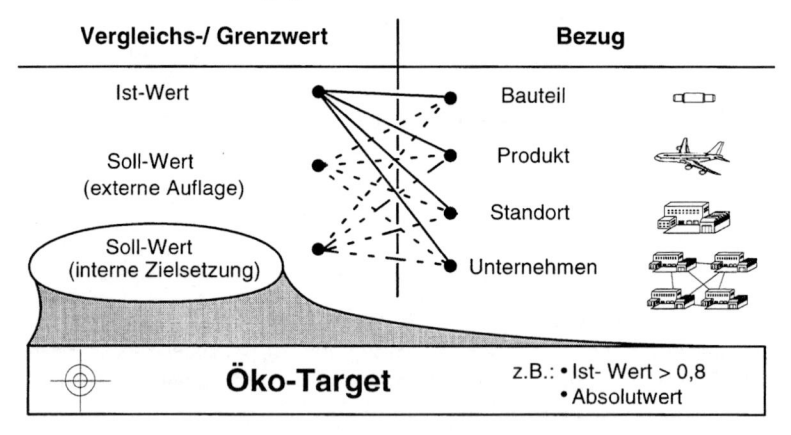

Vergleichs-/ Grenzwert	Bezug
Ist-Wert	Bauteil
Soll-Wert (externe Auflage)	Produkt
	Standort
Soll-Wert (interne Zielsetzung)	Unternehmen

| Öko-Target | z.B.: • Ist- Wert > 0,8 • Absolutwert |

Bild 5.12: Optionen für die Bildung von Vergleichs- bzw. Grenzwerten

Mit der Definition von Vergleichs- bzw. Grenzwerten ist die Datenaufnahme abgeschlossen. Die Bewertung kann unter Anwendung der ausgewählten Bewertungsmethode durchgeführt werden. Die konkrete Gestaltung dieses Modulteilschritts ist von der Zieldefinition (Modulschritt 1.1) und der darauf abgestimmten Wahl der einzusetzenden Bewertungsmethode (Modulschritt 3.2) abhängig. Die methodenspezifischen Ablaufstrukturen wurden im einzelnen schon bei der Systematisierung

Detaillierung der Methodik 93

der Lösungsansätze vorgestellt, so daß an dieser Stelle nur noch die Strukturen der resultierenden Ergebnisse zu spezifizieren sind. Je nach Aufgabenstellung und der zur Anwendung kommenden Bewertungsmethode werden aufbauend auf bzw. ergänzend zu den stückzahlbezogenen Bilanzierungsdaten (Modulschritt 2.5) charakterisierende Bewertungsergebnisse erzeugt. Als Bewertungsergebnisse werden physikalisch dimensionierte oder dimensionslose Kennfunktionen/ -zahlen ermittelt. Die Wertigkeit dieser Größen kann dabei sowohl kontinuierlich als auch diskret, sowohl absolut als auch relativ ausgeprägt sein (Bild 5.13). Konkret können innerhalb eines betrachteten Zusammenhanges charakterisierende Kennfunktionen/ -zahlen identifiziert und bei relativen Betrachtungen diskret charakterisierende Wertungen

	Produkt: \<Name\>	Baugruppe: \<Name\>	Bauteil: \<Name\>	AVF: \<Bezeichnung 1\>	Stückzahl: \<Zahl\>	
	Bezug	Ressource [Kennung]	Sprungstelle \<Stück\>	Ressourcenbedarf absolut		relativ *)
Produktion	AVG 1	Strom	1, 2000	...	MJ	... %
	AVG 1	CO2	1, 2000	...	kg	... %
	...	...	...	...	...	...
	AVG n	Strom	1, 2000	...	MJ	... %
	AVG n	CO2	1, 2000	...	kg	... %
	AVF	Strom	1, 2000, ...	...	...	...
	AVF	CO2	1, 2000, ...	...	...	...
	AVF	Kennzahl	-	...	...	...
Nutzung	Prozeß 1	Strom	1	...	...	...
	...	...	...	...	...	...
	Prozeß j	Strom	1	...	...	...
	Gesamt	Strom	1, ...	...	-	...
	Gesamt	Kennzahl	-	...	...	...
Entsorgung	Prozeß 1	Strom	1	...	...	...
	Prozeß 1	CO2	1	...	...	...
	...	...	...	...	...	...
	Prozeß k	Strom	1	...	...	...
	Gesamt	Strom	1, ...	...	...	...
	Gesamt	CO2	1, ...	...	...	...
	Gesamt	Kennzahl	-	...	...	...
P+N+E	Gesamt	Strom	1, 2000, ...	...	...	...
	Gesamt	CO2	1, 2000, ...	...	...	...
	Gesamt	Kennzahl	-	...	...	...
Legende:				*) zu AVF: \<Bezeichnung 2\>		
AVF:	Arbeitsvorgangsfolgen					
AVG:	Arbeitsvorgänge					
P, N, E:	Produktion, Nutzung, Entsorgung					
Gewichtungsfunktionen:	s=..., q=...					

Bild 5.13: Resultierende Bewertungsgrößen

(z.B. besser/ schlechter) zugeordnet werden. Dies kann entweder je übergeordnet charakterisierender Kennzahl (Lexikographische Methode) erfolgen oder einzeln für jede Beschreibungsgröße eines Ressourcenbedarfs (Konjunktive Methode). Die Anzahl der diskreten Kennungen beim Vergleich eines m- und n-dimensionalen Ressourcenbedarfsprofils ist dabei mit $(n+m)/2 ... (n+m)$ vorgegeben.

Weiterhin können aus der Bewertung ressourcenübergreifend summierende Kennwerte resultieren (Goal-Programming/ Promethee). Basierend auf der sukzessiven Ermittlung von Kennwerten gleicher Dimension, resultieren bei einem m-dimensionalen Ressourcenprofil m Summanden. Bei stückzahlbezogenen Abhängigkeiten in der physikalischen Darstellung der Ressourcenbedarfe werden diese Summanden nicht absolut, sondern stückzahlabhängig formuliert.

Die produktlinienspezifisch allgemeinen Bilanzierungsdaten und die stückzahlbezogen konkretisierten Bewertungsdaten sind Ergebnisse, auf deren Basis eine umweltorientierte Auswahlentscheidung zwischen alternativen Produktlinien erfolgen kann. Die systematische Vorgehensweise bei der Ermittlung dieser Werte ermöglicht eine fundierte Entscheidungsfindung für die vorgegebenen Realisierungsannahmen.

Die Tatsache, daß bei Planungen in vielen Fällen gerade die Anzahl der zu produzierenden Produkte ein sehr unsicherer Faktor ist, wird bei diesen Betrachtungen noch nicht berücksichtigt. Hierzu bedarf es einer bewertungsnach- aber entscheidungsvorgelagerten Auswertungsoption, die den realen Stückzahlbereich als erhebliche Einflußgröße für den Ressourcenbedarf und damit auch für die Entscheidungsfindung mit berücksichtigt. Neben dem Aspekt der Stückzahlsensitivität sind in dieser Auswertungsoption ebenso weitergehende Gesichtspunkte, wie z.B. produktionsbezogene Auswirkungen einer Auswahlentscheidung, zu berücksichtigen. Die diesbez. relevanten Anwendungsmöglichkeiten werden im folgenden spezifiziert und methodisch im Modul "Auswertung" umgesetzt.

5.1.1.4 Auswertung

Der Realisierung des Moduls "Auswertung" liegen im wesentlichen zwei Zielsetzungen zugrunde. Die Ergebnisse aus den Modulen "Bilanzierung" und "Bewertung" sollen zum einen analysiert und zum anderen zu bauteilübergreifenden Aussagen extrapoliert werden. Dafür sind fünf modulinterne Auswertungsoptionen vorgesehen:

Detaillierung der Methodik 95

Durch den Modulteilschritt "Prozeßkettenorientierte Sensitivitätsanalyse" können alternative Produktlinien hinsichtlich ihrer Abhängigkeiten von Ressourcenbedarf und Produktanzahl für den bewertungsrelevanten Stückzahlbereich betrachtet werden. Die "Prozeßorientierte Verursachungsanalyse" dient der optimierungsorientierten Untersuchung der einzelnen Prozesse einer Produktlinie. So kann abgeschätzt werden, welche dieser Prozesse die größten Potentiale für die Reduzierung von Ressourcenbedarfen aufweisen. Die übrigen drei Modulteilschritte haben eine überwiegend extrapolierende Funktion. Der Teilschritt "Systemorientierte Extrapolation" ist auf die übergeordnete Kombination von Bewertungsergebnissen ausgerichtet. Er dient der Herleitung umweltoptimaler Auswahlentscheidungen, die nicht ein Bauteil, sondern eine ganze Baugruppe betreffen. Bei der "Investitionsorientierten Extrapolation" werden verschiedene Fertigungs- bzw. Investitionsalternativen für ein bestimmtes Produktspektrum, eine Bauteilfamilie o.ä. verglichen und zur Herleitung einer umweltorientiert optimalen Investitionsentscheidung analysiert. Mit dem Modulteilschritt "Standortorientierte Extrapolation" soll der Ressourcenbedarf eines Bereichs oder Standorts erfaßt und abgebildet werden.

Die Folge der Teilschritte innerhalb des übergeordneten Moduls "Auswertung" ist an der zunehmenden Betrachtungsbreite der Auswertungen und dem daraus resultierenden Bedarf an Zwischenergebnissen zu orientieren. Entsprechend ergibt sich für die Teilmodulreihe die folgende Hierarchisierung: Prozeßorientierte Analyse, prozeßkettenorientierte Analyse, system-, investitions- und standortbezogene Extrapolation. Als Datenbasis für diese Auswertungsoptionen dienen jeweils die o.g. bilanzierungs- und bewertungstechnisch ermittelten Ergebnisse.

Datengrundlage für die "Prozeßorientierte Verursachungsanalyse" ist das Ressourcenprofil der Produktlinien bzw. sind die durch die MADM-Ansätze aggregierten Umweltkennzahlen. Durch prozeßkettenbezogene Ermittlung der Prozesse mit dem größten Ressourcenbedarf werden mit diesem Teilschritt die Bereiche einer Produktlinie mit dem größten Rationalisierungspotential ermittelt (Bild 5.14). Für die entsprechende Produktlinie und den zu rationalisierenden Ressourceneinsatz werden hierzu die kumulierten Werte in prozeßbezogene Bedarfswerte transformiert. Durch Ordnen nach Beträgen, gestaffeltes Addieren und nachgelagertes Relativieren (Pareto-Analyse) werden die Prozesse mit dem größten Einfluß auf den Ressourcenbedarf ermittelt. Diese Datenauswertung dient zunächst der gezielten Ermittlung von Schwachstellen. Weiterhin können mit dieser Darstellung betragsmäßige und strukturelle Auswirkungen von geplanten Prozeßveränderungen (Modifikation, Substitution etc.) auf die prozeßkettenspezifischen Ressourcenbedarfe simuliert werden. So können schließlich für

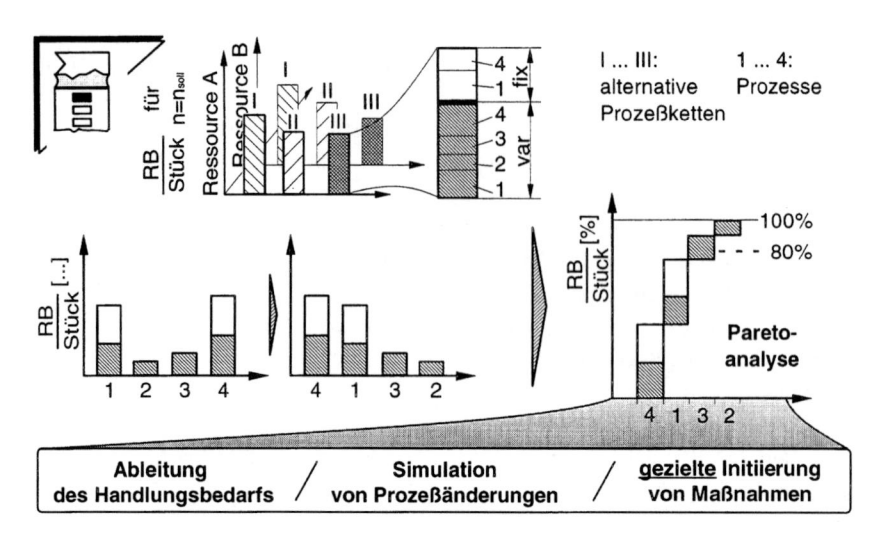

Bild 5.14: Prozeßorientierte Verursachungsanalyse

eine Prozeßkette gezielt Maßnahmen zur Rationalisierung des Ressourceneinsatzes identifiziert und damit auch initiiert werden.

Analog zur "Prozeßorientierten Verursachungsanalyse" wird auch mit der "Prozeßkettenorientierten Sensitivitätsanalyse" eine gezielte Untersuchung des mit einer Entscheidungsalternative verbundenen Ressourcenbedarfs angestrebt. Während der erstgenannte Modulteilschritt primär prozeßkettenintern ausgerichtet ist, ist der zweitgenannte Teilschritt primär für prozeßkettenübergreifende Vergleiche konzipiert. Konkret soll mit dem Teilschritt "Prozeßkettenorientierte Sensitivitätsanalyse" die Untersuchung der relativen Abhängigkeit von Stückzahlbedarf und prozeßkettenspezifischem Ressourcenbedarf realisiert werden. Diese Analysen werden durch eine Auswertung der Bewertungsergebnisse aus Modulschritt 3.4 durchgeführt.

Schon die teilweise Anwendung der Planungsmethodik ermöglicht die Ermittlung der Produktionsvariante, die in Relation zu den Produktionsalternativen die optimale Variante hinsichtlich des allgemein oder spezifisch anfallenden Ressourcenbedarfs, bezogen auf eine angenommene Stückzahl darstellt. Der Stückzahlbereich, für den das relative Optimum auch das absolute Optimum darstellt, kann in Anlehnung an Verfahren aus der Investitionsrechnung ermittelt werden (Bild 5.15). Gemäß dem Ansatz zur Ermittlung "kritischer Werte" /Blo-88/ sind die zulässigen Abweichungen

Detaillierung der Methodik 97

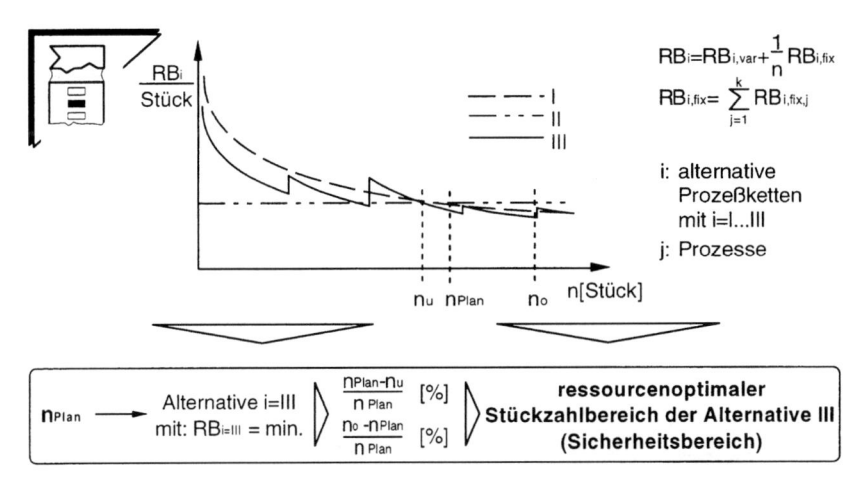

$$RB_i = RB_{i,var} + \frac{1}{n} RB_{i,fix}$$

$$RB_{i,fix} = \sum_{j=1}^{k} RB_{i,fix,j}$$

i: alternative Prozeßketten mit i=I...III

j: Prozesse

$n_u \quad n_{Plan} \quad n_o \quad n[\text{Stück}]$

$n_{Plan} \longrightarrow$ Alternative i=III mit: $RB_{i=III}$ = min. $\Big\rangle \begin{array}{l} \frac{n_{Plan} - n_u}{n_{Plan}} \ [\%] \\ \frac{n_o - n_{Plan}}{n_{Plan}} \ [\%] \end{array} \Big\rangle$ **ressourcenoptimaler Stückzahlbereich der Alternative III (Sicherheitsbereich)**

RB: -Ressourcenbedarf

Bild 5.15: Prozeßkettenorientierte Sensitivitätsanalyse

der Input-Größen (hier: Ressourcenbedarf) zu ermitteln, bei der die Ausgangsgrößen (hier: Entscheidungsoptimum) unverändert bleiben. Mathematisch erfordert dieser Ansatz die Ermittlung des rechts- und linksseitig ersten Schnittpunktes der Ressourcenbedarfsfunktion RB der für $n=n_{plan}$ ausgewählten Entscheidungsalternative, mit den Ressourcenbedarfsfunktionen der übrigen Handlungsalternativen (n: Stückzahl, n_{plan}: geplante Stückzahl). Die durch die Schnittpunkte ermittelten Grenzwerte n_u und n_o umspannen den Stückzahlbereich, für den die zuvor getroffene Auswahlentscheidung ein lokales Optimum darstellen. Bei genügender Ausprägung des Sicherheitsbereiches ist die gemäß Modulschritt 3.4 ermittelte Entscheidungsempfehlung auch die zu realisierende Handlungsempfehlung.

Für den Fall, daß RV_{III} in hinreichend naher Umgebung von n_{plan} Sprungstellen und relativ zu RV_I und RV_{II} extreme Steigungen aufweist und/ oder die Stückzahlannahmen mit hohen Unsicherheiten behaftet sind (s. Bild 5.15), gilt es auf Basis o.g. Abbildung, Chancen und Risiken einer Realisierung der optimalen Handlungsalternative relativ zur zweitoptimalen Handlungsalternative abzuschätzen.

Eine weitere Relativierung des produkt- bzw. bauteilspezifischen Handlungsoptimums kann erforderlich werden, wenn die Realisierung der einzelnen Handlungsalternativen einen ungleichen Einfluß auf die Gestaltung der übergeordneten Systeme bzw. Baugruppen ausübt. Bei realen 1:1-Substitutionen, d.h. bei unterschiedlich produzierten aber baugleichen Funktionsträgern, kommen diese Aspekte nicht zum Tragen. I.allg. können jedoch aus verschiedenen Produktionsalternativen auch mehr oder weniger verschiedene Produktgestaltungen resultieren, die wiederum einen unterschiedlichen Einfluß auf die Schnittstelle zu übergeordneten Baugruppen/ Systemen ausüben. Um mit der Ermittlung und Festlegung des produktspezifischen Teiloptimums nicht die Realisierung des Gesamt- bzw. Systemoptimums zu gefährden, ist eine entscheidungsvorgelagerte Berücksichtigung des übergeordneten Systems zu gewährleisten.

Mit dem Teilmodul "Systemorientierte Extrapolation" wird dieser Forderung entsprochen. Betrachtungsobjekt in diesem Teilmodul ist nicht mehr nur das einzelne, ggf. optimierte Bauteil/ Produkt, sondern die Baugruppe, in der es zum Einsatz kommt (Bild 5.16). Es wird zunächst überprüft, ob bzw. welche Abhängigkeiten zwischen den alternativen Bauteilen und der Gestaltung der Baugruppe bestehen. Wenn keine spezifischen Abhängigkeiten identifiziert werden können und die Gestalt der übergeordneten Baugruppe von der ausgewählten Bauteilalternative unabhängig ist, trägt die Realisierung des ressourcenoptimalen Bauteils zur Realisierung des Systemoptimums bei. Haben die einzelnen Produktions- bzw. Produktalternativen einen Einfluß auf die übergeordnete Baugruppe, sind zur Ermittlung des Systemoptimums sowohl die Ressourcenbedarfe aller Produktalternativen als auch die der übergeordneten Baugruppenalternativen zu berücksichtigen. Hierzu sind sämtliche technisch sinnvollen Bauteil-Baugruppen-Kombinationen zu ermitteln und hinsichtlich ihres Ressourcenbedarfs zu vergleichen. Für die Anwendung der Planungsmethodik bedeutet dies, daß für alle Bauteil- und Baugruppenalternativen die Ressourcenbedarfe zu erfassen, zu bilanzieren, zu bewerten sowie systemabbildend zusammenzufassen sind. Durch eine kombinierte Auswertung von Ergebnissen aus verschiedenen Produktlinienanalysen werden Summenwerte zur Beschreibung der systemspezifischen Ressourcenbedarfe ermittelt, wobei die Alternative mit dem kleinsten Summenwert auch die Alternative zur Realisierung des Systemoptimums darstellt. Kann aufgrund der multidimensionalen Aufgabenstellung das Systemoptimum durch einen direkten Summenvergleich nicht eindeutig ermittelt werden, so erfolgt dies analog zur Bauteilbetrachtung durch eine systembezogene Anwendung des Moduls "Bewertung".

Eine weitergehende Option für die Aggregierung von Ergebnissen einzelner Produktlinienanalysen bietet das Teilmodul "Investitionsorientierte Extrapolation". Mit den bisher dargestellten Möglichkeiten der Planungsmethodik können für die Ressourcenbedarfe von Prozeßketten Schwachstellenanalysen bzw. Prozeßkettenvergleiche durchgeführt werden. Auf Basis der Betrachtungsergebnisse können für die jeweils

Detaillierung der Methodik 99

Situation

BT$_1$ oder BT$_2$ oder BT$_3$ → BG$_{1,2,3}$

BT$_1$ oder BT$_2$ → BG$_{1,2}$
oder
BT$_3$ → BG$_3$

Gestalt übergeordneter Baugruppe (BG$_i$) ist von spezifischer Auswahl einer Bauteilalternative (BT$_i$)...

... unabhängig | ... abhängig

Auswahl

Produktlinienanalysen gemäß Modul "Bewertung"

=> BT$_i$ mit RB$_{BT,i}$ = min(RB$_{BT,1...3}$)
(Teiloptimum)

=> Systembezogene Summation

$$\min(RB_{System,i}) = \sum_{i=1}^{k} (RB_{BT,j} + RB_{BG,j}))$$

Ziel

Systemoptimum

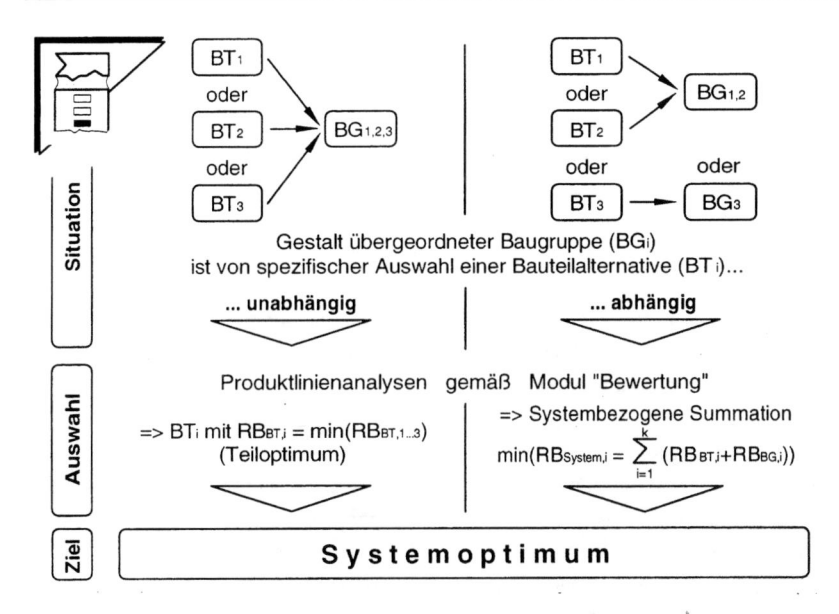

<u>Bild 5.16</u>: Vorgehensweise zur Ermittlung des Systemoptimums

angenommenen Randbedingungen gesamtheitlich optimale Handlungsempfehlungen abgeleitet werden. Zur Realisierung einer verursachungsgerechten Bedarfsanalyse wird dabei aus der Nutzung von produktionstechnischer Infrastruktur (hier insbesondere Maschinen/ Anlagen) resultierende Ressourcenbedarf entsprechend dem gesamthaften Nutzungspotential anteilig dem Ressourcenbedarf eines Produktes angerechnet. Inhaltlich entspricht dieses Vorgehen der Annahme, daß erstens für jede zu bewertende Produktionsalternative die produktionstechnische Infrastruktur uneingeschränkt zur Verfügung steht und zweitens ihr Nutzungspotential - über die Zeit - ausgelastet wird (s. anteilig). Im Falle eines Fremdbezugs der betrachteten Bauteile (Buy-Entscheidung) kann diese Annahme i.allg. auch als realistisch angesehen werden. Zulieferer "poolen" fertigungstechnische Kapazität und können auch für spezielle Maschinen und Anlagen durch ihr breites Dienstleistungsangebot eine Auslastung realisieren. Im Falle einer geplanten Eigenfertigung (Make-Entscheidung) bleibt die unternehmensspezifische Auslastung zu überprüfen. Dabei ist insbesondere zu berücksichtigen bzw. zu unterscheiden, ob die produktionstechnische Infrastruktur vorhanden oder erst noch zu realisieren ist (Neuinvestition).

Ist die produktionstechnische Infrastruktur zu allen Produktionsalternativen vorhanden, so erfolgt die Berücksichtigung der Ressourcenbedarfe für die Bereitstellung der Infrastruktur analog zu o.g. Verrechnungsmodus auslastungsanteilig. Erfordert die Realisierung einer Produktionsalternative eine Investition in die produktionstechnische Infrastruktur (s.o.: Maschine, Anlage), muß die Verrechnung der damit verbundenen fixen Ressourcenbedarfe an Art und Umfang der infrastrukturellen Auslastung orientiert werden. Konkret zu berücksichtigen ist, inwieweit die zu realisierenden Investitionen rein produktspezifisch genutzt werden können oder ob evtl. verbleibende Überkapazitäten für die Produktion anderer Produkte genutzt werden können (Bild 5.17).

Kann bspw. eine Maschine bzw. Anlage aufgrund einer technologie- oder auslastungsbedingten Beschränkung nur für die Produktion des bewertungstechnisch zu betrachtenden Produktes genutzt werden, so ist die Verrechnung des investitionsfixen Ressourcenbedarfs produktbezogen pauschal zu gestalten. Analog zur Berücksichtigung von sprungfixen Ressourcenbedarfen (z.B. resultierend aus Werkzeugbedarfen), werden die investitionsfixen Ressourcenbedarfe stückzahlproportional mit den mit der Investition zu produzierenden Produkten verrechnet. Diese Verrechnung ist insbesondere dann erforderlich, wenn bei ressourcenbedarfsintensiven Investitionen die fixen im Vergleich zu den variablen Ressourcenbedarfen relativ hoch sind bzw. aufgrund einer geringen Umlagebasis der produktspezifische Anteil groß ist (Spezialmaschinen). Bei großer Bezugsbasis (Massenfertigung) kann der produktspezifische Anteil der investitionsfixen Ressourcenbedarfe jedoch oft vernachlässigt werden (s. Modulschritt 2.4).

Unabhängig vom Wert des produktspezifischen Anteils am investitionsfixen Ressourcenbedarf muß die Entscheidung für eine Produktionsalternative anhand des summarisch geringsten Ressourcenbedarfs (s. Modulschritt 3.4) erfolgen:

Wenn bez. der Auslastung der Neuinvestition mehrere Produkte zu berücksichtigen sind, wird die Entscheidungsfindung komplexer. Das ist insbesondere dann der Fall, wenn die Ermittlung der umweltverträglichsten Produktionsalternative für verschiedene Bauteile parallel durchzuführen ist bzw. wenn für verschiedene Produkte die Investition in eine Maschine bzw. Anlage erforderlich wird. Analog zur konventionellen Investitionsplanung /Blo-88, Wöh-90/ ist dann ein ganzheitlich optimaler Investitionsplan zu realisieren. Dementsprechend müssen die Investitionen für die einzelnen Produkte aufeinander abgestimmt werden.

Vor dem Hintergrund, daß die investitionsfixen Ressourcenbedarfe auf die Produkte verrechnet werden (pauschal bezogen auf die Anzahl eines Produkts/ auslastungsanteilig bezogen auf die Anzahl mehrerer bzw. aller Produkte/ vernachlässigbar), wird

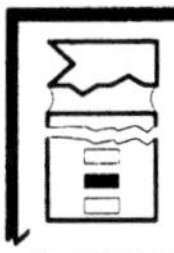

Detaillierung der Methodik   101

	Situation Investition wird genutzt für die Produktion...	Verrechnung von RB$_{fix}$	ressourcenorientierte Entscheidungsfindung (Vorgehen)
1.	...eines Produktes (technologiebedingt z.B. Spezial- maschine, auslastungsbedingt z.B. Massen- fertigung)	1.1 Produktanteil vernach- lässigbar 1.2 pauschal/ vollständig	**Erstellung von Produktlinien- analysen pro Fertigungs-/ Investitionsalternative** - Entscheidung für Fertigungs-/ Investitionsalternative mit geringstem kumulierten RB
2.	...mehrerer Produkte (z.B. Varianten, Bauteilfamilien)	2.1 pauschal/ vollständig 2.2 auslastungs- anteilig 2.3 Produktanteil vernach- lässigt	**Produktlinienanalyse zzgl. Berücksichtigung von Stück- zahlen und Auslastungen** - Abbildung möglicher Investitionsalternativen auf Basis zugrundeliegender Produktlinienanalysen: - Berücksichtigung des RB pro Produkt-/Investitions- kombination - Ermittlung des investitions- spezifisch kumulierten RB - Entscheidung für Investition mit geringstem kumulierten RB [1]

Legende:
RB$_{fix}$: investitionsfixer Ressourcenbedarf
[1]bez. 2.1/2.2: unter Berücksichtigung "ressourcenorientierter" Nutzung der Überkapazitäten

Bild 5.17: Vorgehen bei der Berücksichtigung der fixen Ressourcenbedarfe für die Bereitstellung von produktionstechnischer Infrastruktur

bei der modulspezifischen Abstimmung wie folgt vorgegangen: Zunächst werden für die gesamte Gruppe der zu betrachtenden Bauteile (Bauteilvarianten, Bauteilfamilien) die jeweiligen Produktionsalternativen inklusive der Investitions- bzw. Auslastungsalternativen aufgelistet (Bild 5.18). Durch die resultierende Fertigungs-/Investitions-Matrix wird verdeutlicht, welche Produkte mit welchen Fertigungsalternativen bzw. Maschinen- oder Anlagenkonzepten gefertigt werden können. Der gesamthafte Ressourcenbedarf einer Produkt-Investitions-Kombination kann extrapoliert werden, wenn die geplanten Produkte, die Auslastung pro Stück, die Gesamtauslastung pro Produkt sowie deren Relation zum investitionsfixen Ressourcenbedarf angegeben werden. Nach und nach werden dann für jede Investitionsalternative die durch die investitionsspezifische Realisierung der einzelnen Produkte verursachten Ressourcenbedarfe ermittelt und kumuliert. Analog zu den konventionellen Ansätzen der In-

Fertigungs-/Investitionsmatrix

Produkt	Stückzahl	Fertigungsalternativen			Σ
		I	II	III	
P_1	n	-	x	x	s=2
P_2	m	x	x	-	t=2
P_3	o	x	x	x	u=3

	RB_1	RB_2
	Auslastung pro Stück/ gesamt [%]	theoretischer Verrechnungsanteil $V_{theorie}$ [%]
	$RB_{ges,thoerie} = n \times RB_1 + V_{theorie} \times RB_2$	

Investitionsalternativen

	I	II	III
P_1		x	
P_2	x		
P_3	x		

	I	II	III
P_1		x	
P_2	x		
P_3	x		

	I	II	III
P_1			x
P_2		x	
P_3			x

Investitionsspez. Ressourcenbedarf

Investitionen	I	II	III
Produkt P_1	-	x	-
Produkt P_2	x	-	-
Produkt P_3	x	-	-
$\Sigma_{Auslastung}$	a_I	a_{II}	0%
$\Sigma_{RBreal,ges}$	... [GJ,kg...]		

realer Verrechnungsanteil: V_{real} [%]

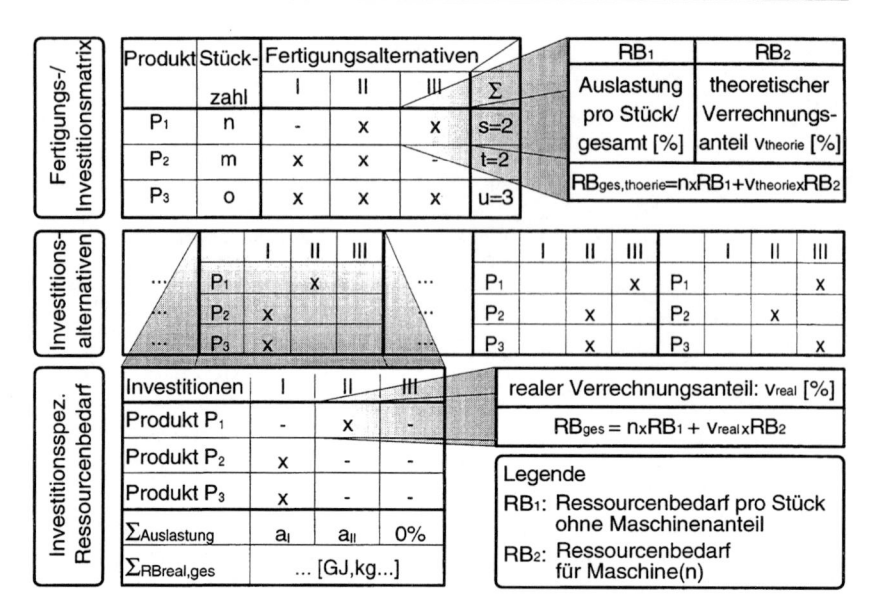

$RB_{ges} = n \times RB_1 + V_{real} \times RB_2$

Legende
RB_1: Ressourcenbedarf pro Stück ohne Maschinenanteil
RB_2: Ressourcenbedarf für Maschine(n)

Bild 5.18: Ermittlung des Ressourcenbedarfs alternativer Investitionen in Anlagen

vestitionsrechnung erfolgt dabei ggf. eine realitätsbezogene Anpassung der kombinationsspezifischen Verrechnungsanteile.

Inwieweit sich die einzelnen Fertigungsalternativen unterscheiden, bleibt für das methodische Vorgehen irrelevant. Unabhängig davon, ob sich diese nur durch den Einsatz einer Fertigungsmaschine unterscheiden oder ob grundlegende fertigungstechnische Unterschiede vorliegen, werden durch die produktübergreifende Addition der kumulierten Ressourcenbedarfe charakterisierende Kennwerte für die Entscheidungsfindung ermittelt. Die aus jedem alternativen "Investitionspaket" resultierenden Ressourcenprofile werden analog zur vergleichenden Bewertung von Produktlinien gehandhabt (Modul 3.4) und im Hinblick auf die optimale Handlungsempfehlung ausgewertet.

Durch die Kombination der Ergebnisse aus mehreren prospektiven Produktlinienanalysen und eine anschließende Extrapolation können somit die Ressourcenbedarfe produktgruppenübergreifend ermittelt werden, die aus der Investition in ein Fertigungskonzept resultieren. Die ermittelten Werte können als Kenngrößen für eine umweltorientierte Investitionsplanung genutzt werden. Unter der Berücksichtigung, daß die Investition in eine Maschine bzw. Anlage einen Teilbereich eines Unternehmens repräsentiert, kann äquivalent der ermittelte Ressourcenbedarf auch als Ressourcenbedarf interpretiert werden, der durch einen Teilbereich eines Unternehmens verursacht wird. Die beschriebene Form der Extrapolation kann somit auch für weitergehende Planungs- und Steuerungsaufgaben genutzt werden.

Mit dem Modulschritt "Standortorientierte Extrapolation" wird dieses Potential für ein umweltorientiertes Unternehmensmanagement zur Verfügung gestellt. Unter Berücksichtigung des Produktionsplanes kann, basierend auf den Ergebnissen der "Investitionsorientierten Extrapolation", der periodenbezogene Ressourcenbedarf einzelner Maschinen oder Anlagen ermittelt werden. Werden nach und nach mehrere Maschinen bzw. Anlagen eines Unternehmens so abgebildet, kann der jährliche Ressourcenbedarf, der von Unternehmensteilbereichen bzw. einem ganzen Unternehmen ausgeht, dargestellt werden (Bild 5.19).

Die in Anlehnung an die Investitionsanalyse zusätzlich ermittelten Ressourcenbedarfsprofile eines Standorts stellen die Informationsgrundlage für die Ableitung unterschiedlich orientierter Managementinformationen dar. Unabhängig davon, ob die Auswertung der Bewertungsergebnisse unter volkswirtschaftlichen (Bilanzgrenze Produktlebenslauf) oder unter rein betriebsorientierten Gesichtspunkten (Bilanzgrenze Produktion) durchgeführt wird, bieten die kumulierten Ist-Werte die folgenden Analyseoptionen.

Durch vergangenheitsorientierte Betrachtungen sowohl der aktuell extrapolierten Ressourcenprofile als auch artgleicher Historiedaten können Periodenvergleiche durchgeführt werden. Schon die Gegenüberstellung der absoluten Bedarfswerte kann sowohl negative Veränderungen als auch positive Wirkungen von Optimierungsmaßnahmen verdeutlichen. Wird das Ressourcenbedarfsprofil mit aktuell vorgegebenen Soll-Werten verglichen, so kann die Auswertung gegenwartsorientiert durchgeführt werden. Durch diese Relationsform kann überprüft werden, ob vorgegebene Zielwerte (Ökotargets) bzw. Maximalwerte (Auflagen) entsprechend der zu Periodenbeginn angestrebten Werte realisiert wurden. Die Ergebnisse der Soll-Ist-Wert-Vergleiche dienen sowohl einem retrospektiven Ökocontrolling als auch einem prospektiven Ökomanagement, das zur zielorientierten Ableitung von Handlungsempfehlungen adäquater Eingangsinformationen bedarf.

Eine weitergehende Fundierung von Handlungsentscheidungen unterstützt die zukunftsorientierte Extrapolation des aktuellen standortbezogenen Ressourcenprofils. Durch Simulations- und Szenariotechniken können die standortbezogenen Auswirkungen aktuell anstehender Entscheidungen hinterfragt und somit die optimale Ent-

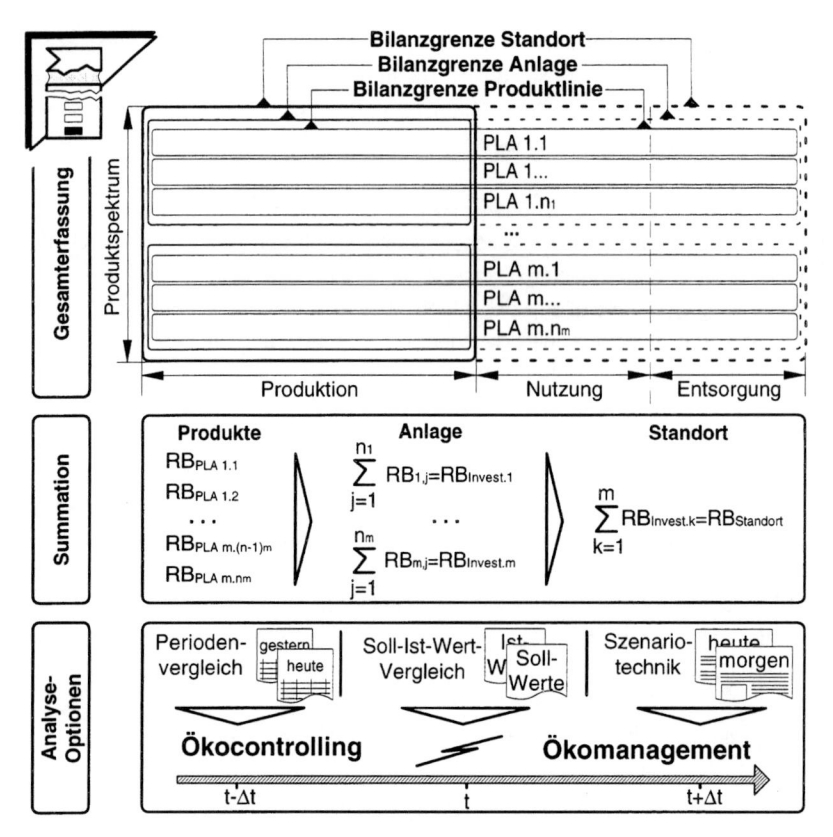

Bild 5.19: Zusammenhang von Produktlinien-, Anlagen- und Standortbetrachtung

scheidungsmöglichkeit ermittelt werden.

Analog zur system- und investitionsbezogenen Extrapolation bietet die beschriebene Vorgehensweise zur standortorientierten Auswertung die Möglichkeit, durch parallele Durchführung und Auswertung mehrerer Produktlinienanalysen, Daten zu generieren, die produktübergreifend für ein umweltorientiertes Management erforderlich sind. Die Produktlinienanalyse als produktorientiertes Analyseverfahren ist damit ein zentrales Element für die Ressourcenbetrachtung. Nach der methodischen Vorgehensweise muß nun ebenfalls detailliert werden, wie die Bereitstellung der erforderlichen Daten realisiert werden kann.

Detaillierung der Methodik 105

5.1.2 Informationsorganisation

Die Informationsorganisation, die als Basis für die übergeordnete Planungsmethodik erforderlich ist, wird in Anlehnung an die beschriebene Aufgabenstellung in zwei Ausrichtungen detailliert. Zunächst wird der für die Anwendung der Planungsmethodik relevante Datenbedarf strukturiert und die erforderlichen Daten nach Typen gegliedert. Zur Entwicklung einer Systematik für die strukturierte Datenaufnahme werden diesen Daten anschließend Datenquellen zugeordnet. Dabei werden zuerst nur konventionelle Datenquellen berücksichtigt. Da sich EDV-Systeme etabliert haben und sich eine EDV-technische Umsetzung der Methodik anbietet, werden später ebenso EDV-unterstützte Informations- und Datenträger berücksichtigt.

5.1.2.1 Datenstrukturierung

Die Anwendung der detaillierten Planungsmethodik macht die Bereitstellung einer großen Menge von Daten erforderlich. Um die Planungsmethodik effizient einsetzen zu können, bedarf es eines systematischen Datenmanagements. Diesbez. sind insbesondere anwendungsvorgelagert bzw. -begleitend eine rationelle Datenermittlung und anwendungsbegleitend bzw. -nachgelagert eine strukturierte Datenverwaltung zu realisieren.

Um beides herzuleiten, werden die Strukturen der entwickelten Planungsmethodik zunächst so aufbereitet, daß die real erforderlichen Datenbedarfe bzw. Datenmengen abgebildet werden können. Anhand der je Teilmodulschritt spezifizierten Eingangs- und Ausgangsgrößen wird dann ein Informations- bzw. Datenmodell abgeleitet, dem später ein Datenträgermodell zugeordnet wird:

Gemäß Kapitel 3.2.1.4 können unterschiedliche Methoden für die Darstellung von Modellen genutzt werden. Aufgrund der hier erforderlichen Strukturen wird für die Abbildung der Daten, die der oben detaillierten Planungsmethodik hinterlegt sind, das PERM (exPanded Entity-Relationship-Model) genutzt. PERM beinhaltet die Strukturen des ERM (Entity-Relationship-Model) und die am häufigsten benutzten Erweiterungen.

Ausgehend von der übergeordnet modularen Gliederung werden bei der Modellierung der Datenstrukturen des Erfassungs- und Bilanzierungsmoduls die einzelnen Vorgehensschritte als PERM-spezifische Beschreibungselemente dargestellt. Nach sukzessiver Übertragung aller relevanten Strukturen liegt ein Datenmodell vor, das auf verschiedenen Entity- und Beziehungstypen sowie beschreibenden Komplexitätsgraden basiert /Loo-92/. Schon eine auszugsweise Darstellung des Modells (Bild 5.20) belegt die Komplexität der aus einer Methodikanwendung resultierenden Datenstrukturen. Anhand einer detaillierten Darstellung des Datenmodells (Anhang 2) können die Strukturen jedoch im einzelnen nachvollzogen und so für jeden Methodikschritt die konkret erforderlichen Daten spezifiziert werden.

Entsprechend der PERM-Methodik sind dabei jedem Entity charakterisierende Beschreibungsmerkmale zugeordnet. Diese Attribute bilden die Informationen ab, die als Beschreibungsdaten für die produktlinienrelevanten Entitäten erforderlich sind. Z.B. sind dem Entity Werk- "Stoff" direkt die Attribute "Stofftyp", "Lfd. Nr. Stoff" und zwölf weitere Attribute zur näheren Beschreibung zugeordnet (Bild 5.21). Bei der Zuordnung des Ressourcenbedarfs, der zur Bereitstellung des Stoffes erforderlich ist, muß jedoch berücksichtigt werden, daß dieser von dem jeweiligen Zustand des verwendeten Stoffes abhängt. Da ein Stoff in verschiedenen Zuständen bilanziert werden kann, wird entsprechend dem Entity "StReEinsatz" (stoffspezifischer Ressourceneinsatz) nicht ein Entity "Stoff" sondern ein Entity "Halbzeug" zugewiesen. Dieses ist genau einem Entity "Stoff" zugeordnet, wohingegen ein Entity "Stoff" zu mehreren Entities "Halbzeug" gehören kann. Diese Zuordnungen werden im Anhang 2 durch die (Min-Max)-Notationen "(1,1)" und "(0,n)" wiedergegeben.

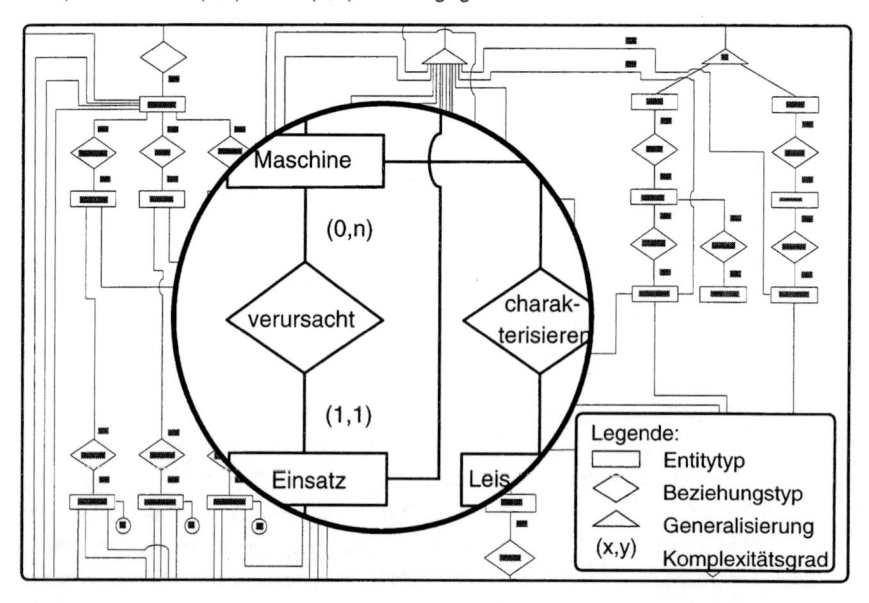

Bild 5.20: PERM-Abbildung der methodikspezifischen Datenstrukturen

Detaillierung der Methodik 107

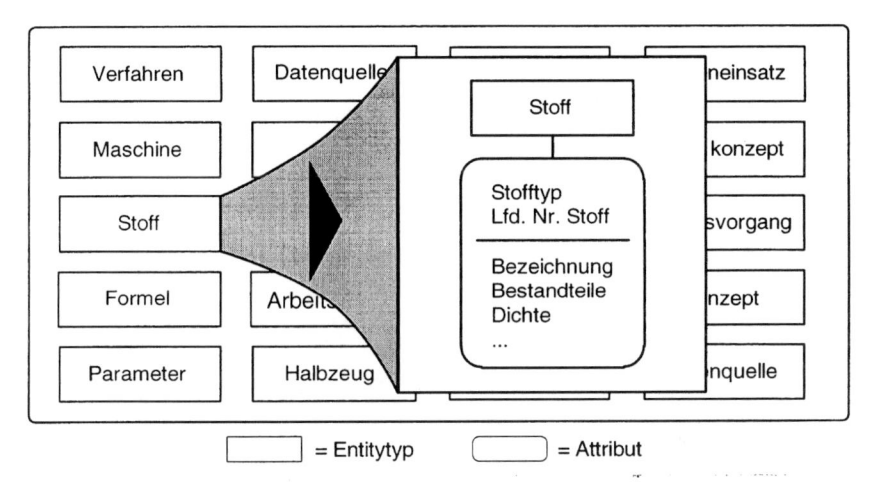

```
┌─────────────┐  ┌─────────────┐         ┌─────────────┐
│  Verfahren  │  │ Datenquelle │         │   neinsatz  │
└─────────────┘  └─────────────┘  ┌─────┐ └─────────────┘
┌─────────────┐                   │Stoff│ ┌─────────────┐
│   Maschine  │                   └─────┘ │   konzept   │
└─────────────┘               ┌──────────────┐
┌─────────────┐               │  Stofftyp    │ ┌─────────────┐
│    Stoff    │               │  Lfd. Nr. Stoff│ │  svorgang   │
└─────────────┘               │──────────────│ └─────────────┘
┌─────────────┐  ┌─────────┐  │  Bezeichnung │ ┌─────────────┐
│    Formel   │  │ Arbeit  │  │  Bestandteile│ │    nzept    │
└─────────────┘  └─────────┘  │  Dichte      │ └─────────────┘
┌─────────────┐  ┌─────────┐  │   ...        │ ┌─────────────┐
│  Parameter  │  │ Halbzeug│  └──────────────┘ │   nquelle   │
└─────────────┘  └─────────┘                   └─────────────┘
```

    ☐ = Entitytyp   ⬭ = Attribut

Bild 5.21: "Entity"-orientierte Zuordnung von (Beschreibungs-) Attributen

Dem Modell kann ebenfalls entnommen werden, welche beschreibenden Attribute den übrigen Entities zugeordnet sind. Bei jedem konkreten Anwendungsfall der Planungsmethodik müssen diese Attribute ein- bis n-fach mit den fallspezifisch zu berücksichtigenden Daten hinterlegt werden.

Die identifizierten Attribute stellen entsprechend die Größen dar, für die im Rahmen der Systematisierung der Datenabfrage standardisiert Datenquellen zu ermitteln sind. Diese Zuordnung sollte weitgehend allgemeingültig erfolgen. Aus Gründen der Datenqualität sollte jedoch die möglichst ausschließliche Nutzung von *Primärdatenquellen* sichergestellt werden.

Methodisch stellt die gestaffelte Entwicklung eines Informations-/ Datenflußmodells sowie die Zuordnung von Datum und Datenquelle/ -träger eine anwendungsspezifische Kopplung von einem Informationsmodell und einem Informationsträgermodell dar (Bild 5.22).

Unter Berücksichtigung der für eine Produktlinienanalyse allg. zugänglichen Datenquellen (vgl. Kapitel 3.2), können den identifizierten und methodikextern generierten Attributen Datenquellen bzw. -träger zugeordnet werden: Analog zu den Attributen können die Datenquellen/ -träger je nach Bezug als unternehmensintern und unternehmensextern bezeichnet werden. Weiterhin sind zusätzlich konventionelle und EDV-unterstützte Datenträger zu unterscheiden. Als konventionelle unternehmens-

Informations-/ Datenfluß - Modell

1. Ebene: Stoff — Zustand — Halbzeug

2. Ebene: Halbzeug — Stofftyp / Lfd. Nr. Stoff / Lfd. Nr. Halbzeug / Bezeichnung / Beschreibung / Recycling

Datenträgerzuordnung

Halbzeug: Bezeichnung — Beschreibung — Recycling

konventioneller Datenträger: Arbeitsplan, Werkstoffkatalog

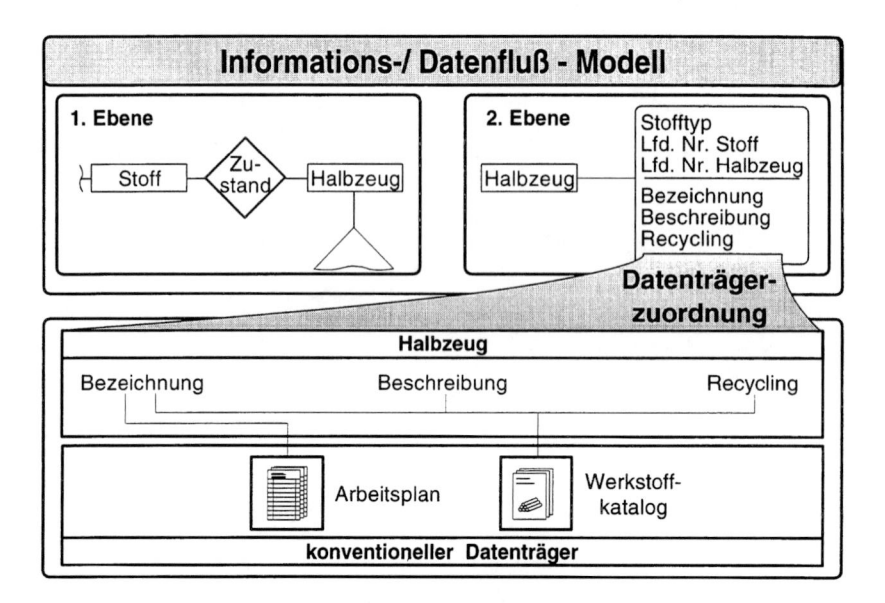

Bild 5.22: Zuordnung von Informationen und Informationsträgern

interne Datenträger stehen bspw. Pflichtenheft, Konstruktionszeichnung, Arbeitsplan oder Fertigungsmittelkatalog zur Verfügung. Als konventionelle unternehmensexterne Datenträger können Normen, Formelsammlungen, Werkstoffkataloge etc. genutzt werden (Anhang 3).

Eine analoge Zuordnung ist auch für die identifizierten Attribute und EDV-technischen Datenträger möglich. Da bei einer solchen Detaillierung auch Aspekte des Datentransfers und der methodengerichteten Datennutzung zu berücksichtigen sind, erfolgt die Entwicklung dieser Abfrageoption in einem gesonderten Kapitel.

5.1.2.2 Nutzung von Datenverarbeitungssystemen

In Kapitel 3 wurde bereits festgestellt, daß EDV-Systeme ein großes Potential für die Bereitstellung der Informationen darstellen, die für die Durchführung einer Produktlinienanalyse erforderlich sind: Schon heute wird ein großer Teil der benötigten Daten in EDV-unterstützten Datenbanken generiert bzw. verwaltet (Bild 3.20). In diesem Zusammenhang wurden insbesondere der CIM-Verbund i.allg. und, aufgrund der gemeinhin noch nicht realisierten einheitlichen Datenbasis, die CAD-, CAQ-, CAP-, CAM- und PPS-Systeme im besonderen ermittelt.

Detaillierung der Methodik 109

Da der Informationsbedarf konkret dargestellt wurde, kann im folgenden spezifiziert werden, welches System welches Verknüpfungspotential bietet. Dabei wird zunächst die rein informatorische und anschließend die EDV-technische Nutzung berücksichtigt.

Für die informatorische Nutzung von Daten bieten von den identifizierten CAx-Systemen insbesondere die CAP- und PPS-Systeme reales Nutzungspotential. Im Hinblick auf den als jeweils erforderlich identifizierten Datenbedarf ist insbesondere die Übernahme der in diesen Systemen enthaltenen allg. Stoff-, Halbzeug-, Produkt- und Fertigungsmitteldaten interessant (s. Kapitel 3.2.2). Da die Anwendung von CAQ- und CAM-Systemen i.allg. primär auf den realisierten Materialfluß ausgerichtet ist, werden durch sie nur sekundäre Plandaten oder Daten über reale Produktionsprozesse bereitgestellt (Bild 5.23). Welche Attribute bzw. Daten durch die Nutzung der verschiedenen Datenträger spezifiziert werden können, ist in Anhang 4 detailliert.

Trotz umfangreicher Datenbasen in der unternehmensinternen EDV und trotz der Möglichkeit, gezielte Abfragen in unternehmensexternen Datenbanken durchführen zu können, ist es fallspezifisch nicht immer möglich, alle für die Durchführung einer Produktlinienanlayse erforderlichen Daten aus EDV-Systemen abzufragen. Daten, für

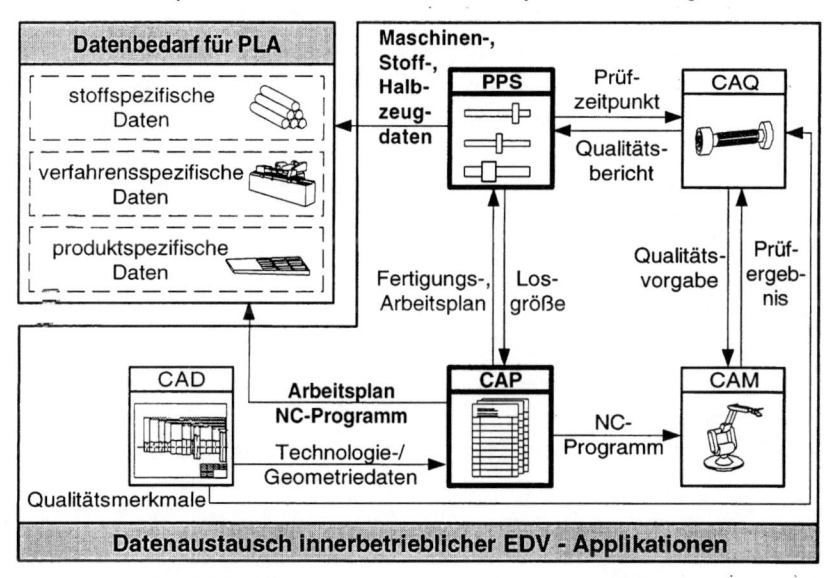

Bild 5.23: Nutzungsoptionen innerbetrieblicher EDV-Applikationen für die Durchführung von Produktlinienanalysen

die bspw. spezifische Messungen oder Berechnungen erforderlich sind, müssen i.allg. manuell für eine Produktlinienanalyse bereitgestellt werden.

Die Bereitstellung der in den EDV-Systemen vorhandenen Daten kann auf unterschiedliche Weise erfolgen. In Anlehnung an /ScR-91/ unterscheidet man zwischen der Bereitstellung der Systemdaten auf konventionellen Datenträgern (z.B. Tabellen) sowie der Auskopplung der Daten mittels formatierter Files. Die Potentiale dieser zweiten Kopplungsalternative können jedoch nur dann effizient genutzt werden, wenn auch die Anwendung der Planungsmethodik EDV-technisch unterstützt wird.

5.2 Resultierende Optionen für die Methodikanwendung

Die bisherigen Detaillierungen der Planungsmethodik bezogen sich auf ihren strukturellen Aufbau, auf ihre Anwendungsoptionen und auf den daraus resultierenden Informationsbedarf. Für eine effiziente Anwendung der Planungsmethodik ist es jedoch ebenso erforderlich, Optionen für die organisatorische Integration in die betrieblichen Planungsprozesse zu spezifizieren.

Gemäß ihrer Struktur bietet die Planungsmethodik fünf unterschiedlich orientierte Auswertungsmodi. Da die Methodik auf die spezifische Aufgabenstellung ausgerichtet werden kann, können prozeß-, prozeßketten-, system-, investitions- oder standortorientierte Planungsaufgaben unterstützt werden. Die Einbindung der methodikspezifischen Module erfolgt entsprechend der aufgabenspezifischen Orientierung. Module oder Teilmodule der Methodik können je nach Bedarf mehrfach oder auch gar nicht genutzt werden. Ggf. kann sogar die Reihenfolge der Modulanwendung unterschiedlich angepaßt werden (Bild 5.24).

Die verschiedenen Möglichkeiten der Moduleinbindung bzw. die daraus resultierenden Nutzungsmodi können übergeordnet zwei Anwendungsfeldern zugeordnet werden. Ist die Untersuchung primär auf einzelne Produkte ausgerichtet, stehen die prozeß-, prozeßketten- bzw. baugruppenorientierten Analysemodi als Hilfsmittel für die Entscheidungsfindung bei vordergründig *operativen Planungsaufgaben* zur Verfügung. Analog können die investitions- bzw. standortorientierten Analysemodi aufgrund ihrer produktübergreifenden Auswertungsorientierung als Hilfsmittel für die Entscheidungsfindung bei mehr *strategisch* ausgerichteten Planungsaufgaben genutzt werden.

Detaillierung der Methodik 111

Modus	Betrachtungs-objekt	Anzahl der Moduleinbindungen Modul 1	Modul 2	Modul 3	Modul 4				Ziel-setzung
1	Prozesse	1-mal	1-mal	1-mal	1-mal	Schwachstellen-analyse
2	Prozeßketten m-Alternativen	m-mal	m-mal	1-mal	1-mal	Verfahrens-/ Bauteilauswahl
3	Baugruppe n-mögliche Bauteile mit o-Produktionsalternativen (Maschine, Anlage)	n-mal	n-mal	$[f(o)]$ $+ 1\text{-mal}^{x)}$	1-mal	System-optimierung
4	Investition p-Fertigungsalternativen pro Produkt q-betrachtete Produkte	p-mal	p-mal	$[f(q)]$ $+ 1\text{-mal}^{x)}$	1-mal	Investitions-planung
5	Standort r-Anlagen-/ Unternehmensbereiche	$f(r,p_r)$	$f(r,p_r)$	$[f(r)]$ $+ 1\text{-mal}^{x)}$	1-mal	Unternehmens-planung

$^{x)}$ dem Modul 4 nachgelagert

Bild 5.24: Optionale Anwendungen der entwickelten Planungsmethodik

5.2.1 Operatives Technologiemanagement

In Anlehnung an die einleitende Darstellung werden hier als operative Bereiche des *Technologiemanagements* die Planungsbereiche verstanden, deren Entscheidungen primär die konstruktive bzw. produktionstechnische Gestaltung eines Produktes betreffen. Dies sind die produktbezogenen Planungsbereiche in der Konstruktion, Arbeitsvorbereitung, Fertigung und Montage.

Um in diesen Organisationseinheiten ressourcenorientierte Entscheidungsfindungen zu unterstützen, können die prozeß-, prozeßketten- und baugruppenbezogenen Anwendungsmodi der entwickelten Planungsmethodik benutzt werden. Entsprechend der Detaillierung der für diesen Bereich relevanten Teilmodule kann das operative Unterstützungspotential wie folgt spezifiziert werden (Bild 5.25):

Die prozeßorientierte Anwendung der Planungsmethodik kann zunächst im planerischen Umfeld der produktspezifischen Konstruktion eingesetzt werden, um vorgelagerte Analysen der prozeß- bzw. prozeßgruppenspezifisch zu erwartenden Ressourcenbedarfe durchzuführen. Neben der Durchführung von Schwachstellenanalysen für geplante Prozesse ermöglicht eine prozeßorientierte Methodikanwendung ebenfalls

Betrachtungsschwerpunkt bei Anwendung der PLA-Methodik

1 Prozeß	2 Prozeßkette	3 System
→ 1.1 1.2	→ 2.1 2.2 2.3	→ 3.1

Geschäftsführung

Stab | Stab | Stab | Stab | Stab

Produkt | Konstruktion | Arbeitsvorbereitung | Fertigung | Montage

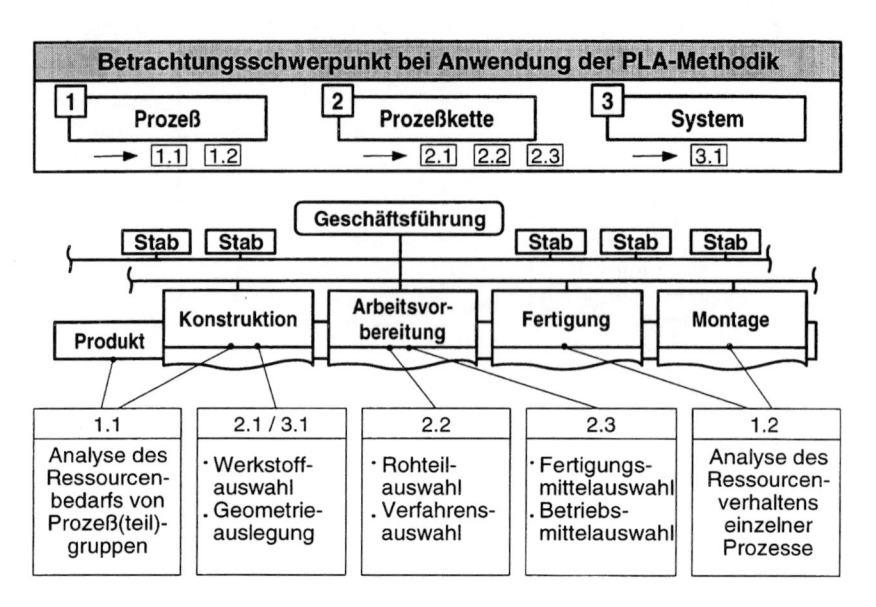

1.1	2.1 / 3.1	2.2	2.3	1.2
Analyse des Ressourcenbedarfs von Prozeß(teil)gruppen	· Werkstoffauswahl · Geometrieauslegung	· Rohteilauswahl · Verfahrensauswahl	· Fertigungsmittelauswahl · Betriebsmittelauswahl	Analyse des Ressourcenverhaltens einzelner Prozesse

<u>Bild 5.25</u>: Einsatzmöglichkeiten der Planungsmethodik in der operativen Planung

die Schwachstellenanalyse von bereits existierenden Produktionsprozessen. Die Ermittlung des ressourcenbezogenen Prozeßverhaltens wird z.B. dann relevant, wenn eine bereits angewandte Fertigungstechnik hinsichtlich ihres Umweltverhaltens zu optimieren ist.

Werden die Betrachtungsgrenzen auf ganze Prozeßketten ausgedehnt, wird durch die Planungsmethodik weitergehendes Unterstützungspotential geboten. Entsprechend der Zielsetzung kann durch die Betrachtung einer produktlinienbezogenen Prozeßkette der anwendungs- bzw. produktspezifisch ressourcenoptimale Konstruktionswerkstoff ermittelt werden. Ebenfalls können alternative Geometriekonzepte in der Konstruktion verglichen werden. In der auftragsneutralen Arbeitsvorbereitung, d.h. in der Arbeitsplanung, kann die Methodik für die Ermittlung der ressourcenorientierten Rohteil- bzw. Verfahrensauswahl genutzt werden. Für die auftragsbezogene Arbeitsplanung, die Arbeitssteuerung, stellt die entwickelte Planungsmethodik ein Hilfsmittel für die Fertigungs- bzw. Betriebsmittelauswahl dar.

Ähnlich orientierte, aber erweiterte Nutzungsoptionen bietet die baugruppen- bzw. systembezogene Ausrichtung der Planungsmethodik für die Organisationseinheiten.

Detaillierung der Methodik 113

5.2.2 Strategisches Technologiemanagement

Neben dem primär operativen Technologiemanagement kann die entwickelte Planungsmethodik auch für mehr strategisch orientierte Managementaufgaben genutzt werden. Als Organisationseinheiten mit insbesondere strategisch ausgerichteten Managementaufgaben werden hier Geschäftsführung und Stabsabteilungen sowie die Bereiche verstanden, deren Aufgaben von längerfristigem und i.allg. nicht nur linienspezifischem Charakter sind (Bild 5.26):

Derartige Organisationseinheiten stellen z.B. die Bereiche dar, die u.a. unternehmensübergreifend die Produkt- bzw. Produktprogrammplanung zu konkretisieren haben. Durch einen systemorientierten Einsatz der entwickelten Planungsmethodik haben diese Bereiche die Möglichkeit, ressourcenorientierte Produktprogrammplanungen forcieren zu können.

Betrachtungsschwerpunkt bei Anwendung der PLA-Methodik				
3 System → 3.2		4 Investition → 4.1 4.2		5 Standort → 5.1 5.2
3.2	4.1	4.2	5.1	5.2
• Produkt- • Produktprogrammplanung	• Technologieplanung • Technologiemanagement	• Make or Buy-Entscheidung • Investitionsplanung	Unternehmensmanagement	Unternehmenscontrolling

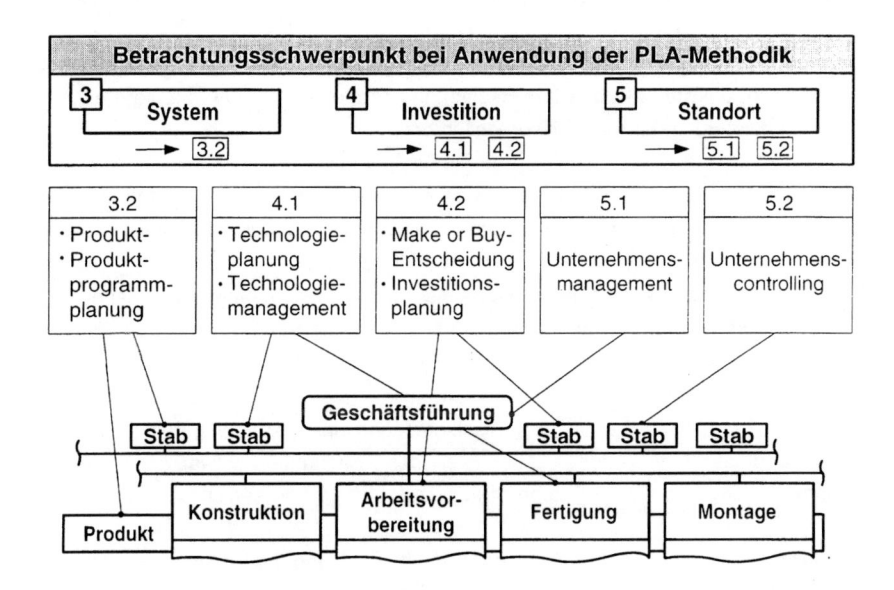

Bild 5.26: Einsatzmöglichkeiten der Planungsmethodik in der strategischen Planung

Einerseits kann die Anwendung der investitionsorientierten Extrapolation im Rahmen stabsähnlicher Engineeringbereiche dazu beitragen, eine ressourcenorientierte Technologieeinsatzplanung zu ermöglichen. Ob der Technologieeinstieg "in house" oder bei einem "Zulieferer" erfolgt, ist dabei irrelevant. Andererseits können mit der investitionsorientierten Extrapolation auch klassische "Make or Buy"-Entscheidungen bzw. die mit diesen Entscheidungen einhergehenden Investitionsplanungsaufgaben unterstützt werden. Die Organisationseinheiten, für die sich diese Art des Methodikeinsatzes anbietet, sind entsprechend ausgerichtete Stabsstellen bzw. Bereiche der Arbeitsvorbereitung.

Unter Anwendung der standortorientierten Extrapolation kann die Planungsmethodik schließlich als Hilfsmittel für die Organisationseinheiten genutzt werden, die mit Aufgaben der Unternehmensplanung betraut sind. Dies betrifft die Geschäftsführung/ den Vorstand, aber auch die Controlling-Bereiche. Hier bietet die Planungsmethodik durch diverse Vergleichsoptionen Unterstützung bei der Realisierung einer umweltorientierten Unternehmensplanung.

5.3 Festlegung der Realisierungsbedingungen

Zur Sicherung eines effizienten Einsatzes der Planungsmethodik ist es abschließend erforderlich, die organisatorischen Bedingungen zu konkretisieren, die die breitgefächerte Anwendung der Methodik unterstützen:

Im Rahmen der Detaillierung wurde bereits festgestellt, daß die entwickelte Planungsmethodik durch ihren modularen Aufbau gut algorithmierbar und universell einsetzbar ist. Bei der Detaillierung der erforderlichen Informationsorganisation ist ebenfalls bestätigt worden, daß für die hinreichend genaue Abbildung eines Zusammenhanges ein hoher Bedarf an Informationen/ Daten benötigt wird. Die Summe der fallspezifischen und allgemeinen Daten stellt hohe Ansprüche an das praktische Datenmanagement. Da die Anwendung der entwickelten Planungsmethodik nicht nur auf ausgewählte Bauteile beschränkt sein sollte, ist dementsprechend eine weitergehende Reduzierung des zwar drastisch geminderten aber immer noch vorhandenen Aufwandes für die Datenbeschaffung und für die Datennutzung/ -auswertung erforderlich.

Die fallspezifisch angestrebte Auswertungsgenauigkeit und der Umfang des erforderlichen Datenbedarfs sind direkt voneinander abhängig. Der Umfang der Datenbereitstellung kann somit nicht ohne bewertungstechnische Restriktionen reduziert werden. Jedoch kann durch unterstützende methodische bzw. organisatorische Maßnahmen der noch erforderliche Bereitstellungsaufwand zusätzlich reduziert werden. Das in diesem Zusammenhang entwickelte Daten- bzw. Datenträgermodell (Kapitel 5.1) unterstützt dabei eine weitergehend systematische und rationalisierte Datenermittlung:

Detaillierung der Methodik 115

Der Rationalisierungseffekt dieser Zuordnungssystematik ist jedoch in starkem Maße von der Nutzungshäufigkeit der Planungsmethodik abhängig. Für die Ermittlung produkt-/ unternehmensübergreifender Daten (spez. Ressourcenwerte etc.) bestehen dabei noch insofern anwendungstechnische Einschränkungen, als durch die aufgezeigten Datenträger noch nicht für alle produktionstechnisch relevanten Zusammenhänge Kennwerte zur Verfügung gestellt werden. Mit zunehmender Abfrage von konkreten Daten wird jedoch eine für die allgemeine Kennwertermittlung erforderliche Datennachfrage geschaffen: Die breit gefächerte Nutzung der Planungsmethodik würde hier zu dem wirtschaftsübergreifenden Konsens führen, daß die verbleibenden Datenlücken gezielt und forschungspolitisch koordiniert geschlossen werden.

Für unternehmensspezifische Produktprogramme kann schon eine unternehmensinterne Anwendung der Methodik dazu führen, daß die Bedarfe an allgemeinen Ressourcendaten festgestellt werden. Durch einmaligen Ermittlungsaufwand kann die Datenbasis komplettiert werden, die für eine recherchenreduzierende Methodikanwendung erforderlich ist. Bei der Integration der Planungsmethodik in die Unternehmensplanung sollte daher eine anwendungs- bzw. produktbezogene Beschränkung der Methodikanwendung nur für einen anfänglichen Einführungszeitraum gelten. Durch die zügige Erweiterung des Anwendungsspektrums wird die Stammdatenbasis nach und nach komplettiert und ist somit für weitere Anwendungen als potentialsteigernder Faktor zu werten (Bild 5.27).

Eine weitere Steigerung des Anwendungspotentials ist mit einer zusätzlichen, die Wirkungen der Planungsmethodik ergänzenden, Reduzierung des Anwendungsaufwandes zu erwarten: Schon bei manueller Anwendung wird durch das modular aufgebaute Planungsvorgehen eine vergleichsweise effiziente Ergebnisermittlung ermöglicht. Desweiteren lassen sowohl die algorithmierten bzw. algorithmierbaren Strukturen der Modulschritte als auch die sich bei unterschiedlichen Anwendungen wiederholenden Tätigkeiten noch erhebliches Rationalisierungspotential erwarten. Durch eine EDV-technische Unterstützung der Planungsmethodik kann nicht nur der Aufwand für die eigentlichen Erfassungsschritte bis hin zu den Auswertungsschritten (Datenmanagement), sondern auch der Aufwand für die vorgelagerte bzw. parallele Datenbereitstellung (Datenbeschaffung) reduziert werden.

Konkret können die anwendungsübergreifend gleich strukturierten, aber aufwendigen Komprimierungsarbeiten durch EDV-technische Unterstützung automatisiert werden. Aufbauend auf einer solchen EDV-technischen Unterstützung der Planungsmethodik können weiterhin die erforderlichen Daten systematisch abgefragt (z.B. CAx-System-

116 Detaillierung der Methodik

```
Entwicklungs-
ergebnis          PLA - Methodik    + algorithmierbar      + praxisorientierte
                                    + allgemein anwendbar   Ergebnisauswertung
                                    + systematische         - hoher Datenbedarf
                                      Datenabfrage
```

Integration in die Unternehmensplanung

Zusätzliche Potentialsteigerung durch

Systematische Datenbeschaffung/ -nutzung	EDV - technische Unterstützung/ Umsetzung
Stammdatenbestand	Anwendungsaufwand 20%

Nutzen

systematische Reduzierung des Ressourcenbedarfs

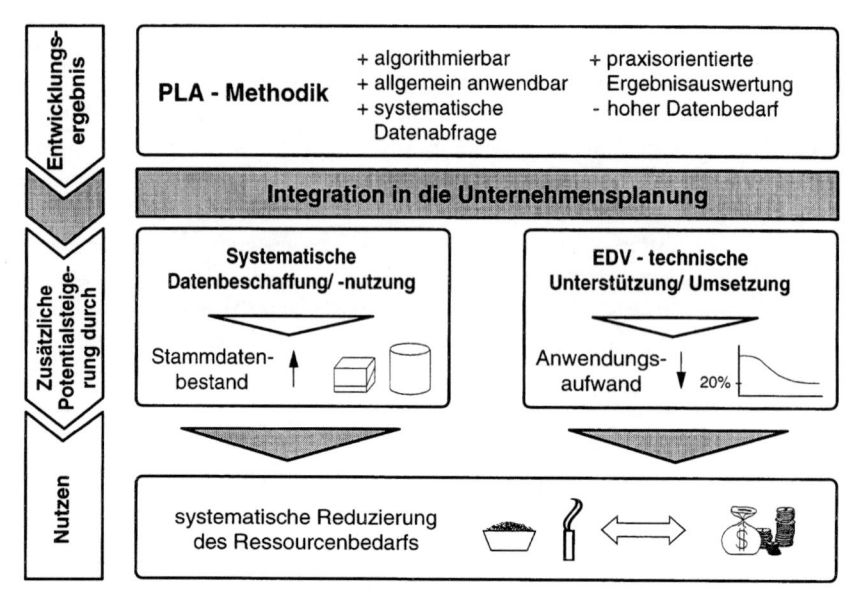

Bild 5.27:   Bedingungen für eine effiziente Methodikanwendung

Kopplung) und frei von Übertragungsfehlern in laufende Methodikanwendungen eingekoppelt werden.

Sowohl durch eine Nutzung der EDV-technischen Potentiale, als auch durch die forcierte Bildung einer geeigneten Stammdatenbasis können die mit dieser Arbeit erschlossenen Potentiale gesteigert werden.

5.4 Fazit: Detailkonzept

Aufbauend auf dem in Kapitel 4 entwickelten Konzept wurde die Methodik zur rechnerunterstützten Produktlinienanalyse detailliert. Zunächst wurden die inhaltlich ausgerichteten Module der Methodik konkretisiert. Anschließend wurde die für die Module erforderliche Informationsorganisation spezifiziert. Die entsprechenden Strukturen für ein methodikspezifisch effizient ausgerichtetes Datenmanagement wurden entwickelt und Möglichkeiten zur Kopplung mit Datenverarbeitungssystemen hergeleitet. Für die entwickelte Planungsmethodik und die realisierten Anwendungsoptionen wurden dann konkrete Anwendungsbereiche und die erforderlichen Realisierungsbedingungen aufgezeigt.

Detaillierung der Methodik 117

Bei der Detaillierung der methodikspezifischen Module wurde zunächst eine strukturierte Vorgehensweise zur Abbildung der Zusammenhänge hergeleitet, die hinsichtlich ihres Ressourcenverhaltens zu untersuchen sind. Der Algorithmus basiert auf der Kombination einer elementorientierten, Transparenz unterstützenden Modellierung der ressourcenbedarfsverursachenden Prozesse und der darauf aufbauenden Matrizen-Darstellung der direkten Ressourcenbedarfe. Die Abbildungsergebnisse werden im nächsten Modul genutzt, um ergänzend zu den direkten Ressourcenbedarfen auch die Ressourcenbedarfe zu ermitteln, die indirekt durch eine Produktionsrealisierung verursacht werden. Diese iterative Vorgehensweise wurde entwickelt, um die einzelnen Komponenten des indirekten Ressourcenbedarfs hinsichtlich ihres weitergehenden Detaillierungs- bzw. Berücksichtigungsbedarfs überprüfen zu können. Die Anwendung der ersten beiden Module der entwickelten Planungsmethodik ermöglicht eine strukturierte Darstellung sämtlicher, aus einer Produktverwirklichung resultierenden Ressourcenbedarfe.

Zur Bewertung der multidimensionalen, i.allg. stückzahlabhängigen Darstellungen der Ressourcenbedarfsprofile wurden in das dritte Methodikmodul Entscheidungsmethoden des Operations Research integriert. Unter Berücksichtigung der aufgabenspezifischen Randbedingungen kann aus ihnen die jeweils geeignete Methode ausgewählt werden, mit deren Hilfe die erfaßten und bilanzierten Ressourcenbedarfe absolut bzw. relativ bewertet werden können. Für eine weitergehende Interpretation der resultierenden Bewertungsergebnisse wurden für das vierte Modul fünf Auswertungsoptionen entwickelt. Eine prozeßorientiert entwickelte Auswertungsoption bietet nun die Möglichkeit, den durch eine Prozeßkette verursachten Ressourcenbedarf bez. der primär verursachenden Prozesse untersuchen und damit systematisch die vordergründigen Schwachstellen identifizieren zu können. Durch gezielte Analyse können die aus der Bewertung resultierenden Entscheidungsempfehlungen hinsichtlich ihrer Stückzahlsensitivitäten überprüft und hinsichtlich ihrer Gültigkeitsbereiche charakterisiert werden. Ergänzend zu diesen Analyseoptionen wurden für das Auswertungsmodul drei Extrapolationsoptionen entwickelt. Deren methodische Vorgehensweise wurde auf der systematischen Aggregierung von Ergebnissen aus mehreren Prozeßkettenbetrachtungen aufgebaut. Die entwickelte Vorgehensweise wurde dabei so strukturiert, daß für verschiedene baugruppen-, investitions- und standortrelevante Planungsaufgaben Sachzusammenhänge hinsichtlich des durch sie resultierenden Ressourcenbedarfs bewertet werden können. Mit den resultierenden Bewertungsergebnissen ist es u.a. möglich, aus dem gegebenen Entscheidungsspektrum die Handlungsalternative zu ermitteln, die in der Umsetzung den geringsten Ressourcenbedarf erwarten läßt.

Um die praktische Nutzung der entwickelten Planungsmethodik und damit die möglichen Rationalisierungspotentiale zu realisieren, wurden abschließend für die entwickelten Auswertungsoptionen die angestrebten Anwendungsfelder bestätigt. Entsprechend der Multifunktionalität des Auswertungsmoduls wurden für die entwickelte Methodik Einsatzpotentiale sowohl für operative als auch für strategische Planungsbereiche aufgezeigt. Das Einsatzpotential kann zusätzlich gesteigert werden, wenn die Realisierung der unternehmensweiten Anwendung der Methodik durch die systematische Bereitstellung allgemeiner Ressourcenfunktionen und gleichzeitiger EDV-technischer Umsetzung der Planunsgmethodik unterstützt wird.

Kapitel 6: Realisierung eines Prototyps

In den Kapiteln 4 und 5 wurde eine Planungsmethodik für die Realisierung einer automatisierten Produktlinienanalyse entwickelt. Mit der Umsetzung der Methodik in einen Prototyp für ein EDV-System wird im folgenden zunächst die gemäß Kapitel 5.3 für eine verbreitete Anwendung der Methodik erforderliche EDV-technische Umsetzbarkeit bestätigt (Kapitel 6.1). Durch die Nutzung des methodikbasierten Prototyps für ein Fallbeispiel wird anschließend die allgemeine Funktionalität der Methodik verifiziert. Dabei werden sowohl die realisierbaren Auswertungsergebnisse in Betracht gezogen (Kapitel 6.2) als auch die methodikgestützten Optionen zur Reduzierung des Datenerfassungsaufwands berücksichtigt, der für die Herleitung der Ergebnisse erforderlich ist (Kapitel 6.3). Anschließend werden die mit der Prototypenrealisierung und -anwendung gemachten Erfahrungen dargestellt und ein Ausblick gegeben.

6.1 Komponenten des Prototyps

Die EDV-technische Umsetzung der entwickelten Planungsmethodik erfolgte unter Nutzung eines marktgängigen CASE-Tools und bereichsweise mit zusätzlicher Einbindung eines konventionellen Tabellenkalkulationsprogramms. Mit dem CASE-Tool wurden die grundlegenden methodikspezifischen Algorithmen EDV-technisch abgebildet und in einen System-Prototyp mit anwenderfreundlicher Benutzeroberfläche umgesetzt. Unter Rückgriff auf eine systemspezifisch hinterlegte Datenbank werden mit dem Prototypen CALA (Computer Aided Lifecycle Analysis) die Bewertungs- und Auswertungsoptionen unterstützt, für die die Planungsmethodik konzipiert wurde.

Entsprechend wird der modulare Aufbau der Planungsmethodik auch im strukturellen Aufbau des Prototyps reflektiert. Systemkomponenten des Prototyps sind die Programmbausteine "Erfassung", "Bilanzierung", "Bewertung" und "Auswertung", deren inhaltliche Ausrichtungen i.allg. deckungsgleich mit denen der für die Planungsmethodik entwickelten Module sind. Die zentrale Komponente des Systems stellt jedoch das Modul bzw. Systemelement "Stammdatenbank" dar. In Anlehnung an die in Kapitel 4 und 5 formulierten Forderungen an ein effizientes, redundanzfreies Datenmanagement können, alle anwendungsrelevanten Daten zentral in dieser Systemkomponente verwaltet werden. Neben den generierten Ergebnis- bzw. Auswertungsdaten sind das für die Auswertung erforderliche Kennwerte und -funktionen der Ressourcenbedarfe, die mit der Bereitstellung von Material und Energie bzw. mit der Nutzung von

Verfahren verbunden sind (Bild 6.1). Die Darstellung der Ressourcenbedarfe erfolgt dabei verfahrens- oder maschinenspezifisch bzw. werkstoffspezifisch unter Angabe von mittleren Kennwerten oder -funktionen, bezogen auf eine ressourcenbedarfsabhängige Bezugseinheit (z.B. Hauptzeit, Arbeitshub, Masse).

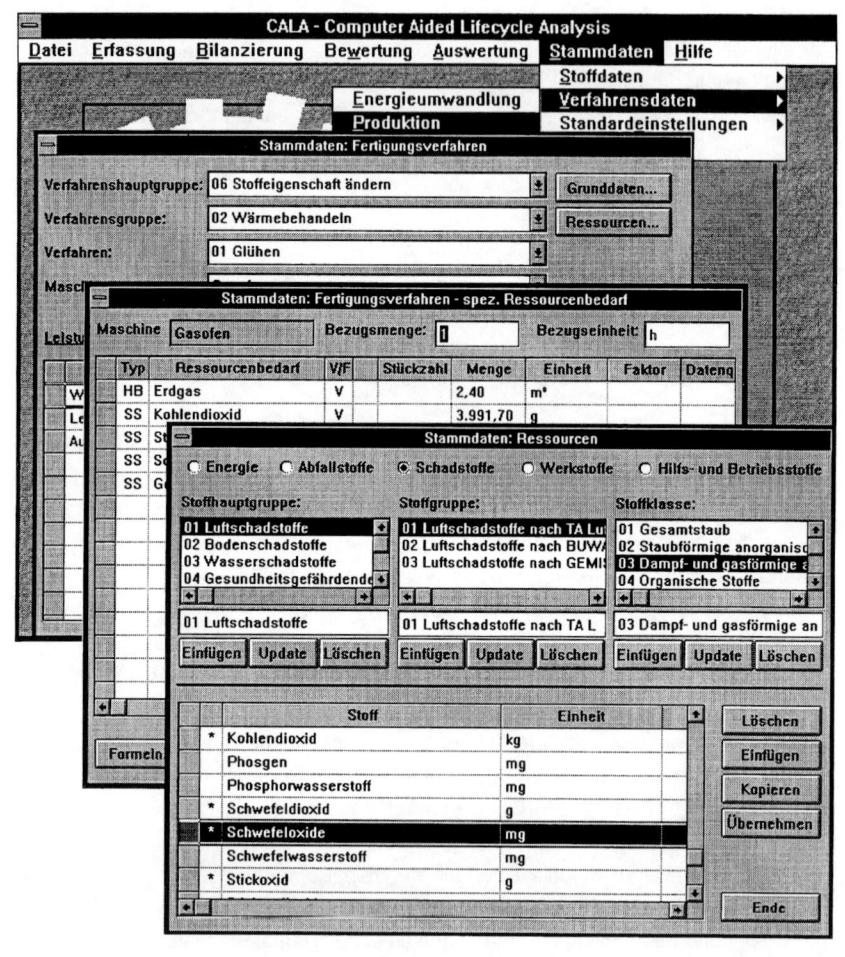

Bild 6.1: Redundanzfreie Informationsbereitstellung durch Stammdaten

Das Systemelement "Stammdatenbank" ist so gestaltet, daß es sowohl zur Eingabe von neuen als auch zur Abfrage von bereits abgelegten Daten benutzt werden kann. Um den Prototyp mit einer anwendungsgerechten Grundfunktionalität auszustatten und strukturell eindeutige Ablegepfade für das Datenaufkommen bereitzustellen, wurden dem Systemelement "Stammdatenbank" geeignete Gliederungen für die zu verwaltenden Ressourcenbedarfsfunktionen hinterlegt. So erfolgt bspw. die Gliederung und Zuordnung der Ressourcenbedarfsprofile bei metallischen Werkstoffen nach DIN 17007ff. und bei Kunststoffen nach DIN 7724ff. Die Gliederung und Zuordnung der Ressourcenbedarfsprofile für Fertigungsverfahren erfolgt gemäß der DIN 8580ff.

In den zuzuordnenden Ressourcenbedarfsprofilen können entsprechend der zugrundeliegenden Planungsmethodik die Bedarfe 1. Ordnung (Modulteilschritt 1.3) oder auch Bedarfe bis n-ter Ordnung (Modulteilschritt 2.2) berücksichtigt werden. In welcher Form die hinterlegten bzw. noch zu hinterlegenden Ressourcenbedarfsprofile bei einer Anwendung der Systemkomponenten "Erfassung" bis "Auswertung" Unterstützung bieten, zeigt das folgende Fallbeispiel.

6.2 Darstellung und Ergebnisse eines Fallbeispiels

Zur Vorbereitung auf eine Produktionsentscheidung waren für ein Flugzeugbauteil vier alternative Konstruktions- bzw. Produktionskonzepte hinsichtlich der mit ihrer Umsetzung zu erwartenden Ressourcenbedarfe zu untersuchen /SFB-90/. Durch Anwendung des beschriebenen Prototyps und der zugrundeliegenden Planungsmethodik sollte zunächst die Konstruktions- bzw. Produktionsalternative ermittelt werden, die, nach aktuellem Entwicklungsstand, die ressourcenschonendste Handlungsalternative darstellt. Anschließend sollten für das ermittelte relative Entscheidungsoptimum Ansatzpunkte gefunden werden, die für eine weitergehende ressourcenorientierte Verbesserung des Produktionskonzepts das größte Rationalisierungspotential erwarten lassen.

Konkret zu betrachten waren diesbez. folgende Produktionskonzepte, aus denen jeweils anwendungsbezogen gleichwertige Funktionsträger resultieren: 1. konventionelle Fertigung mittels Zerspantechnologien, 2. Einsatz des partiellen Schmiedens, 3. feingießtechnische Fertigung und 4. Fertigung mittels Einsatz des RTM-Verfahrens (RTM: Resin-Transfer-Molding) /SFB-90/. Um den für die anstehende Bewertung erforderlichen Erfassungsaufwand nicht unnötig komplex zu gestalten, wurden die Betrachtungen zunächst nur auf die energetischen Ressourcenbedarfe und auf die energiebedarfsproportional verursachten Schadstoffe ausgerichtet.

Die Ermittlung und Zuordnung der konzeptspezifisch zu erwartenden Ressourcenbedarfe erfolgte analog zur Planungsmethodik in mehreren Teilschritten. Nach der Ermittlung und transparenten Abbildung der einzelnen Prozeßketten wurden die allgemeinen und die produktions-, nutzungs- und entsorgungsspezifischen Produkt-/ Prozeßdaten aufgenommen (Bild 6.2). Den identifizierten Prozessen (z.b. Arbeitsvorgang) wurden dann die jeweiligen Ressourcenbedarfe zugeordnet. Abhängig davon, ob in den Stammdaten schon prozeßcharakterisierende Ressourcenbedarfsprofile enthalten waren, wurden diese mit den Prozessen gekoppelt (z.B. Werkstoffeinsatz). Fehlende Daten wurden gemäß der entwickelten Datenbedarfs-/ Datenträgerzuordnung (vgl. Kapitel 5.1.2) ermittelt und dann manuell zugeordnet.

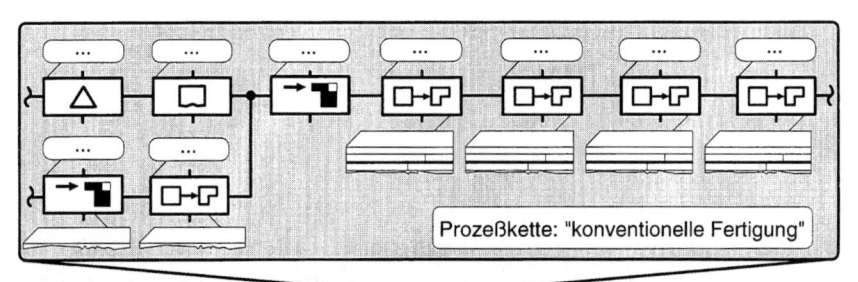

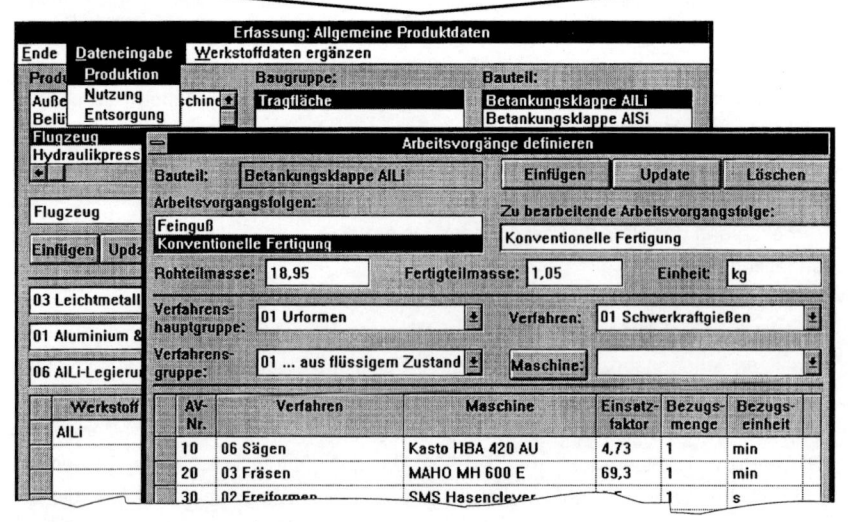

Bild 6.2: Aufnahme der Produktlinie/ Prozeßkette 1. Ordnung

Realisierung eines Prototyps 123

Nach Erfassung, Bilanzierung und relativer Bewertung der kumulierten Bedarfskenngrößen resultierten für die betrachteten Produktionskonzepte vier beschreibende Ressourcenfunktionen. Durch den Vergleich der relativen Ressourcenbedarfe in bezug auf den relevanten Stückzahlbereich konnte ermittelt werden, daß für den in diesem Fall geplanten Produktionsumfang von ca. 100 Stück eine RTM-Anwendung die Produktionsalternative mit dem geringsten Bedarf an energetischen Ressourcen ist (Bild 6.3). Um die Gültigkeit dieser Produktionsempfehlung konkret belegen zu können, wurde mit dem Prototypen anschließend eine Sensitivitätsanalyse gemäß Teilmodul 4.2 der Planungsmethodik durchgeführt. Als Ergebnis dieser Anwendung konnte für die Produktionsempfehlung ein Sicherheitsbereich von -85% bis +∞ bezogen auf die angenommene Stückzahl festgestellt werden.

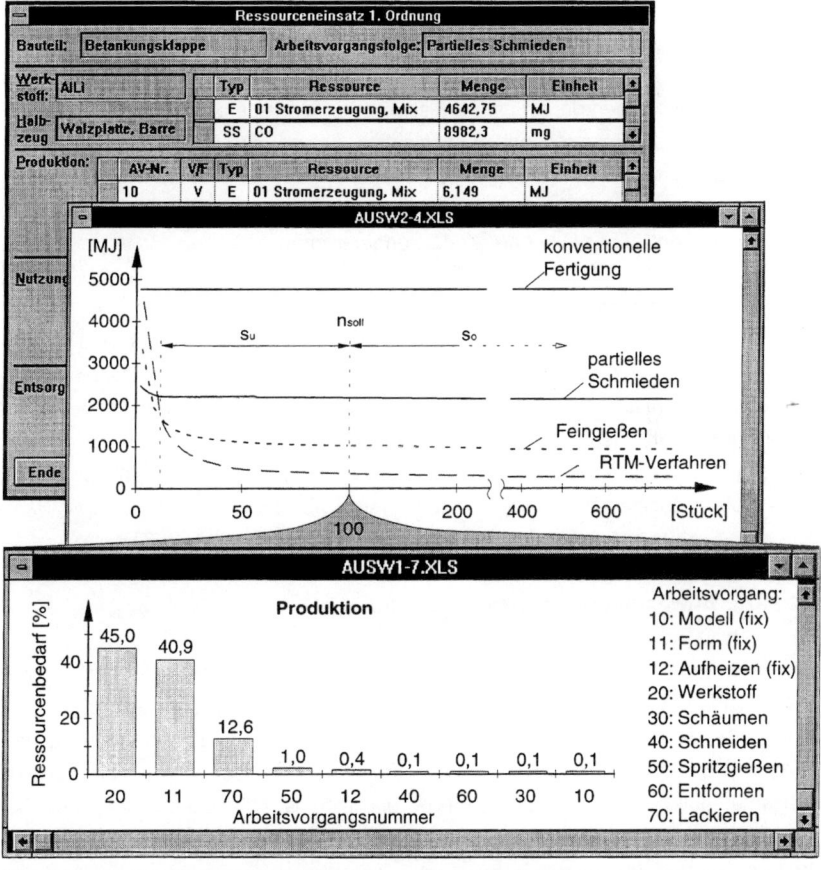

Bild 6.3: Ergebnis einer "CALA"-Anwendung (Beispiel)

Für das als optimal bestätigte Produktionsverfahren "RTM" wurde dann, entsprechend der hier gestellten Aufgabe, eine prozeßorientierte Bedarfsanalyse nach Modul 4.1 durchgeführt. Die Anwendung dieser Auswertungsoption auf erster Stufe (Bezug auf die Aggregationselemente) ließ erkennen, daß der größte energetische Ressourcenbedarf im Produktlebenslauf dieses Bauteils durch seine Nutzung anfällt (99,1%). Da dieser Bedarf in direkt proportionalem Verhältnis zur Bauteilmasse steht, ist für die der Auswertung folgenden konkreten Umsetzung des Produktionskonzepts die Gewichtsreduzierung als erforderliche Maßnahme ermittelt worden. Als Ansatzpunkt zur Umsetzung dieses Rationalisierungspotentials bietet sich bspw. die weitergehende Optimierung der Bauteilgeometrie an.

Durch die prototypunterstützte Spezifizierung der Ressourcenbedarfe werden in der zweiten Stufe der prozeßorientierten Analyse die dem Aggregationselement implizierten Prozeßbedarfe untersucht. Art und Umfang dieser produktionsbedingten Energiebedarfe weisen darauf hin, daß sie größtenteils aus dem direkten Werkstoffeinsatz resultieren. Entsprechend ergibt sich hier das primäre Rationalisierungspotential. Ansatzpunkte hierfür sind bspw. die Entwicklung und Bereitstellung bzw. Nutzung eines energetisch nicht so aufwendigen Harzes, Harzgemisches und/ oder die Entwicklung von "höher füllbaren" Kunststoffgemischen.

Durch den Einsatz der entwickelten Planungsmethodik bzw. ihre Umsetzung in einen EDV-Prototypen konnte somit für eine gegebene produktionstechnische Auswahlentscheidung zunächst die energetisch günstigste Handlungsalternative ermittelt und anschließend Potentiale für eine weitergehende Optimierung identifiziert werden. Die aus diesen Ansätzen resultierenden Weiterentwicklungen der Produktionsalternative können unter Nutzung der ermittelten, erzeugten und im Prototypen abgelegten Daten ohne großen Zusatzaufwand ergänzend bewertet werden.

6.3 Fazit: Anwendungserfahrungen und Ausblick

Mit den Ergebnissen aus dem Fallbeispiel wurde die Funktionalität der entwickelten Planungsmethodik bestätigt. Zusätzlich hat das Fallbeispiel jedoch auch zur Überprüfung der auf die Methodik ausgerichteten, hier entwickelten Systematik zur Zuordnung von Datenbedarf und Datenträger gedient. Parallel zur Anwendung der Planungsmethodik galt es zu verifizieren, ob die für dieses Fallbeispiel erforderlichen Datenbedarfe vollständig auf die in der Systematik abgebildeten Datenträger zugeordnet werden können.

Realisierung eines Prototyps 125

Es konnte gezeigt werden, daß - gemessen an der Summe - sämtliche für die Produktbewertung erforderlichen Daten den in der Systematik aufgelisteten Datenbedarfen zugeordnet und auf entsprechende Datenträger abgebildet werden konnten. Es hat sich ebenfalls bestätigt, daß schon bei konventionellen Formen der Auftragsabwicklungen große Mengen der erforderlichen Daten von EDV-unterstützten Datenträgern zur Verfügung gestellt werden können.

Bei einer effizienten Nutzung etablierter CAx-Systeme folgen für die Produktionsalternativen "Partielles Schmieden" und "Feingießen" die in Bild 6.4 dargestellten quantitativen Möglichkeiten des Datenimports aus EDV-Systemen. Die zur Beschreibung der Produktion benötigten Daten können größtenteils aus den CAP- und PPS-Applikationen entnommen werden (Feingießen: 67,4%; Partielles Schmieden: 70,3%). Weitere erforderliche Daten (bspw. Stoff-, Emissionskennzahlen) müssen, sofern sie nicht in der Stammdatenbank des Prototyps verwaltet werden, aus geeigneten (unternehmensexternen) Faktendatenquellen importiert oder manuell eingegeben werden. Da sich diese Verhältniszahlen aus einer fallbezogen erstmaligen Anwendung der Planungsmethodik/ des Prototyps ergeben haben wurden keine Rationalisierungseffekte durch Zugriff auf evtl. bereits in den Stammdaten verwaltete Informationen berücksichtigt.

Legende: P : Produktion   N : Nutzung   E : Entsorgung

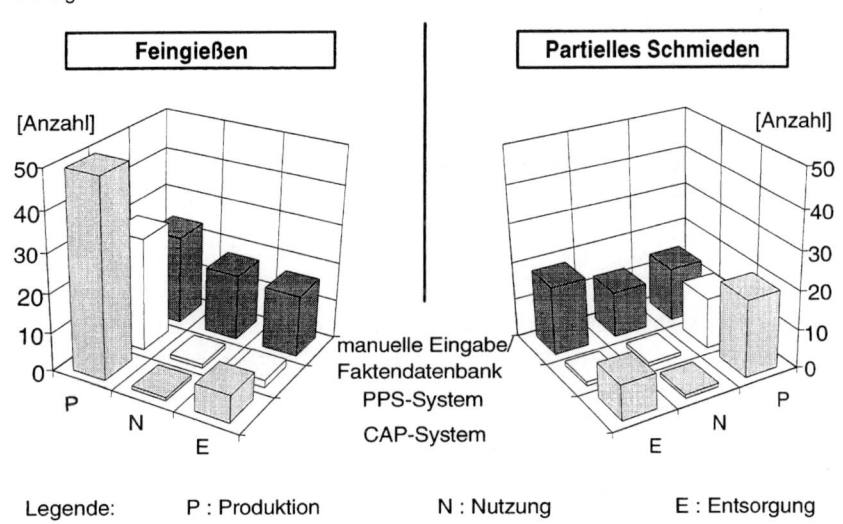

Bild 6.4: Quantitative Darstellung des Potentials bez. Datenimport aus CAP-/PPS-Systemen

Die dargestellten Möglichkeiten der methodischen Algorithmierung und das bestätigte Potential der Datennutzung lassen erwarten, daß entsprechende EDV-Systeme mittelfristig zunehmend bereitgestellt und genutzt werden. Durch die kontinuierliche Verbesserung der Anwendungsoptionen von EDV-technischen Entwicklungshilfsmitteln wird dieser Prozeß noch unterstützt.

Zur Einbindung der resultierenden Hilfsmittel in die bestehende Unternehmensplanung bzw. in die bestehenden EDV-Strukturen der Unternehmen bieten sich insbesondere zwei Varianten an. Es wurde bereits darauf hingewiesen, daß die methodische bzw. EDV-technische Einbindung produktlinienorientierter Planungsmethoden parallel zu bzw. in Anbindung an konventionelle Kalkulations- oder Produktionsplanungssysteme erfolgen kann. Wird berücksichtigt, daß bei einem unternehmensweiten Umweltmanagement ergänzend zu Produktlinienanalysen auch vorgelagerte bzw. weitergehende Informationsverarbeitungen erforderlich sind, ist andererseits auch die Bereitstellung eigenständiger, multioptionaler EDV-Systeme denkbar. Analog zu CAx-Systemen, die bereits in anderen Bereichen angewendet werden, könnten mit diesen Systemen eine sowohl makro- als auch mikroskopisch ausgerichtete Informationsverarbeitung von Umweltdaten realisiert werden. Neben der Durchführung von Produktlinienanalysen entsprechend der entwickelten Methodik könnten dies EDV-unterstützte Umweltverträglichkeitsanalysen, Aufnahmen und Verwaltungen von Meßwerten, Gefahrstoffen etc. sein. Die Verwaltung der resultierenden Stammdaten könnte dann zur Nutzung von Synergieeffekten in einer optionsübergreifenden Datenbank erfolgen. Eine weitere Steigerung der Dateneffizienz ist realisierbar, wenn die systembezogene Datenbank mit der unternehmensübergreifenden Datenbank eines CIM-Verbundes gekoppelt werden kann.

Die Realisierung der Optionen, die durch die Kopplung eines Umweltmanagements mit dem CIM-Verbund erwartet werden kann und ggf. auch eine umweltorientierte Erweiterung des CIM-Verbundes mit sich führt, ist demnach nicht mehr nur als "visionär" zu werten. Unter Berücksichtigung der als erforderlich identifizierten Auswertungsoptionen kann vielmehr die mittel- bis langfristige Etablierung eines PPS- bzw. CAQ-System-integrierten bzw. -parallelen CAPC-Elementes (Computer Aided Polution Control) als realistisch betrachtet werden.

Kapitel 7: Zusammenfassung

"Umweltschutz", ein Aspekt der von vielen produzierenden Unternehmen bislang als Kostenfaktor und damit als ökonomische Restriktion interpretiert wurde, wird heute vermehrt als Potential zur Sicherung der Wettbewerbsfähigkeit angesehen. Die Erkenntnis, daß aktives Umweltmanagement nicht nur die Reduzierung von Umweltbelastungen bedeutet, sondern ebenso eine Reduzierung der daraus entstehenden Folgekosten, schlägt sich in den Entwicklungstendenzen der produktionstechnischen Innovationen nieder: Hier wird verstärkt die Forderung nach einem rationellen Einsatz von natürlichen Ressourcen umgesetzt. Um jedoch für den einzelnen Anwendungsfall die ressourcenoptimalen Technologieanwendungen identifizieren zu können, sind geeignete planerische Bewertungs- bzw. Auswahlhilfsmittel erforderlich.

Die Methoden zur Erstellung von Produktlinienanalysen sind vor diesem Hintergrund als ein erster Ansatz zu werten. Eine effiziente Nutzung dieser Methoden ist jedoch bislang nicht möglich, da sie mit einem hohen Anwendungsaufwand verbunden sind. Es existieren bis heute weder praxisgeeignete Methoden zur rationellen Datenerfassung und -verdichtung, noch geeignete Systematiken zur nachgelagerten Ergebnisauswertung und Ableitung von produktionsrelevanten Entscheidungen.

Mit dem Ziel, den Aufwand für eine umfassende Analyse alternativer Produkt- bzw. Produktionsmöglichkeiten zu reduzieren, wurde im Rahmen dieser Arbeit eine Planungsmethodik zur systematischen Ermittlung und Abbildung von produkt- bzw. produktionsbedingten Ressourceneinsätzen bereitgestellt. Weiterhin wurde eine systematische Auswertung der Ergebnisse mit Bezug auf praxisrelevante Fragestellungen angestrebt und verwirklicht. Die Lösung dieser Aufgabenstellung erforderte

o   die Entwicklung einer Methodik zur Durchführung der zentralen Analyseschritte,
o   die Herleitung einer methodikgerichteten Systematik zur Erfassung der erforderlichen Daten und
o   die Herleitung einer methodikgerichteten Systematik zur Ableitung von produktionstechnisch relevanten Entscheidungen.

Hierzu wurde zunächst eine umfassende Analyse der bestehenden Strategien für umweltorientierte Bewertungen durchgeführt. Aufbauend auf der Ermittlung der Potentiale und Grenzen dieser Konzepte wurde das Soll-Profil für die Planungsmethodik abgeleitet. Im Anschluß daran wurde die spezifizierte Aufgabenstellung abstrahiert und an methodischen Ansätzen für partiell ähnlich strukturierte Aufgaben in anderen Bereichen reflektiert. So konnten ebenfalls die fachbereichsübergreifenden Adaptionspotentiale und -grenzen von bestehenden Verfahren und Konzepten sowohl aufgezeigt als auch für die Entwicklung der Methodik genutzt werden.

Unter Berücksichtigung der Adaptionspotentiale wurde anschließend die Planungsmethodik entwickelt. In Anlehnung an Problemlösungsstrategien aus der Systemtechnik wurde für ihren Aufbau ein modulares Grundkonzept gewählt. Die für die direkte Anwendung der Planungsmethodik erforderlichen Module sind im einzelnen:

Das Modul "Erfassung", zur systematischen Ermittlung der direkten Ressourcenbedarfe mit anschließender Überführung dieser Daten in eine komprimierte Matrizen-Abbildung;

das Modul "Bilanzierung", zur Berücksichtigung der indirekt verursachten Ressourcenbedarfe und Überprüfung der Notwendigkeit ihrer weitergehenden Detaillierung bzw. Berücksichtigung;

das Modul "Bewertung", zur absoluten bzw. relativen Bewertung der erfaßten und bilanzierten Ressourcenbedarfe und

das Modul "Auswertung", zur systematischen Identifizierung von Ressourcensenken einer Prozeßkette sowie zur investitions- bzw. standortbezogenen Extrapolation von produktspezifischen Ressourcenbedarfen.

Um eine allgemeine Umsetzung des Anwendungspotentials zu unterstützen, wurde das entwickelte Analysevorgehen durch eine Systematik zur Ermittlung der methodikspezifischen Daten ergänzt. Durch ihre Nutzung können bei einer Anwendung der Planungsmethodik für die erforderlichen Daten gezielt Datenträger ermittelt und ausgewertet werden. Neben konventionellen Datenträgern konnte dabei insbesondere für die Nutzung von EDV-Systemen erhebliches Potential zur Reduzierung des Anwendungsaufwandes aufgezeigt und umgesetzt werden.

Die an praxisrelevanten Aufgabenstellungen orientierte Auswertungssystematik konnte sowohl für das operative als auch für das strategische Technologiemanagement als entscheidungsunterstützend bestätigt werden.

Zusammenfassung 129

Die allgemeine Anwendbarkeit der Planungsmethodik wurde anhand eines Fallbeispiels verifiziert: Sie wurde zunächst EDV-technisch in einen Prototypen umgesetzt und anschließend auf eine definierte Entscheidungsaufgabe angewandt. Dabei konnte aufgezeigt werden, daß ein großer Teil der für eine produktionsgerichtete Auswahlentscheidung erforderlichen Daten aus etablierten CAP- und PPS-Systemen abgefragt werden kann.

Mit der Planungsmethodik zur systematischen Ermittlung und Abbildung produkt- bzw. produktionsbedingter Ressourceneinsätze wurde die Möglichkeit zu einem aktiven Ressourcenmanagement geschaffen und somit die erste Voraussetzung für einen sowohl ökologisch als auch ökonomisch geforderten rationellen Ressourceneinsatz geschaffen.

Kapitel 8: Literatur

/Ada-91/ **Adams, H.W.; Löhr, V.**
Bedeutung von Qualitätssicherungssystemen in der entstehenden Haftungsgesellschaft
in: QZ 36 (1991) 1

/ADL-93/ **Willson, J.; Greeno, L.**
Business and the Environment: The Shape of Things to Come
in: Prism, Hrsg.: Arthur D. Little, Cambridge MA (USA), 3/ 1993

/Ahb-90/ **Ahbe, S.; Braunschweig, A.; Müller-Wenk, R.**
Methodik für Ökobilanzen auf der Basis ökologischer Optimierung - ein Bericht der Arbeitsgruppe "Ökobilanzen"
in: Schriftenreihe Umwelt, Nr. 133, Hrsg.: Bundesamt für Umwelt, Wald und Landschaft (BUWAL), Bern, 1990

/AIF-89/ **Autorenkollektiv**
Anwendungsorientierte Umweltforschung - Aufgabenfelder der industriellen Gemeinschaftsforschung
Hrsg.: Arbeitsgemeinschaft Industrieller Forschungsvereinigungen e.V. (AIF), Köln, 1989

/All-84/ **Allhorn, H.**
Modellmäßige Analyse der Energie- und Massenströme einer Kohleverflüssigungsanlage zur Bestimmung der Wirtschaftlichkeit unter besonderer Berücksichtigung von Maßnahmen zur Emissionsminderung
Dissertation, Uni Essen, 1984

/Alt-91/ **Alting, L.**
Life-cycle design of industrial products
in: Concurrent Engineering, Vol. 1, Nov. 6, 1991

/AWF-85/ **o.V.**
Integrierter EDV-Einsatz in der Produktion, CIM - Computer Integrated Manufacturing - Begriffe, Definitionen, Funktionszuordnungen
Hrsg.: Ausschuß für wirtschaftliche Fertigung e.V., Berlin, 1985

Literatur

/AWK-90/ **Weck, M.; Eversheim, W.; König, W.; Pfeifer, T.**
Wettbewerbsfaktor Produktionstechnik
Hrsg.: Aachener Werkzeugmaschinen-Kolloquium, VDI-Verlag GmbH, Düsseldorf, 1990

/AWK-93/ **Weck, M.; Eversheim, W.; König, W.; Pfeifer, T.**
Wettbewerbsfaktor Produktionstechnik
Hrsg.: Aachener Werkzeugmaschinen-Kolloquium, VDI-Verlag GmbH, Düsseldorf, 1993

/Ban-93/ **Bank, M.**
Basiswissen Umwelttechnik, Wasser, Luft, Abfall, Lärm, Umweltrecht
Vogel Buchverlag, Würzburg, 1993

/Bie-93/ **Bienkowski, K.**
Coolants & Luricants - The Truth
in: Manufacturing Engineering, (1993) 3, S. 90-96

/Bin-88/ **Binding, J.**
Grundlagen zur systematischen Reduzierung des Energie- und Materialeinsatzes
Dissertation, RWTH Aachen, 1988

/Blo-88/ **Blohm, H.; Lüder, K.**
Investition
6. Auflage, München, 1988

/Bou-79/ **Boustead, I.; Hancock, G.F.**
Handbook of industrial energy analysis - Tables of energy requirements of some industrial processes
New York, Chichester, Bisbane, Toronto, 1979

/Bra-86/ **Brans, J.P.; Vincke, P.; Mareschal, B.**
How to select and how to rank projects: The Promethee Method
in: European Journal of Operations Research, 24 (1986), S. 228-238

/Bro-85/ **Bronstein, I.N.; Semendjajew, K.A.**
Taschenbuch der Mathematik
Hrsg.: Grosche, G., Ziegler, V., Ziegler, D., 22. Auflage, Verlag Harri Deutsch, Thun, Frankfurt (Main), 1985

/Bul-89/ **Bullinger, H.J.**
Technologiefolgenabschätzung - Anforderungen an das Handwerk
Hrsg.: FhG-IAO, Stuttgart, 1989

/CIM-91/ **o.V.**
CIMOSA: Open System Architecture for CIM
2. Auflage, in: Research Reports - ESPRIE, Springer-Verlag, Berlin u.a., 1991

/Cla-93/ **Clausen, J.; Fichter, K.**
Vorstudie zum Projekt Umweltberichterstattung
in: Schriftenreihe des Instituts für ökologische Wirtschaftsforschung GmbH (IÖW), Berlin, 1993

/Coe-94/ **Coenenberg A.G.; Baum, H.-G.; Günther, E.; Wittmann, R.**
Unternehmenspolitik und Umweltschutz
in: zfbf 46 (1994) 1, S. 81-100

/Dah-88/ **Dahl, W.**
Vorwort
in: Methoden zur Energie- und Rohstoffeinsparung für ausgewählte Fertigungsprozesse, Arbeits- und Ergebnisbericht SFB 144, RWTH Aachen, 1988

/DBT-93/ **Autorenkollektiv**
Verantwortung für die Zukunft - Wege zum nachhaltigen Umgang mit Stoff- und Materialströmen - Zwischenbericht der Enquete-Kommission "Schutz des Menschen und der Umwelt - Bewertungskriterien und Perspektiven für umweltverträgliche Stoffkreisläufe in der Industriegesellschaft" (12/5812)
Bundesanzeiger Verlagsgesellschaft mbH, 1993

/Deg-86/ **Degner, W.**
Rationeller Energieeinsatz in der Teilefertigung
VEB Verlag Technik, Berlin, 1986

/Dek-93/ **Dekorsy, T.**
Ganzheitliche Bilanzierung als Instrument zur bauteilspezifischen Werkstoff- und Verfahrensauswahl
Dissertation, Uni Stuttgart, 1993

/Dic-84/ **Dickopp, A.**
Energiebedarfsanalyse - Versorgungskonzepte Schlüssel zum sinnvollen und sparsamen Energieeinsatz
in: Fachberichte Hüttenpraxis Metallweiterverarbeitung, 22 (1984) 4, S. 266-273

Literatur

/DIN-83/ **Autorenkollektiv**
DIN 66001 - Sinnbilder und ihre Anwendung
Hrsg.: Deutsches Institut für Normung e.v., Beuth Verlag GmbH, Berlin, 1986

/Dre-85/ **Dreger, W.**
Produktplanung verlangt auch Recycling-Denken!
in: io Management Zeitschrift, 54 (1985) 11, S. 498-502

/Dud-73/ **o.V.**
Duden - Leicht verwechselbare Wörter
Dudenverlag, Mannheim, Wien, Zürich, 1973

/Dud-82/ **o.V.**
Duden - Das Fremdwörterbuch
4. Auflage, Dudenverlag, Mannheim, Wien, Zürich, 1982

/Dür-90/ **Dürr, H.**
Ökologie und Ökonomie sind eine ethische Dimension
in: Tagungsband zum Colloquium International Salzburg 1990, Automobil und Werkstoff - Im Spannungsfeld von Technologie, Ökonomie und Ökologie, Hrsg.: Razim, C., Stuttgart, Salzburg, 1990

/Dyl-90/ **Dyllick, T.**
Ökologisch bewußtes Management
in: Die Orientierung, Hrsg.: Schweizerische Volksbank, Bern, 1990

/End-84/ **End, W.; Gotthardt, H.; Winkelmann R.**
Softwareentwicklung
Hrsg: Siemens AG, Berlin, München, 1984

/Eng-85/ **Engelke, H. u.a.**
Integrated Manufacturing Modelling System
in: IBM Journal of Research and Development, Volume 29, No. 4, July, 1985

/Erb-92/ **Erbguth, W.; Schmitz, A.**
Gesetz über die UVP, Kommentar
Beck'sche Verlagsbuchhandlung, München, 1992

/Erk-88/ **Erkes, K.F.**
Gesamtheitliche Planung flexibler Fertigungssysteme mit Hilfe von Referenzmodellen
Dissertation, RWTH Aachen, 1988

/Eve-80/ **Eversheim, W.**
Organisation in der Produktionstechnik, Band 3: Arbeitsvorbereitung
Hrsg.: VDI-Verlag GmbH, Düsseldorf, 1980

/Eve-81/ **Eversheim, W.**
Organisation in der Produktionstechnik, Band 1: Grundlagen
Hrsg.: VDI-Verlag GmbH, Düsseldorf, 1981

/Eve-88/ **Eversheim, W., Binding, J.**
Systematische Reduzierung des Energie- und Materialeinsatzes im produktionstechnischen Entscheidungsbereich
Vortrag auf dem 4. Aachener Stahlkolloquium, RWTH Aachen, 1988

/Eve-90/ **Eversheim, W.; Binding, J.; Schmetz, R.**
In der Produktion Energie- und Materialkosten einsparen
in: VDI-Z, 132 (1990) 2, S. 41-45

/Eve-91/ **Eversheim, W.; Böhlke, U.; Schmetz, R.**
Erstellung von Substitutionskriterien für Verfahren und Werkstoffe
in: Methoden zur Energie- und Rohstoffeinsparung für ausgewählte Fertigungsprozesse, Arbeits- und Ergebnisbericht SFB 144, RWTH Aachen, 1991

/Eve-92/ **Eversheim, W.; Böhlke, U.; Martini, C.; Schmitz, W.**
Wie innovativ sind Unternehmen heute? - Studie über die Einführung neuer Produktionstechnologien
in: Technische Rundschau, 84 (1992) 46, S. 100-105

/Eve-93a/ **Eversheim, W.; Böhlke, U.; Martini, C.; Schmitz, W.**
Wettbewerbsfaktor Produktionstechnik (Teil 1/2) - Neue Technologien erfolgreich nutzen
in: VDI-Z, 135 (1993) 8/9, S. 78-81/ 47-52

/Eve-93b/ **Eversheim, W.; Böhlke, U.; Hartmann, M.; Katzy, B.**
Strategies for the evaluation of product development, production and waste disposal
in: Proceedings of the 1993 International Forum on Design for Manufacture and Assembly, Hrsg.: Boothroyd Dewhurst Inc., Newport, Wakefield, RI, 1993

/Eve-93c/ **Eversheim, W.; Schneewind, J.**
CAP-Einführung - Leitfaden mit Arbeitsmitteln und CAPAS-Diskette
Hrsg.: Rationalisierungskuratorium der Deutschen Wirtschaft e.V., 1993

/Eve-94/ **Eversheim, W.; Böhlke, U.; Adams, M.**
Die Auswahl des "richtigen" Produktionswerkstoffes
in: VDI-Z, 136 (1994) 4, S. 118-121

/EWG-92/ **Autorenkollektiv**
Vorschlag für eine Verordnung (EWG) des Rates, die die freiwillige Beteiligung gewerblicher Unternehmen an einem gemeinschaftlichen Öko-Audit-System ermöglicht
in: Amtsblatt der Europäischen Gemeinschaft, 27.3.92, S. 2-13

/EWG-93/ **Autorenkollektiv**
Verordnung (EWG) Nr. 1836/93 des Rates vom 29.6.1993 über die freiwillige Beteiligung von Unternehmen an einem Gemeinschaftssystem für das Umweltmanagement und Umweltbetriebsprüfung
in: Amtsblatt der Europäischen Gemeinschaft, 10.7.93, S. L168/1-18

/Eye-92/ **Eyerer, P.**
Über die Entwicklung von Ökobilanzen - ein Bericht über bisherige Erfahrungen
in: Tagungsband zum Colloquium International Salzburg 1992, Automobil und Werkstoff - Ein Spannungsfeld von Technologie, Ökonomie und Ökologie, Hrsg.: Razim, C., Stuttgart, Salzburg, 1992

/Eye-94/ **Eyerer, P.**
Die Ökobilanz wird zum Entscheidungs-Werkzeug
in: VDI Nachrichten, (7.1.1994) 1, S. 12

/Fab-88/ **Faber, M.; Stephan, G.; Michaelis, P.**
Umdenken in der Abfallwirtschaft - Vermeiden, Verwerten, Beseitigen
Springer-Verlag, Berlin, Heidelberg, New York, London u.a., 1988

/Fec-89/ **Fecker, I.**
Herstellung von Aluminium - Ökologische Bilanzbetrachtungen - Aktualisierte Daten
Hrsg.: Eidgenössische Materialprüfungs- und Forschungsanstalt (EMPA), St. Gallen, 1989

/Fec-90/ **Fecker, I.**
Was ist eine Ökobilanz?
Hrsg.: Eidgenössische Materialprüfungs- und Forschungsanstalt (EMPA), St. Gallen, 1990

/FhG-93/ **Autorenkollektiv**
Branchenübergreifende Methodenentwicklung zur Bilanzierung und Bewertung der Umweltwirkung von Produkten, Prozessen und technischen Systemen - Ökobilanzen
Hrsg.: Fraunhofer-Institut für Systemtechnik und Innovationsforschung, Fraunhofer-Institut für Lebensmitteltechnologie und Fraunhofer-Institut für Umweltchemie und Ökotoxikologie, Karlsruhe, München, Schmalenberg-Grafschaft, 1993

/Fla-79/ **Flarschar, W.**
Mikro- und Makroanalytische Methoden zur Ermittlung des spezifischen kumulierten Energieverbrauchs zum Herstellen von Verbrauchsgütern
Hrsg.: Schäfer, H., Lehrstuhl und Laboratorien für Energiewirtschaft und Kraftwerkstechnik, Dissertation, TU München, 1979

/Fra-89/ **Franke, M.**
Umweltauswirkungen durch Getränkeverpackungen
EF-Verlag für Energie- und Umwelttechnik GmbH, Dissertation, TU Berlin, 1989

/Gai-83/ **Gaitanides, M.**
Prozeßorganisation
Verlag Franz Vahlen GmbH, München, 1983

/GEM-89/ **Fritsche, U.; Rausch, L.; Simon, K.-H.**
Umweltwirkungsanalyse von Energiesystemen - Gesamt-Emissions-Modell Integrierter Systeme (GEMIS)
Hrsg.: Öko-Institut, Darmstadt, Kassel, 1989

/GEM-92/ **Fritsche, U.; Leuchtner, J.; Matthes, F.C.; Rausch, L.; Simon K.-H.**
Gesamt-Emissions-Modell Intergrieter Systeme (GEMIS), Version 2.0, Endbericht
Hrsg.: Öko-Institut, Darmstadt, Freiburg, Kassel, 1992

/Gri-92/ **Grießhammer, R.**
Produktlinienanalyse
in: BJU-Umweltschutz-Berater, Hrsg.: Bundesverband Junger Unternehmer e.V., Verlagsgruppe Deutscher Wirtschaftsdienst, Köln, 1992

/Gün-93/ **Günther, E.; Wagner, B.**
Ökologieorientierung des Controlling (Öko-Controlling) - Theoretische Ansätze und praktisches Vorgehen
in: DBW, 53 (1993) 2, S. 143-165

Literatur 137

/Hab-91/ **Habersatter, K.; Widmer, F.**
Oekobilanz von Packstoffen
in: Schriftenreihe Umwelt, Nr. 132, Hrsg.: Bundesamt für Umwelt, Wald und Landschaft (BUWAL), Zürich, Bern, 1991

/HaD-91/ **Hacker, W.; Darvidsohn, M.**
Umweltverträglichkeitsprüfung
in: Die Organisation des betrieblichen Umweltschutzes, Hrsg.: Adams, H.W., Eidam, G.

/Hak-87/ **Hackstein, R.**
Marktspiegel PPS-Systeme auf dem Prüfstand - Aktualisierter Leistungsvergleich von Standardsystemen zur Produktionsplanung und Steuerung
Verlag TÜV Rheinland GmbH, Köln, 1987

/HaL-91/ **Haller, W.; Löwe, W.**
Umwelt-Audit: Ist-Aufnahme des betrieblichen Umweltschutzes
in: Die Organisation des betrieblichen Umweltschutzes, Hrsg.: Adams, H.W., Eidam, G., FAZ, Frankfurt (Main), 1991

/Hal-91/ **Haller, F.**
Bewertung und Auswahl technologischer Innovationen - Eine neue Systematik
Dissertation, St. Gallen (Wien), 1991

/Her-91/ **Herfurth, K.**
Material- und Energiebilanzen bei der Teilefertigung
in: konstruieren + gießen, 16 (1991) Nr. 3, S. 29-32

/Hly-89/ **Hallary, H.**
Die Ökobilanz - Ein betriebliches Informationssystem
in: Schriftenreihe des Insituts für ökologische Wirtschaftsforschung GmbH (IÖW), 27, Hrsg.: Hallary, H., Berlin, 1989

/Höl-91/ **Hölder, E.**
Wege zu einer Umweltökonomischen Gesamtrechnung - Ein Diskussionsbeitrag des Statistischen Bundesamtes
Hrsg.: Statistisches Bundesamt, Verlag: Metzler-Poeschel, Stuttgart, 1991

/Hor-92/ **Horstmann, H.**
Ordnen von Produktinformationen und Grundlagen zu deren standardisierten Darstellung
Dissertation, RWTH Aachen, 1992

/Hwa-81/ **Hwang, C.-L. u.a.**
Multiple Attribute Decision Making, Methods and Applications
Springer-Verlag, Berlin, Heidelberg, New York, London u.a. 1981

/IAW-90/ **Autorenkollektiv**
Industrielle Logistik I und II
Hrsg.: IAW, RWTH Aachen, 1990

/IBM-93/ **o.V.**
IBM Deutschland Umweltbericht 1992
Hrsg.: IBM Deutschland GmbH, Berlin, Stuttgart, 1993

/IIR-93/ **Autorenkollektiv**
Umweltinformationssystem
Unterlagen zur gleichnamigen Seminarreihe, Hrsg.: Institute of International Research GmbH & Co, Frankfurt, 1993

/Jöh-72/ **Jöhr, A.**
Bedrohte Umwelt - Die Nationalökonomie vor neuen Aufgaben
in: Umweltschutz und Wirtschaftswachstum, 1. Symposium für wirtschaftliche und rechtliche Fragen des Umweltschutzes an der Hochschule St. Gallen, Frauengeld, 1972

/Klö-91/ **Klöpffer, W.**
Die Produktlinienanalyse (Ökobilanz): Ein modernes Instrument der Produkt- und Systembewertung
Hrsg.: Deutsches Schmierstoff-Forum, Berlin, 1991

/Köl-90/ **Kölle, J. u.a.**
CAD/ PPS-Integration, Konzepte und Erfahrungen
Hrsg.: IFAO Industrie-Consulting GmbH Karlsruhe, München, Wien, 1990

/Kos-69/ **Kosiol, E.**
Ablauforganisation
1. Auflage, Stuttgart, 1969, zitiert bei: /Wöh-90/

/Kre-88/ **Kreikebaum, H.**
Die Steuerung von Innovationsinitiativen am Beispiel des betrieblichen Umweltschutzes
in: Betriebswirtschaftliche Steuerungs- und Kontrollprobleme, Hrsg.: Lücke, W., Wiesbaden, 1988

Literatur

/Kru-93/ **Krumm, S.**
Methode zur Analyse der Auftragsabwicklung
in: Auftragsabwicklung verbessern - aber wie?
Manuskript zum gleichnamigen Seminar, Hrsg.: WZL, Lehrstuhl für Produktionssystematik, Herzogenrath, 1993

/Kun-91/ **o.V.**
Ökobericht 1991
Hrsg.: Kunert AG, Immenstadt im Allgäu, 1991

/Kun-93/ **o.V.**
Ökobericht der Kunert AG 1993
Hrsg.: Kunert AG, Immenstadt im Allgäu, 1993

/Leh-90/ **Lehmann, S.**
Ökobilanzen und Öko-Controlling als Instrumente einer präventiven Umweltpolitik im Unternehmen
in: Vermeidung und Verwertung von Abfällen, Hrsg.: Fleischer, G., EF-Verlag für Energie- und Umwelttechnik, Berlin, 1990

/Lei-91/ **Leipert, C.**
Die andere Seite der Wachstumsmedaille: Ökologische und soziale Folgekosten des Wirtschaftens in der Industriegesellschaft
in: Wachstum und Wohlstand, Hrsg.: Diefenbacher, H., Habicht-Erenler, S., Metropolis Verlag GmbH, Marburg, 1991

/Lif-94/ **Autorenkollektiv**
Life - Informationspaket (1994)
Hrsg.: Kommission der europäischen Gemeinschaften, Generaldirektion XI "Umwelt, nukleare Sicherheit und Katastrophenschutz", Brüssel, Düsseldorf, 1994

/Lip-90/ **Lippe, v.d., P.**
Bemerkungen zur Umweltökonomischen Gesamtrechnung (UGR) des Statistischen Bundesamts
in: Diskussionsbeiträge aus dem Fachbereich Wirtschaftswissenschaften der Universität GHS Essen, Nr. 78, November 1990

/Loo-92/ **Loos, P.**
Datenstrukturierung in der Fertigung
Oldenbourg Verlag GmbH, München, 1992

/Mar-92/ **Marczinski, G.**
Verteilte Modellierung von NC-Planungsdaten - Entwicklung eines Datenmodells für die NC-Verfahrenskette auf Basis von STEP
Verlag Shaker, Dissertation, RWTH Aachen, 1992

/Mef-88/ **Meffert, H.; Ostmeier, H.; Kirchgeorg, M.**
Ökologisches Marketing - Ansatzpunkte einer umweltorientierten Unternehmensführung
in: Schriftenreihe des Insituts für ökologische Wirtschaftsforschung GmbH (IÖW), 18, Hrsg.: Heinz, B., Berlin, 1988

/Men-90/ **Menges, G.**
Neue Vorstellungen zum Recycling von Polymer-Werkstoffen aus Altautos
in: Tagungsband zum Colloquium International Salzburg 1990, Automobil und Werkstoff - Im Spannungsfeld von Technologie, Ökonomie und Ökologie, Hrsg.: Razim, C., Stuttgart, Salzburg, 1990

/Mil-92/ **Milberg, J.**
Von CAD/ CAM zu CIM
in: CIM-Fachmann, Hrsg.: Bey, I., Springer-Verlag, Verlag TÜV Rheinland GmbH, Berlin, Heidelberg, New York, London u.a., 1992

/MüG-92/ **Müller, G.**
Entwicklung einer Systematik zur Analyse und Optimierung eines EDV-Einsatzes im planenden Bereich
Dissertation, RWTH Aachen, 1992

/MüH-88/ **Müller, H.**
3. KDT-Fachtagung "Rationelle Energieanwendung in den Kombinaten und Betrieben des Maschinenbaus"
in: Fertigungstechnik und Betrieb, Berlin, 38 (1988) 8, S. 498-499

/MüS-92/ **Müller, S.**
Entwicklung einer Methode zur prozeßorientierten Reorganisation der technischen Auftragsabwicklung komplexer Produkte
Dissertation, RWTH Aachen, 1992

/MüW-78/ **Müller-Wenk, R.**
Die ökologische Buchhaltung - Ein Informations- und Steuerungsinstrument für umweltkonforme Unternehmenspolitik
Campus Verlag, Frankfurt (Main), New York, 1978

Literatur

/NAG-94/ **Neitzel, H.**
Stand der Ökobilanz-Arbeiten im Normenausschuß - Grundlagen des Umweltschutzes (NAGUS) im DIN
in: Ökobilanzen, Hrsg.: Fortbildungszentrum Gesundheits- und Umweltschutz Berlin e.V., Berlin, 1994

/Obe-90/ **Oberholz, A.**
Umweltorientierte Unternehmensführung
Hrsg.: FAZ, Frankfurt (Main), 1990

/Ott-89/ **Otto-Zimmermann, K.**
Position zum UVP-Gesetzentwurf
in: UVP - Umweltverträglichkeitsprüfung, Hrsg.: Hübler, K.H., Otto-Zimmermann, K., Taunusstein, 1989, S. 119-140

/oV-89a/ **o.V.**
Wirtschaftsfaktor Umweltschutz
in: Konstruktionspraxis, (1990) 2

/oV-89b/ **o.V.**
Statistiker konzipieren Öko-Gesamtrechnung
in: Handelsblatt, 30 (1989) 8

/oV-92a/ **o.V.**
Soll und Haben für die Umwelt - Erste Ökobilanz vom Mineralbrunnen Bad Brückenau
in: Blick durch Wirtschaft und Umwelt, (1992) 4, S. 15-22

/oV-92b/ **o.V.**
Umweltschutz rechnet sich für die Unternehmen
in: GeschäftsWelt, (1992) 2, S. 9

/Par-91/ **Parlar, H.; Angerhöfer, D.**
Chemische Ökotoxikologie
Springer-Verlag, Berlin, Heidelberg, New York, London u.a., 1991

/PGL-92/ **o.V.**
Methode für Lebenswegbilanzen für Verpackungssysteme
Hrsg.: Projektgemeinschaft "Lebenswegbilanzen" (FhI-ILV, GVM, ifeu)
München, Wiesbaden, Heidelberg, 1992

/PLA-92/ **o.V.**
Literaturliste Produktlinienanalyse - Stand 1.8.1992
Hrsg.: Institut für ökologische Wirtschaftsforschung GmbH (IÖW), Berlin, 1992

/Ple-88/ **Plein, P.-A.**
Umweltschutzorientierte Fertigungsstrategien
Dissertation, Uni Köln, 1988

/Por-80/ **Porter, A.L.; Rossini, F.A.**
The Guidebook for Technology Assessment and Impact Analysis
Carpenter, S.R., New York, Oxford, 1980

/Pop-91/ **Pope, F.**
Noch keinen Fortschritt auf dem Weg zur Ökobilanz
in: FAZ, (19.10.1991) 243, S. 16

/Pri-89/ **Prior, V.**
Betriebliche Umweltinformationssysteme
in: Informationspapier future, Osnabrück, 1989

/Pri-90/ **Prior, V.**
Informationsstruktur
in: BJU-Umweltschutzberater, Lengerich, 1990

/Prü-89/ **Prümm, H.P.**
Umweltschutzrecht - Eine systematische Einführung
Alfred Menzler Verlag, Frankfurt (Main), 1989

/P&G-90/ **Autorenkollektiv**
Life Cycle Analysis for Packaging Environmental Assessment
Proceedings of the specialised workshop
Hrsg: Procter & Gamble European Technical Center, Leuven, Belgium, 24./ 25. September 1990

/Raa-93/ **Raasch, J.**
Systementwicklung mit strukturierten Methoden - ein Leitfaden für Praxis und Studium
3. Auflage, Hansa-Verlag, München, Wien, 1993

/Rei-93/ **Reichmann, T.**
Controlling mit Kennzahlen- und Managementberichten, Grundlagen einer systemgestützten Controllingkonzeption
3. Auflage, Franz Vahlen, München, 1993

/Rce-93/ **Rice, F.**
Who Scores Best On The Environment
in: Fortune, 26 (1993) 7, S. 114-122

/Ric-77/ **Richter, K.**
Verwendung der vergegenständlichten Energie als Bewertungskriterium
in: Energieanwendungen, 26 (1977) 3, S. 73-77

/Rom-90/ **Autorenkollektiv**
Die Herausforderung des Wachstums - Globale Industrialisierung: Hoffnung oder Gefahr?
Hrsg.: Club of Rome, 2. Auflage, Scherz-Verlag, Bern, München, Wien, 1990

/Roy-90/ **Roy, B.**
The Outranking Approach and the Foundations of ELECTRE Methods
in: Readings in Multiple Criteria Decision Aid, Berlin, Heidelberg, New York, Tokyo, 1990

/RSR-86/ **Autorenkollektiv**
Räume und Strukturen, Raumbeispiele-Raumwirksamkeiten
Ernst Klett Verlage und Co. KG, Stuttgart, 1986

/Ruc-93/ **Ruck, C.**
Chancen größer als Risiken - Die Umwelttechnik ist auch zukünftig ein Wachstumsmarkt
in: Umweltmagazin, (1993) 2, S. 34-35

/RuG-91/ **Ruland, D.; Gotthardt, H.**
Entwicklung von CIM-Systemen mit Datenbankeinsatz - Grundlagen, Konzepte, Realisierungen
Carl Hansa Verlag, München, Wien, 1991

/Sae-82/ **Schaefer, H.**
Kumulierter Energieverbrauch von Produkten, Methoden der Ermittlung - Probleme der Bewertung
in: Brennstoff-Wärme-Kraft, (1982) 7, S. 337-344

/Sae-93/ **Schaefer, H.**
Zur Definition des kumulierten Energieaufwandes (KEA) und seiner primärenergetischen Bewertung
in: /VDI-93a/

/Sal-87/ **Sala, A.; Kabata, J.; Burakowski, T.**
Einfluß der Form von wärmebehandelten Maschinenteilen auf den Energiebedarf des Behandlungsprozesses
in: Przeglad Mechaniczny, 46 (1987) 4, S. 11-13

/San-92/ **Sander, H.P.**
Aufsichtspflicht in Betrieben - Umweltrecht
in: Umweltmagazin, 21 (1992) 8, S. 56-57

/SBA-90/ **o.V.**
Umweltökonomische Gesamtrechnung - Ein Beitrag der amtlichen Statistik
Hrsg.: Statistisches Bundesamt, Wiesbaden, 1990

/SBA-92/ **o.V.**
Statistisches Jahrbuch 1992 für die Bundesrepublik Deutschland
Hrsg.: Statistisches Bundesamt, Wiesbaden, 1992

/ScH-94/ **Schutt, W.; Hagengut, C.**
Ist die Kreislaufwirtschaft eine unternehmerische Chance? - Kurzanalyse der geplanten Novelle des Abfallgesetzes
in: Metall, 47 (1993) 2, S. 166ff.

/ScR-91/ **Scholz-Reiter, B.**
CIM-Schnittstellen - Konzepte, Standards und Probleme der Verknüpfung von Systemkomponenten in der rechnerintegrierten Produktion
R. Oldenbourg Verlag GmbH, München, 1991

/SeD-93/ **Schneider, D.**
Der alte Traum vom rationalen Rechnen - was Zahlen nicht leisten - ordnungstheoretische Fehldeutungen des Rechnungswesens der Unternehmungen - ein Streifzug durch die Ideengeschichte der Buchführung
in: Frankfurter Allgemeine Zeitung, (25.9.1993), S. 13

/See-90/ **Scheer, A.W.**
CIM-Computer Integrated Manufacturing - Der computergesteuerte Industriebetrieb
4. Auflage, Springer-Verlag, Berlin, Heidelberg, New York, London u.a., 1990

/SeG-93/ **Schneider, G.**
Methodik und Problematik der Erstellung von Ökobilanzen am Beispiel einer Getränkeverpackung
Manuskript zum gleichnamigen Doktorvortrag, Aachen, 1993

/Sei-93/ **Seidenschwarz, W.**
Traget costing
Hrsg: Horvarth, P., Verlag Franz Vahlen, München 1993

Literatur 145

/Ser-93/ **Servatius, H.-G.**
Umwelttechnik bleibt Hoffnungsträger im internationalen Wettbewerb
in: Datum - Wegweiser Umwelttechnik, Hrsg.: Deutsche Bank AG, Bertelsmann Fachzeitschriften GmbH, Gütersloh, 04/93

/SET-91/ **o.V.**
A Technical Framework for Life-Cycle Assessment
Hrsg.: Society of Environmental Toxicology and Chemistry (SETAC)
Washington DC (USA), 1991

/SFB-90/ **Autorenkollektiv**
Methoden zur Energie- und Rohstoffeinsparung für ausgewählte Fertigungsprozesse, Finanzierungsantrag 1992/93/94 SFB 144, RWTH Aachen, 1990

/Shu-92/ **Schuh, G.; Böhlke, U.; Martini, C.; Schmitz, W.**
Planung technologischer Innovationen mit einem Technologiekalender
in: io management 61 (1992) 3, S. 31-35

/Sie-91/ **Sietz, M.**
Methoden des Umwelt-Auditing
in: Umwelt-Auditing ein neues Instrument der Risikovorsorge
Hrsg.: Steger, U., FAZ GmbH, Frankfurt (Main), 1991

/Sim-89/ **Schimmelbusch, H.**
NE-Metalle, Recycling und Umweltschutz
Vortrag auf Jahrestagung der Wirtschaftsvereinigung Metalle e.V., Bonn, 1989

/Smd-92/ **Schmid, U.**
Unternehmerische Rationalität im Lichte der ökologischen Frage
in: Ökonomie und Ökologie, Hrsg.: Hauff, M., Schmid, U., Carl Ernst Poeschel Verlag GmbH, Stuttgart, 1992

/Sme-88/ **Schmetz, R.**
Prozeßmodell zur Reduzierung des Energie- und Materialeinsatzes in der Produktionstechnik
Vortragsmanuskript zum öffentlichen Kolloquium des Sonderforschungsbereichs 144, RWTH Aachen, 1988

/Sme-91/ **Schmetz, R.**
Konzeption einer Methode zur ökologischen Produktbewertung
Manuskript zum gleichnamigen Doktorvortrag, RWTH Aachen, 1991

/Sme-92/ **Schmetz, R.**
Planung innovativer Werkstoff- und Verfahrensanwendungen
VDI-Verlag GmbH, Dissertation RWTH Aachen, Düsseldorf, 1992

/SmM-92/ **Schmidt, R.; Müller, H.**
Einführung in das Umweltrecht
Beck'sche Verlagsbuchhandlung, München, 1992

/Smn-83/ **Schmenner, R.W.**
Every Factory has a Life-Cycle
in: Harvard Buisness Review, March/ April 1983, S. 121-129

/Spe-92/ **Specht, G.**
Technologiemanagement - Grundgedanken zum Gegenstand und zugleich Sammelrezension
in: DBW, 52 (1992) 4, S. 547ff.

/Stb-79/ **Strebel, H.**
Das umweltpolitische Instrumentarium der Unternehmen
in: Handbuch des Umweltschutzes, (1979) 4

/Ste-88/ **Steger, U.**
Umweltmanagement - Erfahrungen und Instrumente einer umweltorientierten Unternehmensstrategie
Hrsg.: FAZ GmbH, Frankfurt (Main), 1988

/Ste-91/ **Steger, U.**
Umweltauditing - Ein neues Instrument der Risikovorsorge
Hrsg.: Steger. U., FAZ GmbH, Frankfurt (Main), 1991

/Stl-90/ **Stölzle, W.**
Ansätze zur Erfassung von Umweltschutzkosten in der betriebswirtschaftlichen Kostenrechnung
in: Zeitschrift für Umweltpolitik & Umweltrecht, (1990) 4, S. 379-443

/Stn-88/ **Steinhilper, R.**
Produktrecycling im Maschinenbau
Springer-Verlag, Dissertation, Stuttgart, 1988

/Sto-83/ **Stochowiak, H.**
Modelle - Konstruktion der Wirklichkeit
Hrsg.: Stachowiak, H., München, 1983

Literatur 147

/Stö-92/ **Stölting, P.; Rubik, F.**
Übersicht über ökologische Produktbilanzen
Hrsg.: Bundesverband für Umweltberatung (BfUb) e.V., Heidelberg, 1992

/Str-92/ **Strecker, A.**
Ökobilanz - Sinn und Unsinn
in: Verpackungs-Rundschau, 43 (1992) 3, S. 26-31

/Swa-94/ **Schwarz, P.**
Öko-Audit: Und sind sie nicht willig, so drängt sie der Markt
in: VDI Nachrichten, (4.3.1994) 9, S. 11

/TAL-87/ **Hansmann, K.**
TA-Luft: Technische Anleitung zur Reinhaltung der Luft
Beck'sche Verlagsbuchhandlung, München, 1987

/TaU-80/ **Ahlhaus, O.; Boldt, G.; Klein, K.**
Taschenlexikon Umweltschutz
4. Auflage, Pädagogischer Verlag Schwann, München, 1980

/Tip-91/ **Tipnis, V.A.**
Product Life-Cycle Economic Models - Towards a Comprehensive Framework for Evaluation of Environmental Impact and Competitive Advantage
in: Annals of the CIRP, Vol. 40/1/1991

/Töp-89/ **Töpfer, K.**
UVP - Königsweg der Umweltpolitik
in: UVP-Umweltverträglichkeitsprüfung, Hrsg.: Hübler, K. H., Otto-Zimmermann, K., Taunusstein, 1989

/Trä-90/ **Tränckner, J.-H.**
Entwicklung eines prozeß- und elementorientierten Modells zur Analyse und Gestaltung der technischen Auftragsabwicklung von komplexen Produkten
Dissertation, RWTH Aachen, 1990

/Tsa-85/ **Tsatsaronis, G.**
Wirtschaftliche Aspekte der Energieeinsparung
Dissertation, RWTH Aachen, 1985

/TÜV-87/ **Autorenkollektiv**
PPS-Fachmann
Rationalisierungskuratorium der Deutschen Wirtschaft e.v., Verlag TÜV Rheinland GmbH, Köln, 1987

/Umw-91/ **o.V.**
Vorläufige Leitlinien für die Förderung durch die Deutsche Bundesstiftung Umwelt
Hrsg.: Deutsche Bundesstiftung Umwelt, Osnabrück, 1991

/UWB-92/ **Autorenkollektiv**
Ökobilanzen für Produkte - Bedeutung - Sachstand - Perspektiven
Hrsg.: Umweltbundesamt, Berlin, 1992

/VDI-91a/ **Autorenkollektiv**
VDI-Richtlinie 2243 - Konstruieren recyclinggerechter technischer Produkte
Beuth Verlag GmbH, Düsseldorf, Berlin, Köln, 1991

/VDI-91b/ **Autorenkollektiv**
VDI-Richtlinie 3780 - Technikbewertung, Begriffe und Grundlagen
Beuth Verlag GmbH, Düsseldorf, Berlin, Köln, 1991

/VDI-93a/ **Autorenkollektiv**
VDI-Bericht 1093 - Kumulierte Energie- und Stoffbilanzen: ihre Bedeutung für Ökobilanzen
Hrsg.: VDI-Gesellschaft Energietechnik, VDI-Verlag GmbH, Düsseldorf, 1993

/VDI-93b/ **Autorenkollektiv**
Informationsunterlagen des VDI zum Thema "Umwelt-, Energie- und Ökologiedatenbanken"
Düsseldorf, 1993

/Vie-90/ **Vieregge, R.**
Herausforderung für Planen und Führen - Instrumente für umweltschutzgerechtes Verhalten in Unternehmen
in: Umweltmagazin, (1990) 8, S. 126-128

/Vos-88/ **Voss, G.**
Wettbewerbsvorteile von Morgen
in: Umwelt, (1988) 5, S. 240-241

Literatur

/VWS-91/ **Autorenkollektiv**
Volkswagen-Stiftung - Bericht 1991
Verlag Vandenhoeck & Ruprecht, Hannover, 1992

/War-86/ **Warnecke, H.J.**
Produktionsplanung, Produktionssteuerung in der CIM-Realisierung
Springer-Verlag, Berlin, Heidelberg, New York, London u.a. 1986

/Wee-81/ **Weege, R.-D.**
Recyclinggerechtes Konstruieren
Hrsg.: VDI-Verlag, Düsseldorf, 1981

/Wee-83/ **Weege, R.-D.**
Rohstoffproblematik
in: KEM, (1983) 3, S. 125-127

/Wei-92/ **Weizsäcker, E.U.; Mauch, S.; Jesinghaus, J.; Iten, R.**
Ökologische Steuerreform - Europäische Ebene und Fallbeispiel Schweiz
Verlag Ruegger AG, Chur, Zürich, 1992

/Wes-93/ **Westermann, K.**
Begriffsverwirrung um Ökobilanzen - Standardisierung macht Verfahren und Produkt vergleichbar
in: Umweltmagazin, (1993) 3, S. 22-25

/Weu-94/ **Weule, H.**
Probleme mit der Ökobilanz schon bei einem einfachen Staubsaugerrohr
in: VDI Nachrichten, (4.3.1994) 9, S. 15

/Wic-90/ **Wicke, L.; Huckstein, B.**
Umweltschutz und Mittelstand
in: BJU-Umweltschutz-Berater, Berlin, 1990

/Wid-87/ **Wildemann, H**
Strategische Investitionsplanung : Methoden zur Bewertung neuer Produktionstechnologien
Wiesbaden, 1987

/Wil-90/ **Wilhelm, S.**
Ökosteuern - Marktwirtschaft und Umweltschutz
Beck'sche Verlagsbuchhandlung, München, 1990

/Wis-67/ **Wissenbach, H.**
Betriebliche Kennzahlen und ihre Bedeutung im Rahmen der Unternehmensentscheidung
Erich Schmidt Verlag, Berlin, 1967

/Wlf-90/ **Wolfram, F.**
Energetische produktbezogene Bewertung von Fertigungsprozessen
Dissertation, TU Chemnitz, 1990

/Wöh-90/ **Wöhe, G.**
Einführung in die allgemeine Betriebswirtschaftslehre
17. Auflage, Verlag Franz Vahlen GmbH, München, 1990

/Wol-93/ **Woll, A.**
Wirtschaftslexikon
7. Auflage, R. Oldenbourg Verlag, München, Wien, 1993

/Wup-93/ **Schmidt-Bleek, F.**
MIPS re-visited
in: Fresenius Environmental Bulletin, 2 (1993) 8, S. 407-412

/ZiH-90/ **Zimmermann, K.; Hartje, V.; Ryll, A.**
Ökologische Modernisierung der Produktion - Strukturen und Trends
Hrsg.: Wissenschaftszentrum Berlin für Sozialforschung, Sigma Rainer Bohn Verlag, Berlin, 1990

/Zim-91/ **Zimmermann, H.-J.**
Multi-Criteria-Analyse
Springer-Verlag, Berlin, Heidelberg, New York, London u.a., 1991

Folgende Studien- und Diplomarbeiten wurden im Rahmen dieser Arbeit durchgeführt:

Detsch, B.
Konzeption eines modularen Hilfsmittels für die Auswertung von Ergebnissen umweltökonomischer Produktlinienanalysen, Studienarbeit, RWTH Aachen, 1994

Gebhard, K.
Informationstechnische Nutzung von etablierten Datenverarbeitungssystemen für eine automatisierte Produktlinienanalyse, Diplomarbeit, RWTH Aachen, 1994

Marheineke, T.
Konzeption einer Umweltdatenbank für produktspezifische Umweltinformationen, Diplomarbeit, RWTH Aachen, 1994

Meyer, R.
Konzeption einer Methodik für die vergleichende Bewertung von produktionsbedingten Umweltlasten, Diplomarbeit, RWTH Aachen, 1994

Pohlmann, M.
Entwicklung eines EDV-Tools zur ganzheitlichen Bilanzierung und Bewertung des Material- und Energieeinsatzes in Produktlebensläufen, Diplomarbeit, RWTH Aachen, 1992

Schilling, S.
Ökologieorientierte Bewertung alternativer Arbeitsvorgangsfolgen für die Herstellung eines Flugzeugbauteils, Diplomarbeit, RWTH Aachen, 1994

Kapitel 9: Begriffe und Definitionen

Abfall:
Unter Abfall versteht man die bei Produktion, Nutzung und Entsorgung anfallenden Rückstände, deren sich der Verursacher entledigen möchte /TaU-80/.

Adaptionspotential:
In dieser Arbeit wird durch das Adaptionspotential die Möglichkeit beschrieben, existierende - ggf. problemfremde - Lösungen bzw. Lösungsansätze zur Erfüllung einer vakanten Aufgabenstellung zu nutzen. Ggf. kann hierzu eine vorherige Anpassung der Lösung bzw. Lösungsansätze erforderlich sein.

Bewertungsstrategie:
Oberbegriff für diverse, gleichartig orientierte, ggf. aber spezifisch unterschiedlich operationalisierte Bewertungsansätze /Hal-91/.

Bilanzierungsansatz "Kritische Mengen":
Ansatz für den Vergleich verschiedener luft- oder wasserbelastender Stoffe. Die kritischen Mengen " [...] bezeichnen das Volumen, welches nötig ist, um das Medium bis zum entsprechenden Grenzwert des Schadstoffes zu verdünnen. Werden diese so erhaltenen Volumina der einzelnen Emittenten addiert, ergibt sich ein Wert, welcher als Summenparameter für die Luft- und Wasserbelastung benützt werden kann" /Fec-90/.

Bilanzierungsansatz "ökologische Knappheit":
"Die einzelnen Umweltbelastungen werden mit einem "Gradmesser der ökologischen Knappheit", genannt Ökofaktoren, beurteilt. Dieser Ökofaktor errechnet sich aus der Beziehung zwischen gesamter Belastung und maximal zulässiger Belastung jeder betrachteten Umwelteinwirkung" /Ahb-90/. Zur Abbildung des funktionellen Zusammenhanges von "Nutzung der Umweltressourcen" und "Ökofaktoren" werden lineare, logarithmische und quadratische Funktionen diskutiert /MüW-78, Ahb-90/.

"End-of-Pipe"-Technologien:
"Prozeßnachgeschaltete Maßnahmen der Abwasser- und Abluftreinigung, die das Verfahren selbst nicht verändern" /Ban-93/.

Begriffe und Definitionen 153

Input-Output-Analysen:
Qualitative und quantitative Analyse von Stoff- und Energieströmen, die über eine vorgegebene Bilanzgrenze (i.allg. Unternehmen/ Unternehmensbereiche) als Eingangsgrößen (z.b. Wasser, Luft, Energie, Rohstoffe) eingehen bzw. als Ausgangsgrößen (z.b. Produkte, Abfälle, Abwässer, Abluft) aus der Bilanzgrenze austreten /Gün-93/.

Internalisierung:
Einbeziehung externer Effekte in die Unternehmenskalkulation bez. der durch die Unternehmenstätigkeit entstehenden Umweltfolgen und deren monetäre Bewertung /IAW-90/.

Kennzahlen:
"Kennzahlen sind fragebezogene Relativzahlen von besonderer Aussagekraft, die dadurch entstehen, daß empirisch absolute Zahlenwerte zu anderen in Beziehung gesetzt werden" /Wis-67/.

Kennzahlensysteme:
"Ein Kennzahlensystem ist eine geordnete Gesamtheit von Kennzahlen, die in sachlich sinnvoller Beziehung zueinander stehen, sich gegenseitig ergänzen und dem Zweck dienen, den Betrachtungsgegenstand möglichst ausgewogen und vollständig zu erfassen" /IAW-90/.

Methode/ Methodik:
"Unter einer Methode versteht man [...] ein planmäßiges Vorgehen, ein Verfahren. Eine Methode ist ein erarbeitetes, entworfenes [...] System, nach dem planmäßig und rationell bei einer Arbeit o.ä. zu deren Bewältigung vorgegangen wird [...] Methodik ist die Darstellung, Erörterung und kritische Durchdringung der bes. Methoden [...] Im Unterschied zu Methode [...] hat Methodik kollektive Bedeutung, d.h., dieses Substantiv weist auf die einzelnen, in der Methode enthaltenen Schritte hin" /Dud-73/.

Ökobilanzen:
Der Begriff der "Ökobilanz" ist in der Literatur unterschiedlich definiert. Der Terminus "Ökobilanzen" wird "[...] sowohl für produktbezogene Bilanzierungen [von umweltrelevanten Faktoren] als auch für unternehmensbezogene Stoff- und Energiebilanzen [...] [genutzt]. Darüber hinaus werden auch regionale oder nationale Energie- und Schadstoffbilanzen mit dem Begriff "Ökobilanzen" gekennzeichnet" /DBT-93/. - Aufgrund der uneinheitlichen Begriffsdefinition /Pop-91, SET-91, FhG-93, DBT-93/ wird in dieser Arbeit von einer Nutzung dieses Synonyms Abstand genommen.

Öko-Label:
Kennzeichnung umweltfreundlicher Produkte /Fec-90/.

Ökologie/ ökologisch/ ökologieorientiert:
Unter Ökologie versteht man i.allg. die "Wissenschaft von den Beziehungen der Lebewesen zu ihrer Umwelt" /Dud-82/. Ökologisch/ ökologieorientiert werden als Synonyme für "die Ökologie betreffend" verstanden /Dud-82/.

Öko-Zertifizierung:
I.allg. kann eine Öko-Zertifizierung auf Grund einer positiven Begutachtung eines Sachzusammenhangs durch ein Umweltaudit erfolgen /EWG-93/.

operative/ strategische Planung:
"Die strategische Planung ist die Verbindung zwischen den formulierten Unternehmenszielen und der operativen Planung mit dem Ziel, zukünftige Erfolgspotentiale zu sichern. Wesentliche Aufgabe der strategischen Planung ist das Erkennen struktureller, technischer, wirtschaftlicher, politischer und gesellschaftlicher Veränderungen sowie Entwicklungen, unter deren Betrachtung das zukünftige Verhalten der Unternehmensleitung auf ihren unterschiedlichen Tätigkeitsfeldern zu formulieren ist" /Wol-93/.

Primärdatenquelle:
Die Datenquelle, in der Daten erstmalig generiert oder festgelegt werden fällt unter die Bezeichnung Primärdatenquelle.

Primärenergie:
Primärenergie ist der in natürlichen Energieträgern vorhandene Energieinhalt. Diese Energie wird je nach Bedarf des Verbrauchers zu Sekundärenergie bzw. zu Endenergie umgewandelt. Zur Primärenergie zählen fossile Brennstoffe (Kohle, Erdöl, Erdgas), Kernbrennstoffe (Uran, Thorium) und regenerative Energiequellen (Sonnenstrahlung, Wasserkraft, Windkraft) /RSR-86, Sae-82, Sme-88, Sae-93/.

Produktlebenszyklus/ Produktlinie:
Der Produktlebenszyklus/ die Produktlinie umfaßt alle Phasen der Entstehung und der Existenz eines Produktes. Im Produktlebenszyklus/ in der Produktlinie sind sowohl die Prozesse der Gewinnung der produktspezifisch erforderlichen Rohstoffe, deren Verarbeitung sowie die weiteren Prozesse der Produktion, der Nutzung und der Entsorgung des Produktes enthalten.

Begriffe und Definitionen 155

Synonyme: Produktlebenslauf, Produktlebensweg, product life cycle.

Produktlinienanalyse (PLA):
I.allg. versteht man unter einer PLA die Untersuchung einzelner Produkte bzw. Dienstleistungen in ihrem Lebenszyklus und der Gesamtheit ihrer Konsequenzen auf Natur, Gesellschaft und Wirtschaft /Klö-91, PLA-92, Gri-92, Stö-92, DBT-93 u.a./. Dieses Verständnis liegt auch dieser Arbeit zugrunde, vorrangig werden aber nur die ökologischen Aspekte berücksichtigt.

Synonyme: Lebenswegbilanz, life cycle analysis, life cycle assessment, ökologische Produktbilanzen, ganzheitliche Produktbilanz /P&G-90, Klö-91, Eye-92, Stö92 u.a./.

Ressource/ Ressourcenbedarf:
Unter dem Begriff des Ressourcenbedarfes wird der Bedarf an "[...] natürliche[n] Produktionsmittel[n] für die Wirtschaft" verstanden /Dud-82/. Weiterhin steht Ressource als Synonym für "Hilfsmittel, Hilfsquelle, Reserve [... und] Geldmittel". Im Bewußtsein, daß der Terminus "Ressource" sich z.Z. als Synonym für div. Produktionsfaktoren (/Kru-93, u.a./: Zeit, Kosten, Information etc.) etabliert, wird im Rahmen dieser Arbeit in Anlehnung an /Dud-82/ unter Ressource bzw. Ressourcenbedarf der direkte und indirekte Bedarf an natürlichen/ ökologischen/ umweltökonomischen Produktionsfaktoren verstanden: Rohstoff-, Energiebedarf; Wasser-, Boden-, Luft- "verzehr" durch Schadstoffemissionen; Deponie-"bedarf" durch Abfallaufkommen /Dyl-90/.

Sachbilanz:
Erfassung und interpretationsfreie Aufbereitung von Informationen innerhalb einer vorgegebenen Bilanzgrenze. Das Ergebnis ist eine Matrix unterschiedlicher Daten, die sachgerecht systematisiert ist unter Einbeziehung qualitativ beschreibender Kategorien /UWB-92/.

Schadstoffe:
Schadstoffe sind in der Umwelt vorkommende Stoffe, die auf Mensch, Tier, Pflanze und allgemeine Ökosysteme oder auch auf Schachgüter schädlich wirken können /TaU-80/.

Schadenvermeidungskalkulation:
Kalkulationsverfahren zur Berechnung von Vermeidungskosten hinsichtlich eines voraussichtlichen Schadens /Lip-90/.

Technologiefolgenabschätzung:
Überprüfung der Haupt- und Nebenwirkungen von Produktionsprogramm und Produktionsverfahren zur Identifizierung, Quantifizierung und Bewertung von ökologischen, ökonomischen und gesellschaftlichen Folgen, die bei Einführung, Verbreitung oder Modifikation einer Technik auftreten können /Gün-93/.

Technologiemanagement:
Das Technologiemanagement umfaßt die Analyse, Planung, Durchführung und Kontrolle von Entscheidungen und Maßnahmen zum Auf- und Abbau technologischer Leistungspotentiale von Unternehmen /Spe-92/.

Umweltaudit/ Umweltauditierung:
Im Rahmen der Umweltauditierung wird überprüft, inwieweit ein betrachtes Unternehmen Umweltgesetzen und den ökologischen Unternehmensanforderungen entspricht. Während der einzelnen Auditphasen werden Checklisten mit sich steigerndem Detaillierungsgrad eingesetzt, um Umweltprobleme zu erfassen und zu bewerten /Sie-91, EWG-93/.

Umweltökonomie:
"Wirtschaftswissenschaft, die in ihren Theorien, Analysen, Kostenrechnungen ökologische Parameter mit einbezieht" /Wol-93/.

Umweltverträglichkeitsprüfung (UVP):
Die Umweltverträglichkeitsprüfung ist eine gesetzliche Vorschrift und umfaßt die Ermittlung, Beschreibung und Bewertung der Auswirkungen eines Vorhabens auf Menschen, Tiere und Pflanzen, Wasser, Luft, Klima und Landschaft, einschließlich der jeweiligen Wechselwirkungen, Kultur- und sonstigen Sachgüter /Erb-92/.

Wiederherstellungskalkulation:
Kalkulationsverfahren zur Berechnung der Kosten, um nach einem enstandenen Schaden den ursprünglichen Zustand wieder herzustellen /SBA-90/.

Wirkbilanz:
In der Wirkbilanz werden die Ergebnisse der Sachbilanz zunächst hinsichtlich bestimmter Wirkungen auf die Umwelt, wie beispielsweise die Ökotoxizität und die Ressourcenbeanspruchung, beurteilt /UWB-92/.

Kapitel 10: Anhang

Seite

Anhang 1: Schnittstellenstandards zum Austausch produktdefinierter Daten . A1

Anhang 2: PERM-Abbildung der Datenstruktur der Planungsmethodik A2

Anhang 3: Zuordnung: Datenbedarf - konventionelle Datenträger A18

Anhang 4: Zuordnung: Datenbedarf - EDV-unterstützte Datenträger A29

Anhang 5: Ökologieorientierte Präferenz-Analyse mit Sicherheitsfunktion .. A40

Schnittstellenstandards
zum Austausch produktdefinierter Daten

Unterscheidungskriterien / Schnittstellen	Organisationsform	Datenübergabemöglichkeiten	primäre Einsatzgebiete	Restriktionen
IGES Initial Graphics Exchange Specification	• sequentielles Dateiformat • Satzlänge: 80 Zeichen • ASCII - Format • Binärformat	• Geometriedaten • Technologiedaten • logische Struktur des Produktmodells • benutzerspezifische Daten (nicht genormt)	CAD > CAD, CAD > CAX	• fehlerhafte Geometrie- und Technologiedatenübertragung • Abbrüche ohne korrekte Fehlermeldung
SET Standard d'Exchange et de Transfer	• variable Satzlänge • Blockstruktur	• 2D 3D - Drahtmodelle • 3D - Oberflächenmodelle • 3D - Volumenmodelle	CAD > CAD	• Technologiedaten nur teilweise übertragbar
VDAFS Verband Deutscher Maschinen- und Anlagenbau Flächenschnittstelle	• sequentielles Dateiformat • Satzlänge: 80 Zeichen • ASCII - Format	• 5 Geometrie-Entities - Einzelpunkt - Punktfolge - Punktfolge mit Richtungsvektor - Kurve - Fläche	CAD > CAD	• Text, Bemaßung, Schraffur nicht übertragbar • Regelgeometrie muß in Freigeometrie umgewandelt werden
PDDI Product Definition Data Interface	• sequentielles Dateiformat • ASCII -Format	• Geometriedaten (nur digital) • Technologiedaten	CAD > CAX, CAX > PPS	• keine Zeichnungen übertragbar • nur auf mechanische Produkte ausgerichtet • nicht im praktischen Einsatz
STEP Standard for the Exchange of Product Model Data		• Geometriedaten • Technologiedaten • organisatorische Daten	CAD > CAX, CAX > PPS	

<u>Bild A1.1:</u>   Schnittstellenstandards /vgl. See-90, RuG-91, ScR-91, Hor-92, Mar-92/

Anhang A2

PERM-Abbildung der PLA-Methodik
Erfassung und Bilanzierung: Gesamtdarstellung

Legende:

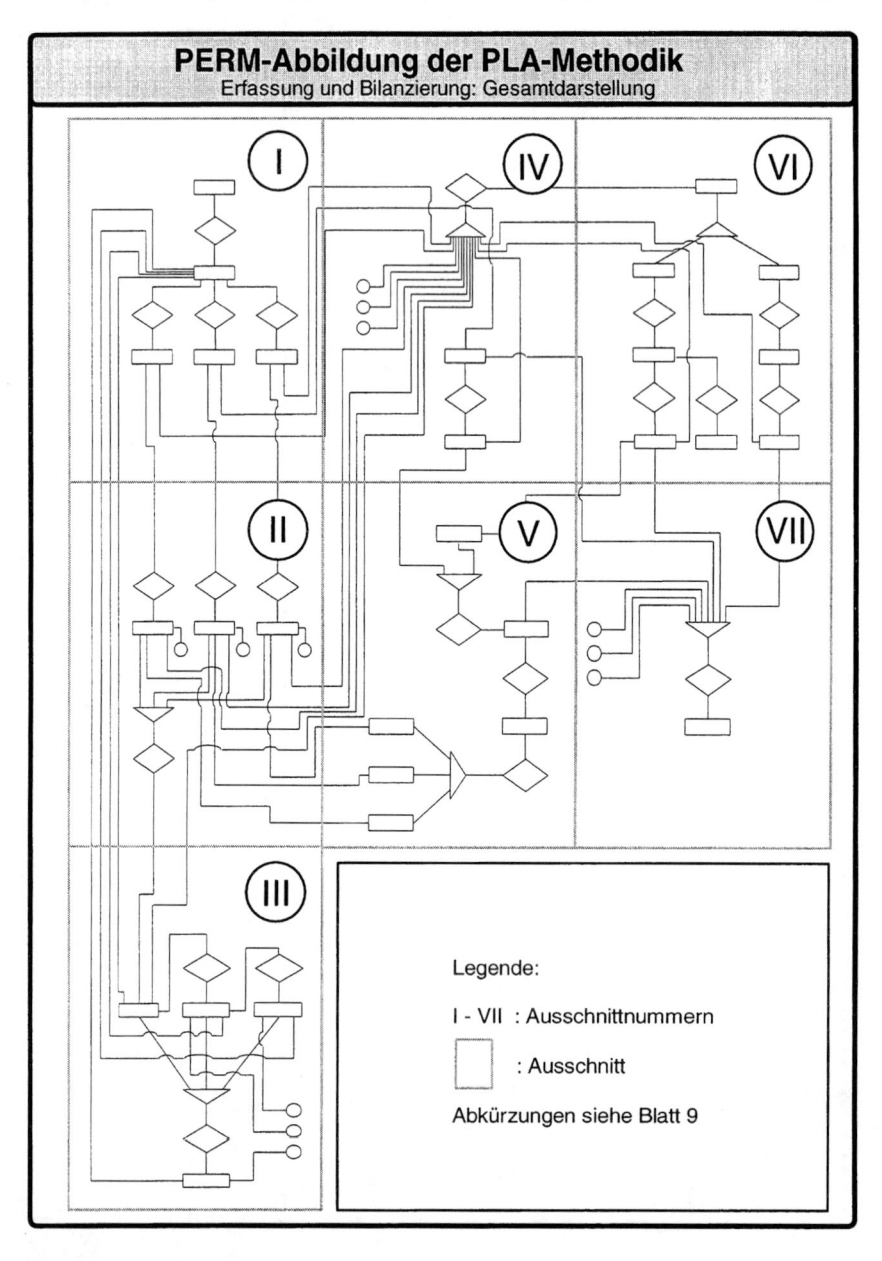

I - VII : Ausschnittnummern

☐ : Ausschnitt

Abkürzungen siehe Blatt 9

Bild A2.1: Datenstrukturierung

Ausschnitt I

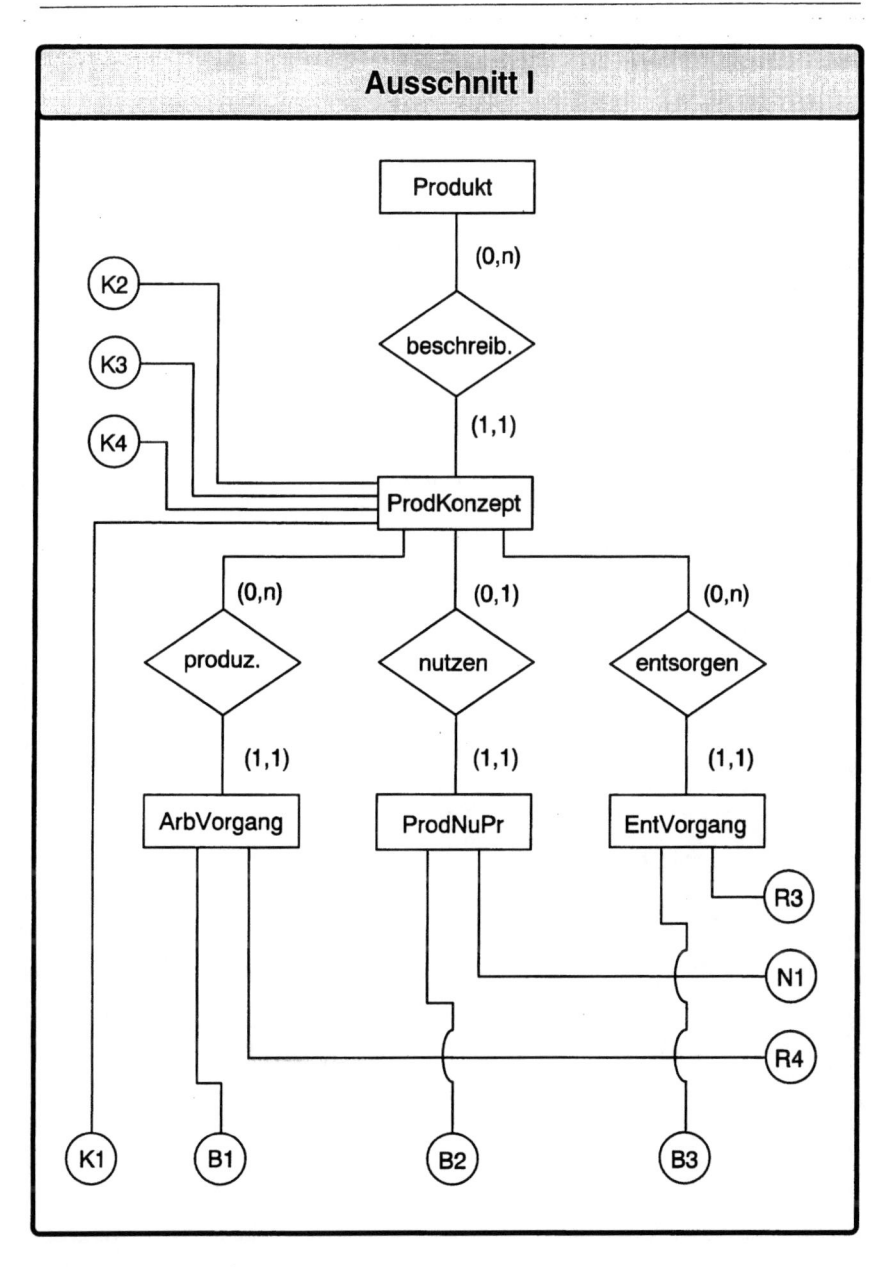

```
                    Produkt
                       |
                     (0,n)
                       |
  K2 ──┐          ◇ beschreib. ◇
       │               |
  K3 ──┤             (1,1)
       │               |
  K4 ──┤         ProdKonzept
       │        /     |     \
       │    (0,n)   (0,1)   (0,n)
       │     /       |       \
       │  ◇produz.◇ ◇nutzen◇ ◇entsorgen◇
       │    (1,1)   (1,1)    (1,1)
       │     |       |         |
       │  ArbVorgang ProdNuPr EntVorgang
       │                         └── R3
       │                         
       │                         N1
       │                         
       │                         R4
       │     |       |         |
      K1    B1      B2         B3
```

Bild A2.2: Datenstrukturierung (A1)

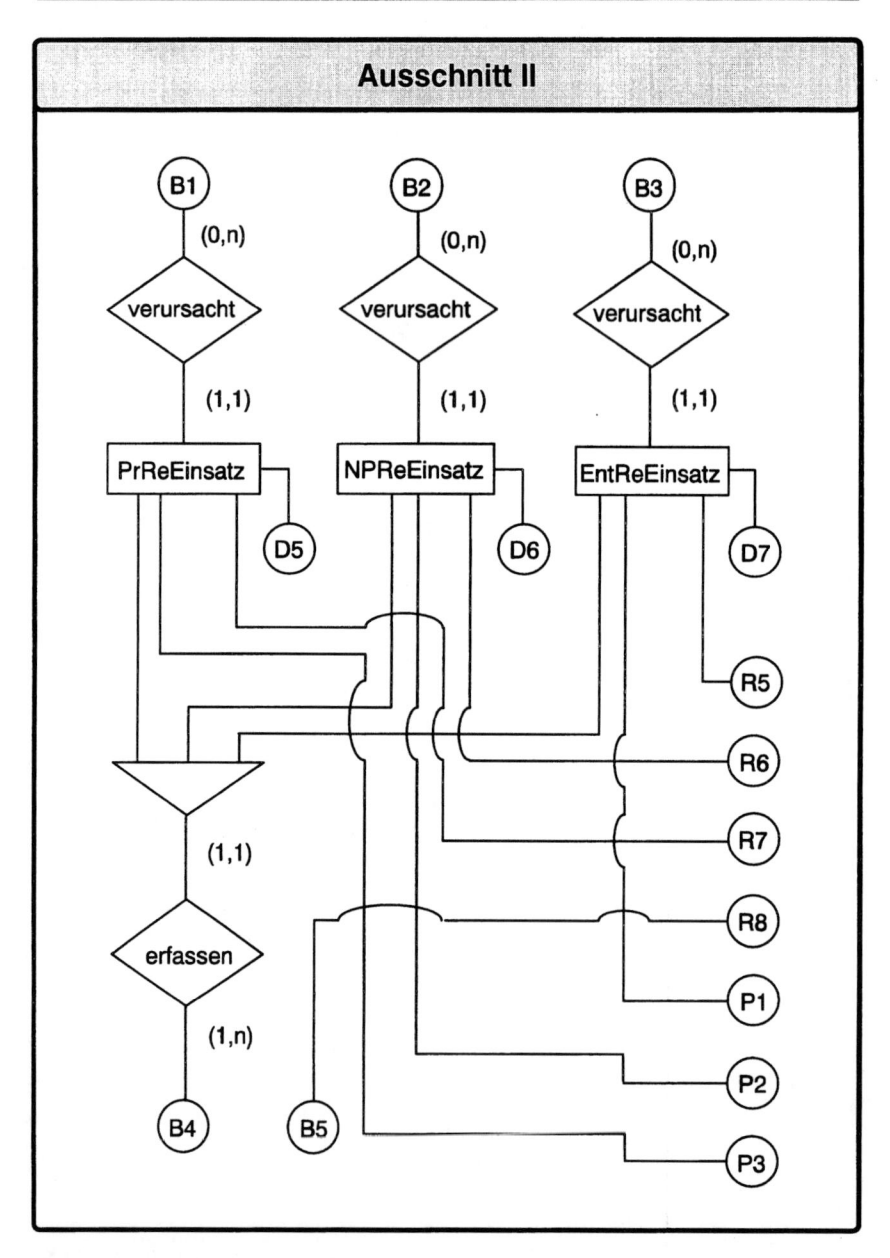

Bild A2.3: Datenstrukturierung (A2)

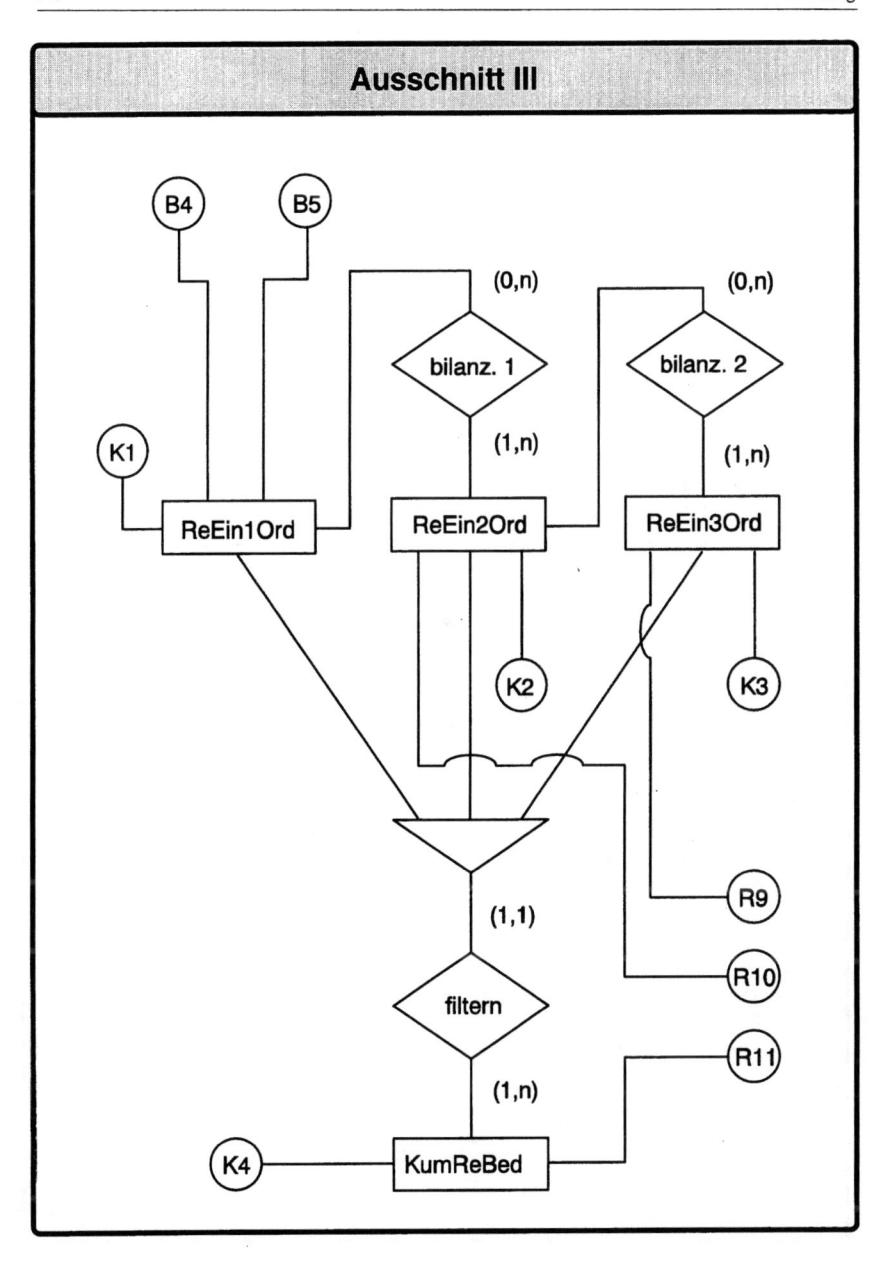

Bild A2.4: Datenstrukturierung (A3)

Anhang A6

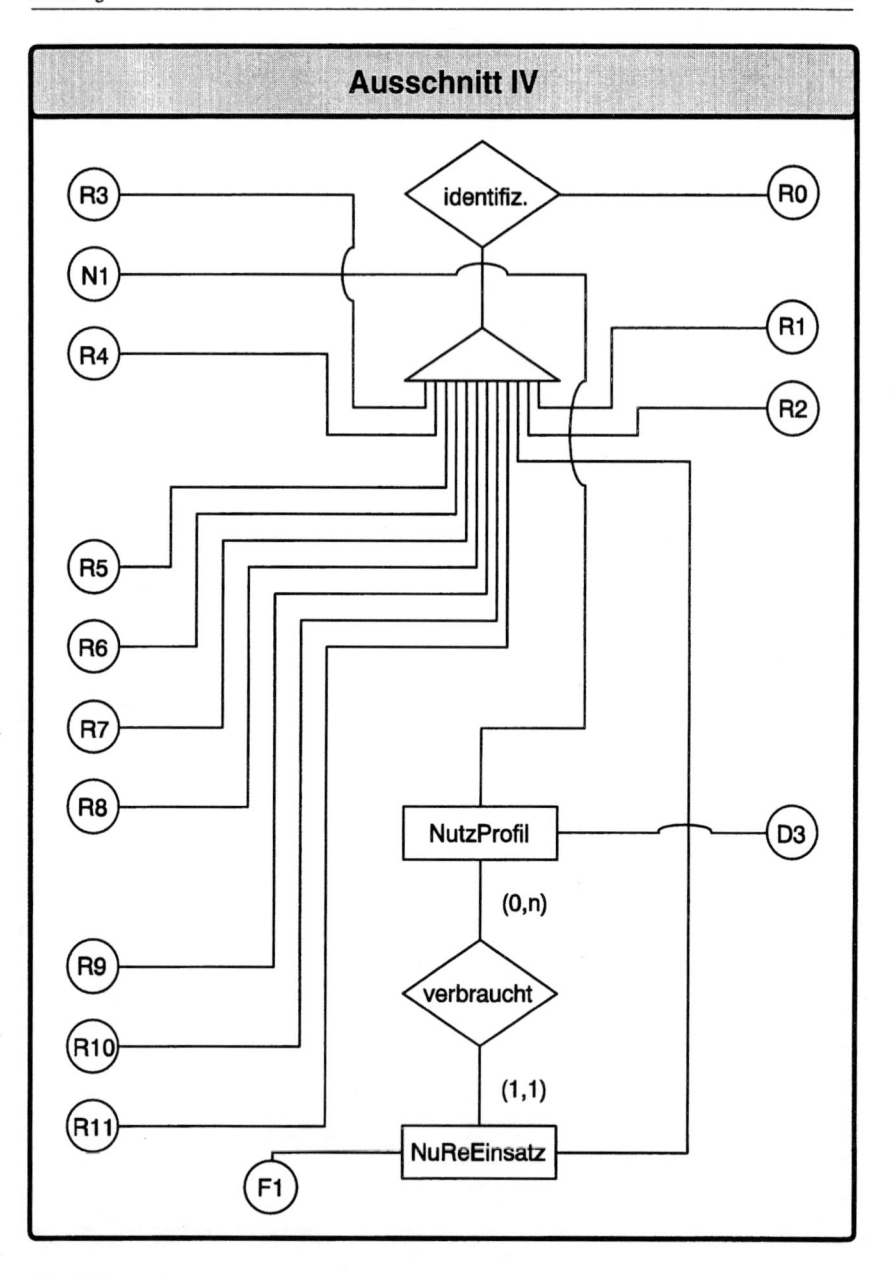

Ausschnitt IV

Bild A2.5: Datenstrukturierung (A4)

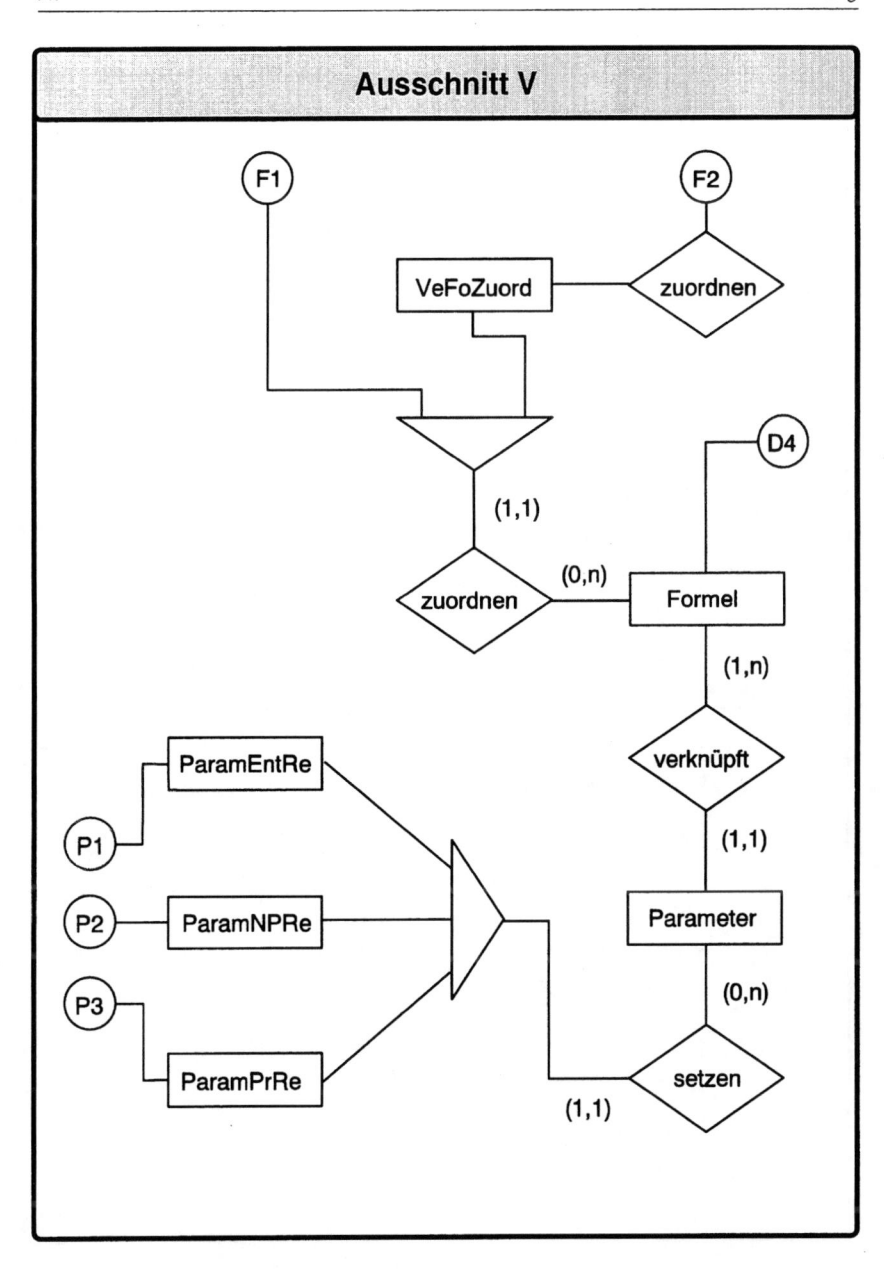

Bild A2.6: Datenstrukturierung (A5)

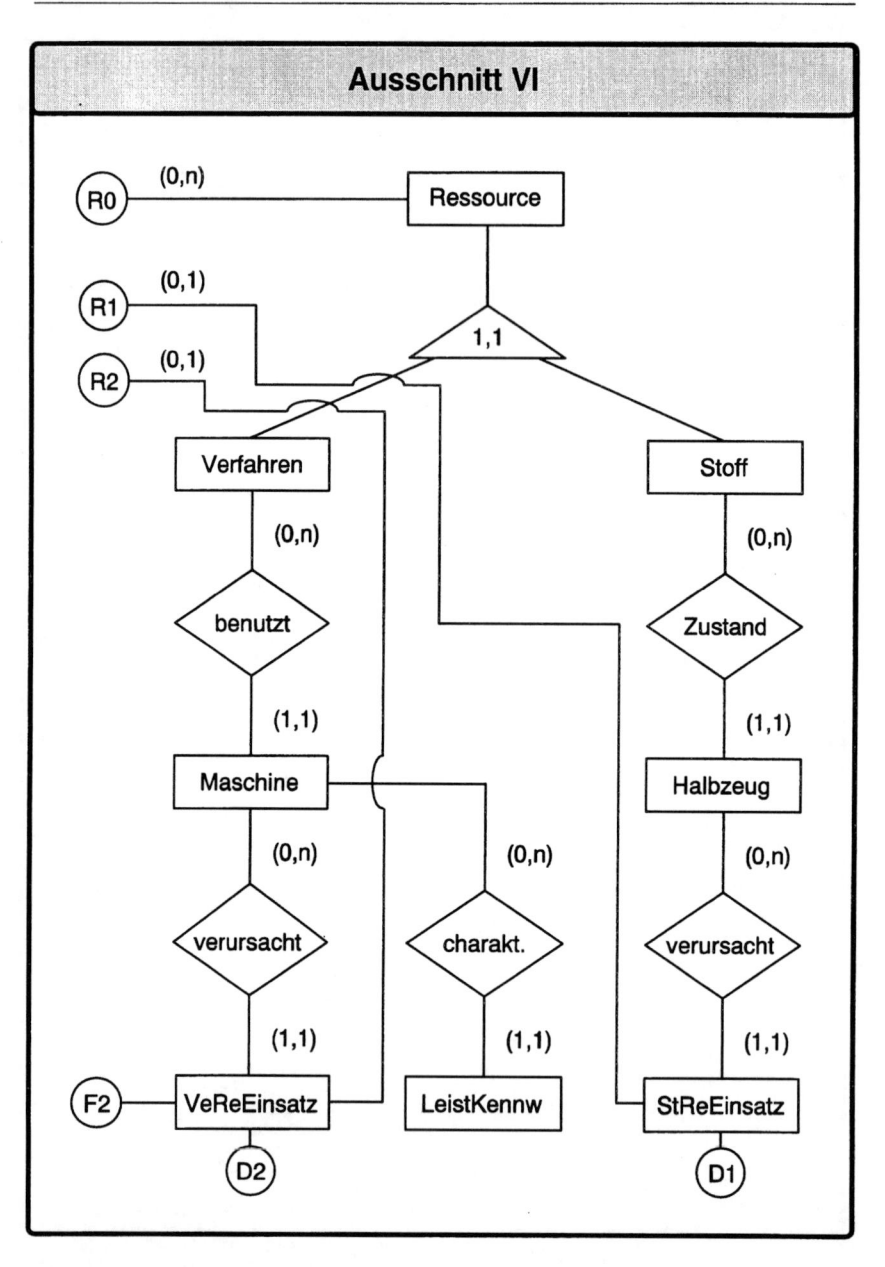

Bild A2.7: Datenstrukturierung (A6)

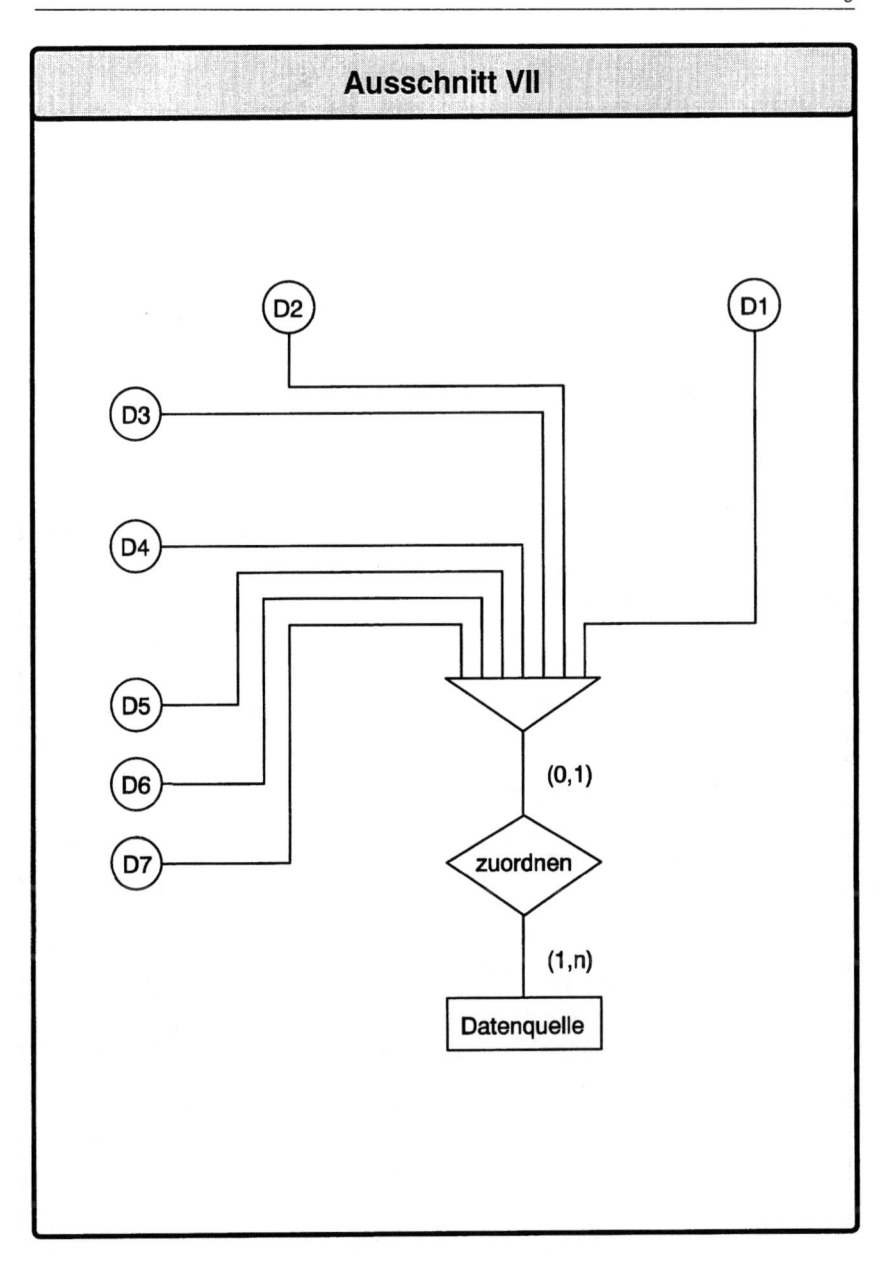

Bild A2.8: Datenstrukturierung (A7)

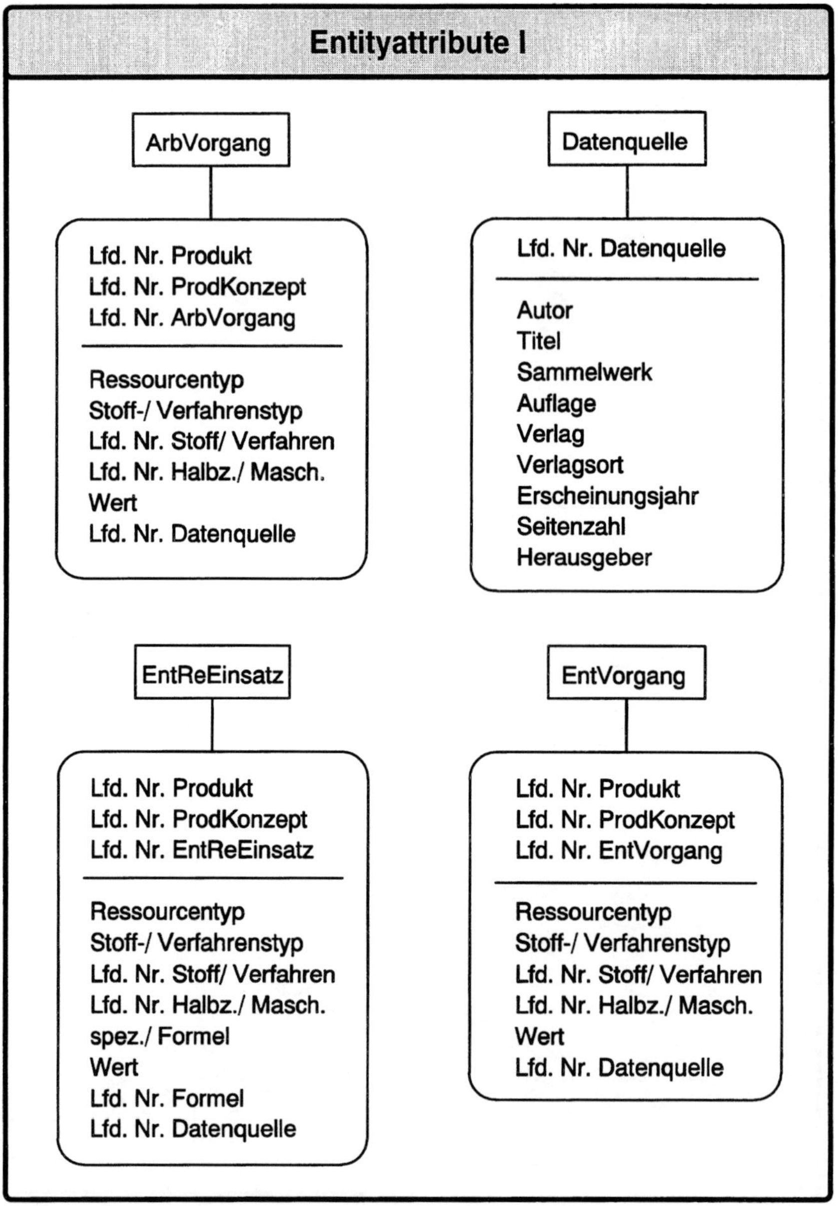

Entityattribute I

ArbVorgang

Lfd. Nr. Produkt
Lfd. Nr. ProdKonzept
Lfd. Nr. ArbVorgang

Ressourcentyp
Stoff-/ Verfahrenstyp
Lfd. Nr. Stoff/ Verfahren
Lfd. Nr. Halbz./ Masch.
Wert
Lfd. Nr. Datenquelle

Datenquelle

Lfd. Nr. Datenquelle

Autor
Titel
Sammelwerk
Auflage
Verlag
Verlagsort
Erscheinungsjahr
Seitenzahl
Herausgeber

EntReEinsatz

Lfd. Nr. Produkt
Lfd. Nr. ProdKonzept
Lfd. Nr. EntReEinsatz

Ressourcentyp
Stoff-/ Verfahrenstyp
Lfd. Nr. Stoff/ Verfahren
Lfd. Nr. Halbz./ Masch.
spez./ Formel
Wert
Lfd. Nr. Formel
Lfd. Nr. Datenquelle

EntVorgang

Lfd. Nr. Produkt
Lfd. Nr. ProdKonzept
Lfd. Nr. EntVorgang

Ressourcentyp
Stoff-/ Verfahrenstyp
Lfd. Nr. Stoff/ Verfahren
Lfd. Nr. Halbz./ Masch.
Wert
Lfd. Nr. Datenquelle

Bild A2.9: Datenstrukturierung (E1)

Entityattribute II

Formel

Lfd. Nr. Formel
___
Bezeichnung
Verknüpfungsvorschrift
Ergebniseinheit
Lfd. Nr. Datenquelle
Bemerkung

Halbzeug

Stofftyp
Lfd. Nr. Stoff
Lfd. Nr. Halbzeug
___
Bezeichnung
Beschreibung
Bemerkung
Recycling

KumReVerz

Lfd. Nr. Produkt
Lfd. Nr. ProdKonzept
Lfd. Nr. KumReVerz
___
Ressourcentyp
Stoff-/ Verfahrenstyp
Lfd. Nr. Stoff/ Verfahren
Lfd. Nr. Halbz./ Masch.
Wert

LeistKennw

Verfahrenstyp
Lfd. Nr. Verfahren
Lfd. Nr. Maschine
___
Bezeichnung
Beschreibung
Bemerkung
Bezugseinheit
Bezugsgröße

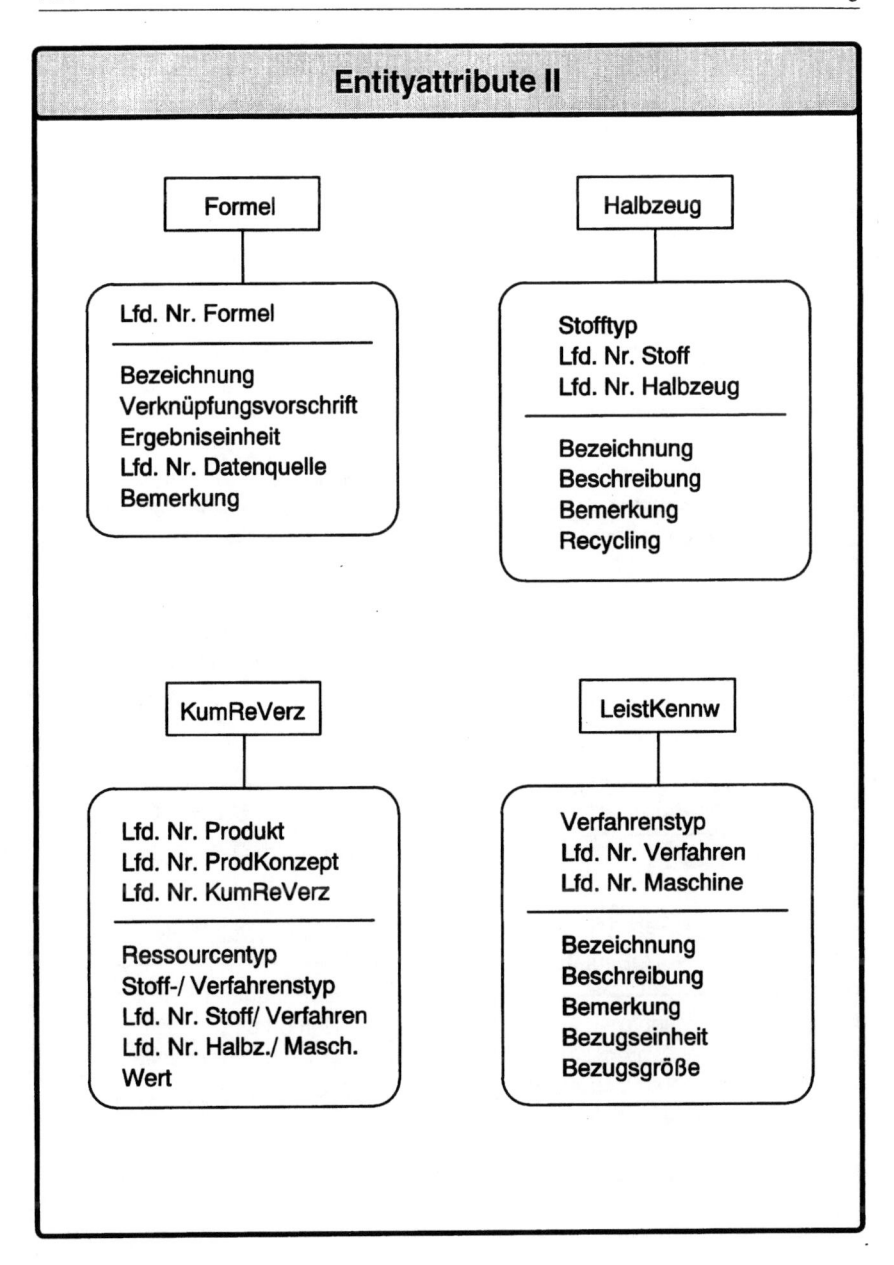

Bild A2.10: Datenstrukturierung (E2)

Anhang A12

Entityattribute III

Maschine

Verfahrenstyp
Lfd. Nr. Verfahren
Lfd. Nr. Maschine
———
Bezeichnung
Beschreibung
Bemerkung
Bezugseinheit
Bezugsgröße

NPReEinsatz

Lfd. Nr. Produkt
Lfd. Nr. ProdKonzept
Lfd. Nr. NPReEinsatz
———
Ressourcentyp
Stoff-/ Verfahrenstyp
Lfd. Nr. Stoff/ Verfahren
Lfd. Nr. Halbz./ Masch.
spez./ Formel
Wert
Lfd. Nr. Formel
Lfd. Nr. Datenquelle

NuReEinsatz

Lfd. Nr. NutzProfil
Lfd. Nr. NuReEinsatz
———
Ressourcentyp
Stoff-/ Verfahrenstyp
Lfd. Nr. Stoff/ Verfahren
Lfd. Nr. Halbz./ Masch.
Wert

NutzProfil

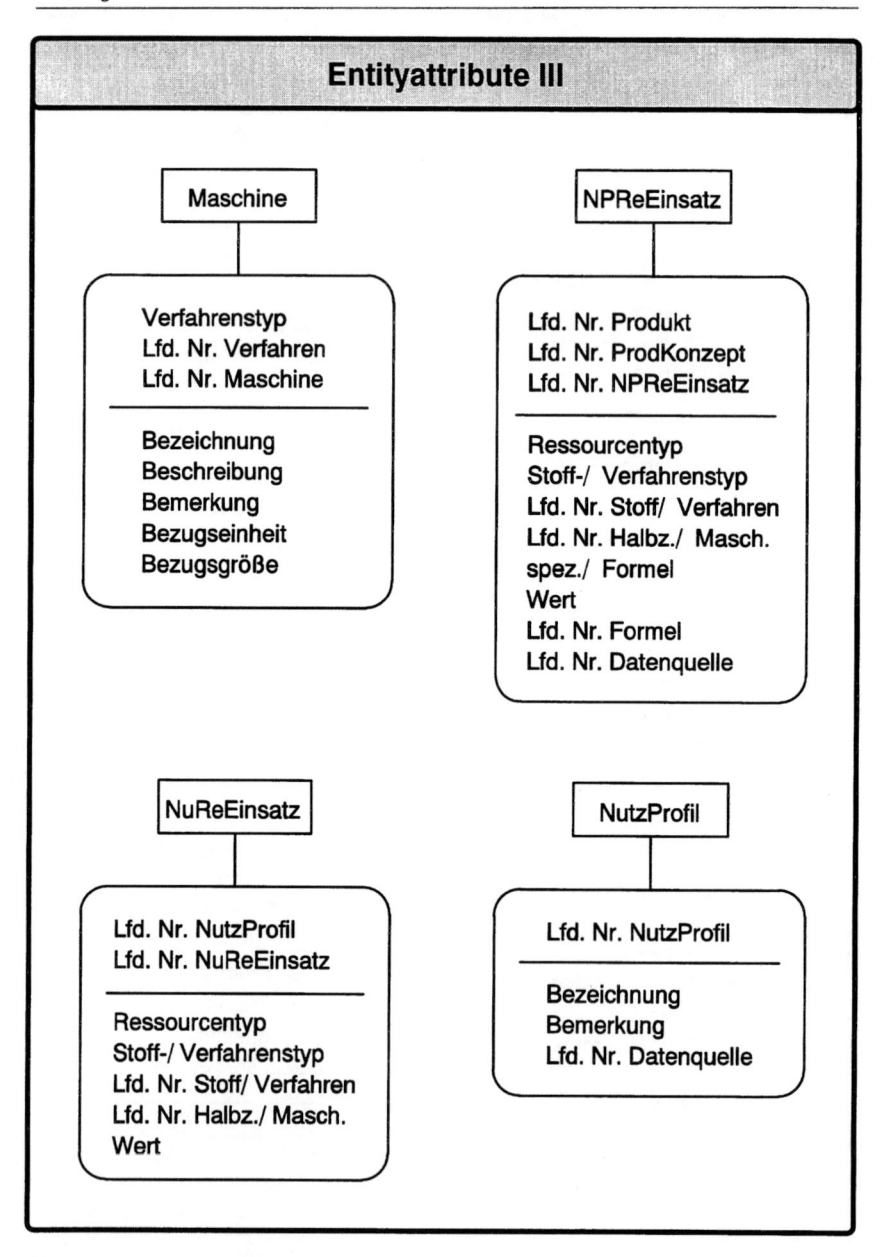

Lfd. Nr. NutzProfil
———
Bezeichnung
Bemerkung
Lfd. Nr. Datenquelle

<u>Bild A2.11</u>: Datenstrukturierung (E3)

Entityattribute IV

ParamEntRe

Lfd. Nr. Produkt
Lfd. Nr. ProdKonzept
Lfd. Nr. EntReEinsatz
Lfd. Nr. ParamPrRe

Wert
Lfd. Nr. Formel
Lfd. Nr. Parameter

Parameter

Lfd. Nr. Formel
Lfd. Nr. Parameter

Kürzel
Bezeichnung
Einheit

ParamNPRe

Lfd. Nr. Produkt
Lfd. Nr. ProdKonzept
Lfd. Nr. NPReEinsatz
Lfd. Nr. ParamNPRe

Wert
Lfd. Nr. Formel
Lfd. Nr. Parameter

ParamPrRe

Lfd. Nr. Produkt
Lfd. Nr. ProdKonzept
Lfd. Nr. PrReEinsatz
Lfd. Nr. ParamPrRe

Wert
Lfd. Nr. Formel
Lfd. Nr. Parameter

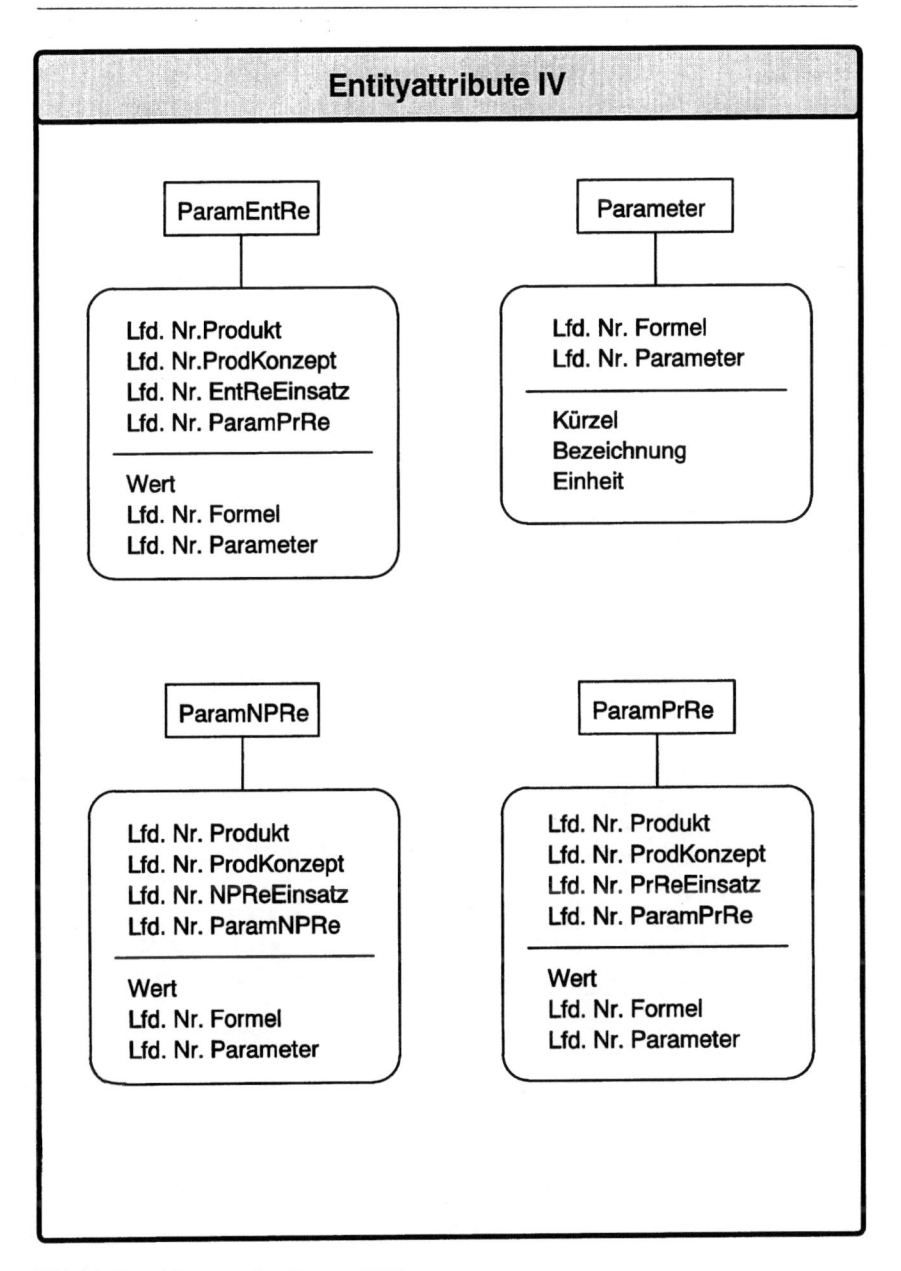

Bild A2.12: Datenstrukturierung (E4)

Entityattribute V

ProdKonzept

Lfd. Nr. Produkt
Lfd. Nr. ProdKonzept

Bemerkung
Rohteilmasse
Fertigteilmasse
Einheit

ProdNuPr

Lfd. Nr. Produkt
Lfd. Nr. ProdKonzept

Lfd. Nr. NutzProfil
Bemerkung
Lfd. Nr. Datenquelle

Produkt

Lfd. Nr. Produkt

Produktname
Baugruppe
Bauteil
Bemerkung

PrReEinsatz

Lfd. Nr. Produkt
Lfd. Nr. ProdKonzept
Lfd. Nr. PrReEinsatz

Ressourcentyp
Stoff-/ Verfahrenstyp
Lfd. Nr. Stoff/ Verfahren
Lfd. Nr. Halbz./ Masch.
spez./ Formel
Wert
Lfd. Nr. Formel
Lfd. Nr. Datenquelle

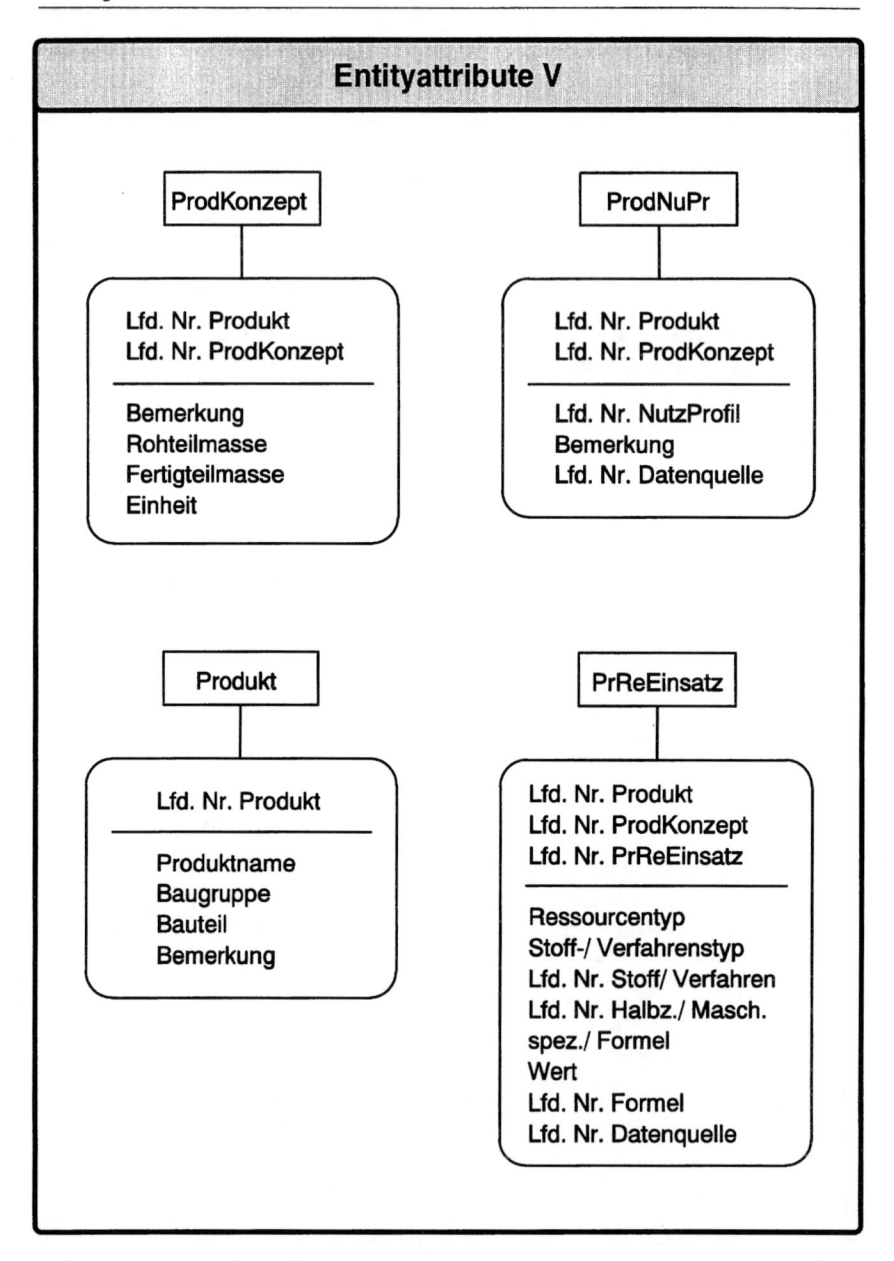

Bild A2.13: Datenstrukturierung (E5)

Entityattribute VI

ReEin1Ord

Lfd. Nr. Produkt
Lfd. Nr. ProdKonzept
Lfd. Nr. ReEin1Ord

Ressourcentyp
Stoff-/ Verfahrenstyp
Lfd. Nr. Stoff/ Verfahren
Lfd. Nr. Halbz./ Masch.
Wert

ReEin2Ord

Lfd. Nr. Produkt
Lfd. Nr. ProdKonzept
Lfd. Nr. ReEin2Ord

Ressourcentyp
Stoff-/ Verfahrenstyp
Lfd. Nr. Stoff/ Verfahren
Lfd. Nr. Halbz./ Masch.
Wert

ReEin3Ord

Lfd. Nr. Produkt
Lfd. Nr. ProdKonzept
Lfd. Nr. ReEin3Ord

Ressourcentyp
Stoff-/ Verfahrenstyp
Lfd. Nr. Stoff/ Verfahren
Lfd. Nr. Halbz./ Masch.
Wert

Stoff

Stofftyp
Lfd. Nr. Stoff

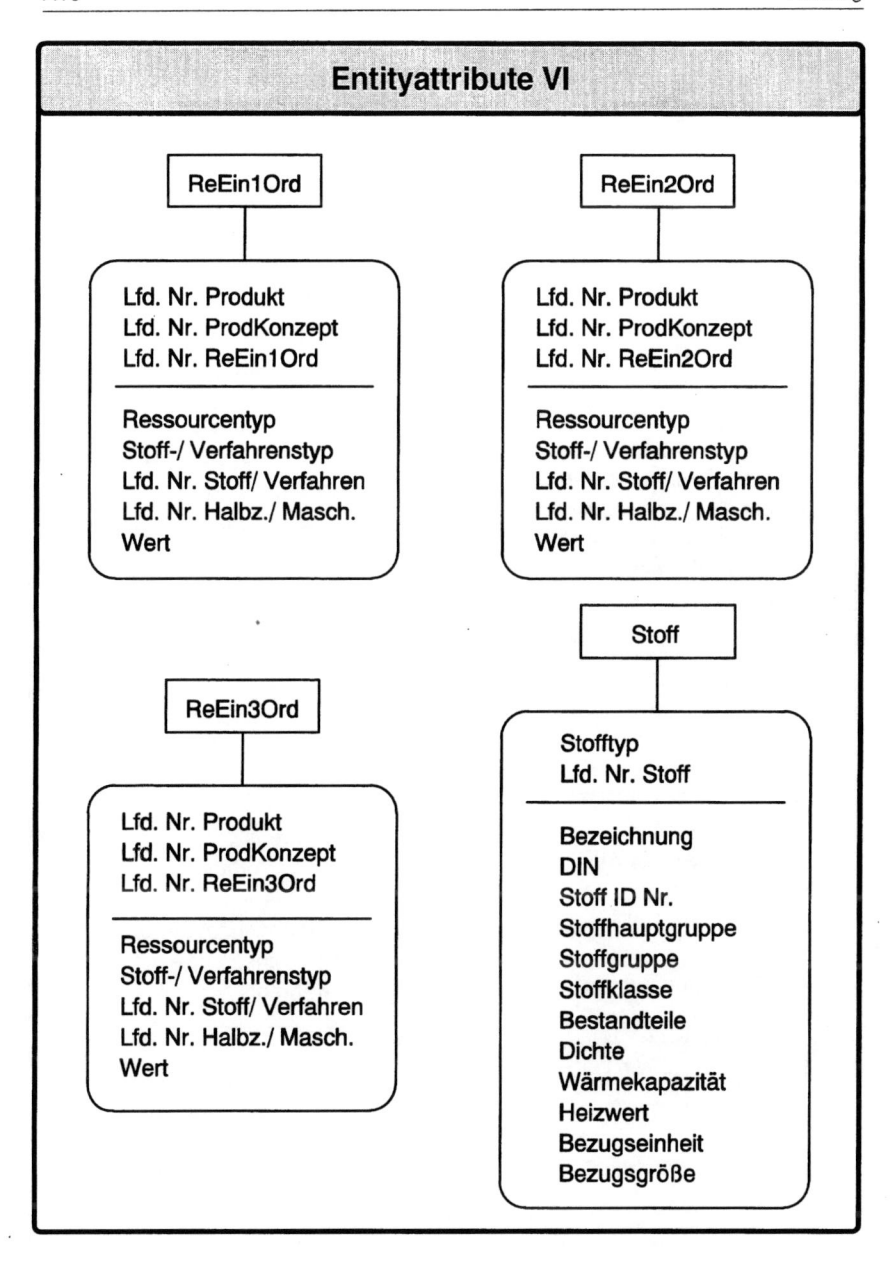

Bezeichnung
DIN
Stoff ID Nr.
Stoffhauptgruppe
Stoffgruppe
Stoffklasse
Bestandteile
Dichte
Wärmekapazität
Heizwert
Bezugseinheit
Bezugsgröße

Bild A2.14:   Datenstrukturierung (E6)

Entityattribute VII

StReEinsatz

Stofftyp
Lfd. Nr. Stoff
Lfd. Nr. Halbzeug
Lfd. Nr. StReEinsatz

Ressourcentyp
Stoff-/ Verfahrenstyp
Lfd. Nr. Stoff/ Verfahren
Lfd. Nr. Halbz./ Masch.
spez./ Formel
Wert
Lfd. Nr. Datenquelle

VeFoZuord

Verfahrenstyp
Lfd. Nr. Verfahren
Lfd. Nr. Maschine
Lfd. Nr. VeReEinsatz
Lfd. Nr. VeFoZuord

Lfd. Nr. Formel

VeReEinsatz

Verfahrenstyp
Lfd. Nr. Verfahren
Lfd. Nr. Maschine
Lfd. Nr. VeReEinsatz

Ressourcentyp
Stoff-/ Verfahrenstyp
Lfd. Nr. Stoff/ Verfahren
Lfd. Nr. Halbz./ Masch.
spez./ Formel
Wert
Lfd. Nr. Datenquelle

Verfahren

Verfahrenstyp
Lfd. Nr. Verfahren

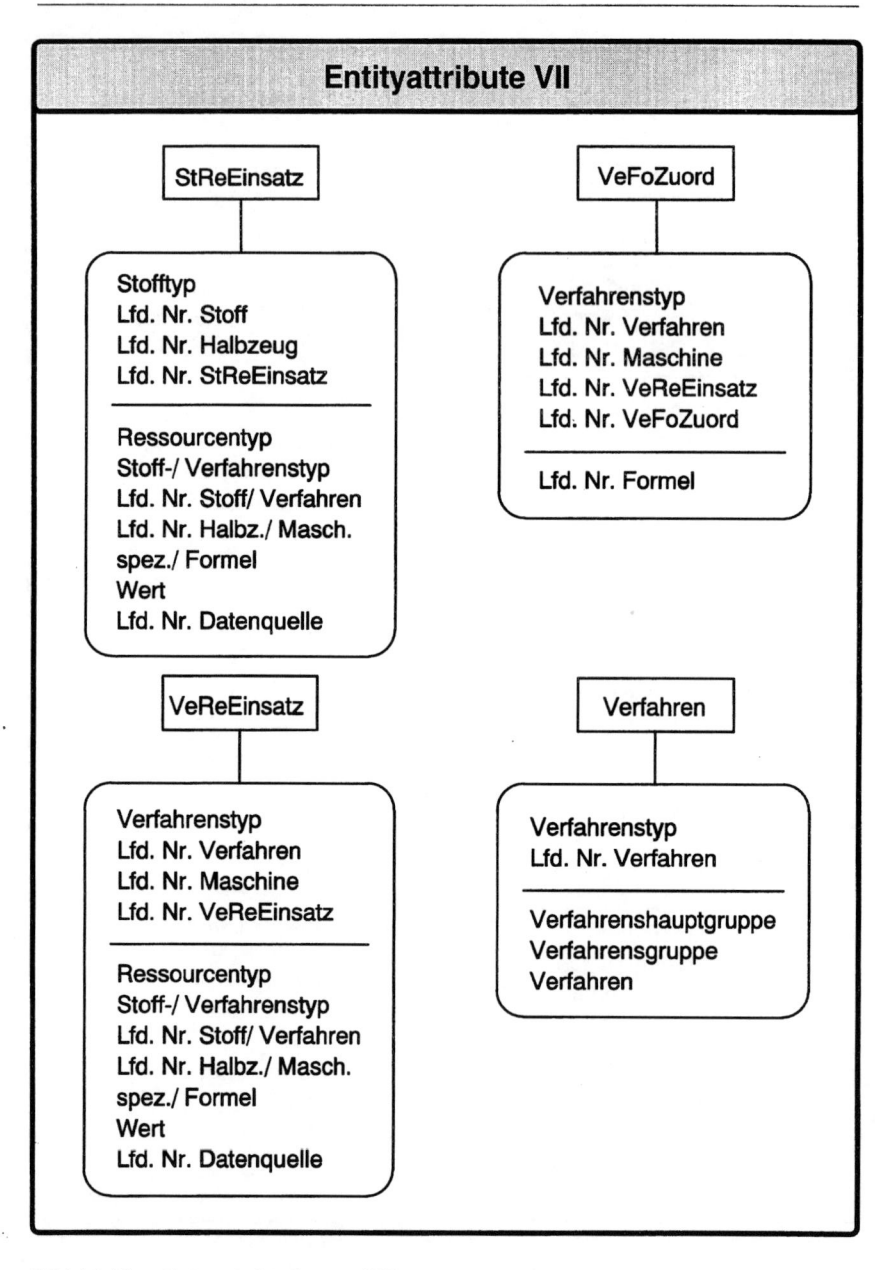

Verfahrenshauptgruppe
Verfahrensgruppe
Verfahren

Bild A2.15:   Datenstrukturierung (E7)

Legende

Abkürzung	Bedeutung
ArbVorgang	Arbeitsvorgang
charakt.	charakterisieren
EntReEinsatz	entsorgungsspezifischer Ressourceneinsatz
EntVorgang	Entsorgungsvorgang
identifiz.	identifizieren
KumReBed	kumulierter Ressourcenbedarf
LeistKennw	Leistungskennwert
NPReEinsatz	nutzungsspezifischer Ressourceneinsatz
NuReEinsatz	einem Nutzungsprofil zugeordneter Ressourceneinsatz
NutzProfil	Nutzungsprofil
ParamEntRe	Parameter zur Berechnung des entsorgungsspezifischen Ressourceneinsatzes
ParamNPRe	Parameter zur Berechnung des nutzungsspezifischen Ressourceneinsatzes
ParamPrRe	Parameter zur Berechnung des produktionsspezifischen Ressourceneinsatzes
ProdKonzept	Produktionskonzept
ProdNuPr	produktspezifisches Nutzungsprofil
produz.	produzieren
PrReEinsatz	produktionsspezifischer Ressourceneinsatz
StReEinsatz	stoffspezifischer Ressourceneinsatz
ReEin1Ord	Ressourceneinsatz 1. Ordnung
ReEin2Ord	Ressourceneinsatz 2. Ordnung
ReEin3Ord	Ressourceneinsatz 3. Ordnung
VeFoZuord	verfahrensspezifische Ressourcenberechnungsformel
VeReEinsatz	verfahrensspezifischer Ressourceneinsatz

Bild A2.16: Datenstrukturierung (L)

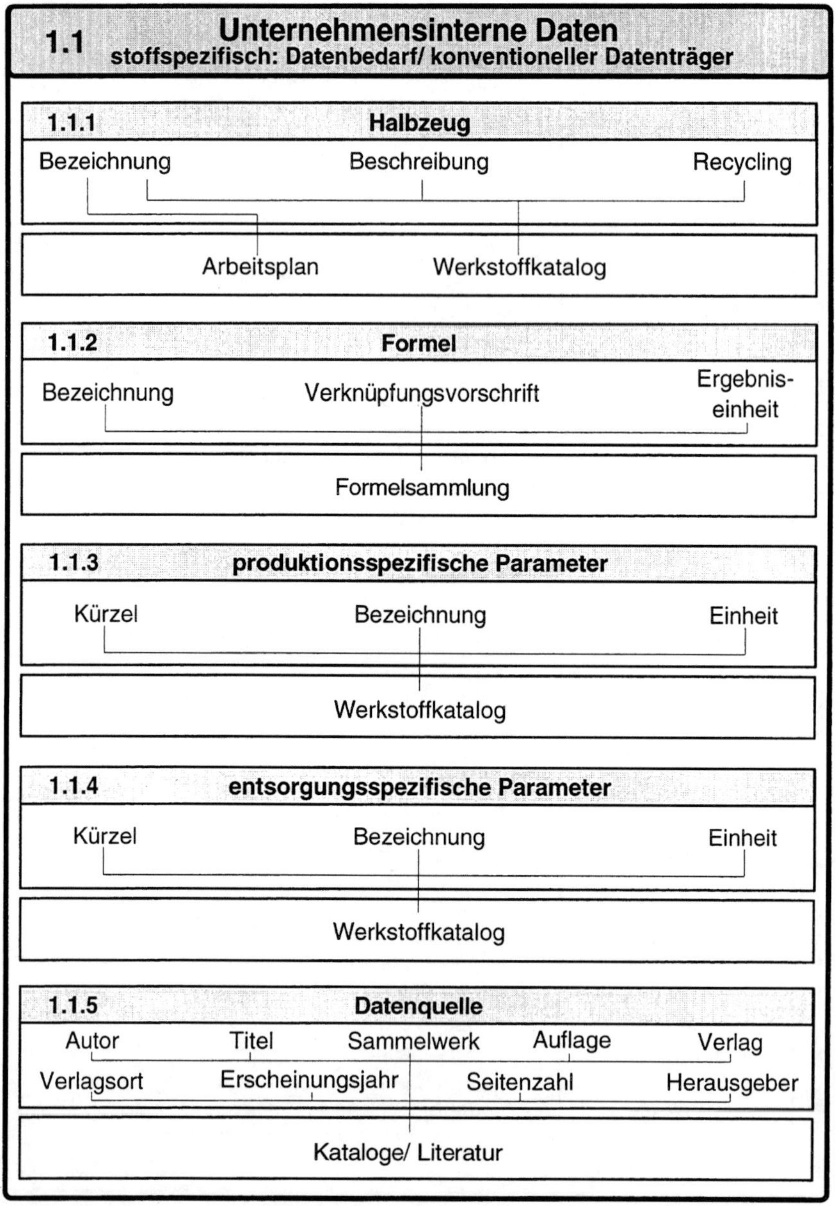

1.1 Unternehmensinterne Daten
stoffspezifisch: Datenbedarf/ konventioneller Datenträger

1.1.1 Halbzeug
Bezeichnung | Beschreibung | Recycling

Arbeitsplan | Werkstoffkatalog

1.1.2 Formel
Bezeichnung | Verknüpfungsvorschrift | Ergebniseinheit

Formelsammlung

1.1.3 produktionsspezifische Parameter
Kürzel | Bezeichnung | Einheit

Werkstoffkatalog

1.1.4 entsorgungsspezifische Parameter
Kürzel | Bezeichnung | Einheit

Werkstoffkatalog

1.1.5 Datenquelle
Autor | Titel | Sammelwerk | Auflage | Verlag
Verlagsort | Erscheinungsjahr | Seitenzahl | Herausgeber

Kataloge/ Literatur

<u>Bild A3.1</u>: Spezifizierung der Datenklassen und Datenträgerzuordnung (K1)

1.2 Unternehmensinterne Daten
verfahrensspezifisch: Datenbedarf/ konventioneller Datenträger

1.2.1 Maschine

Bezeichnung — Beschreibung — Bezugseinheit — Bezugsgröße

Fertigungsmittelkatalog — Kataloge/ Literatur

1.2.2 verfahrensbezogener Ressourceneinsatz

Bezeichnung — Wert — Einheit

Fertigungsmittelkatalog

1.2.3 Leistungskennwert

Bezeichnung — Wert — Einheit

Fertigungsmittelkatalog

1.2.4 Formel

Bezeichnung — Verknüpfungsvorschrift — Ergebniseinheit

Formelsammlung

1.2.5 produktionsspezifische Parameter

Kürzel — Bezeichnung — Einheit

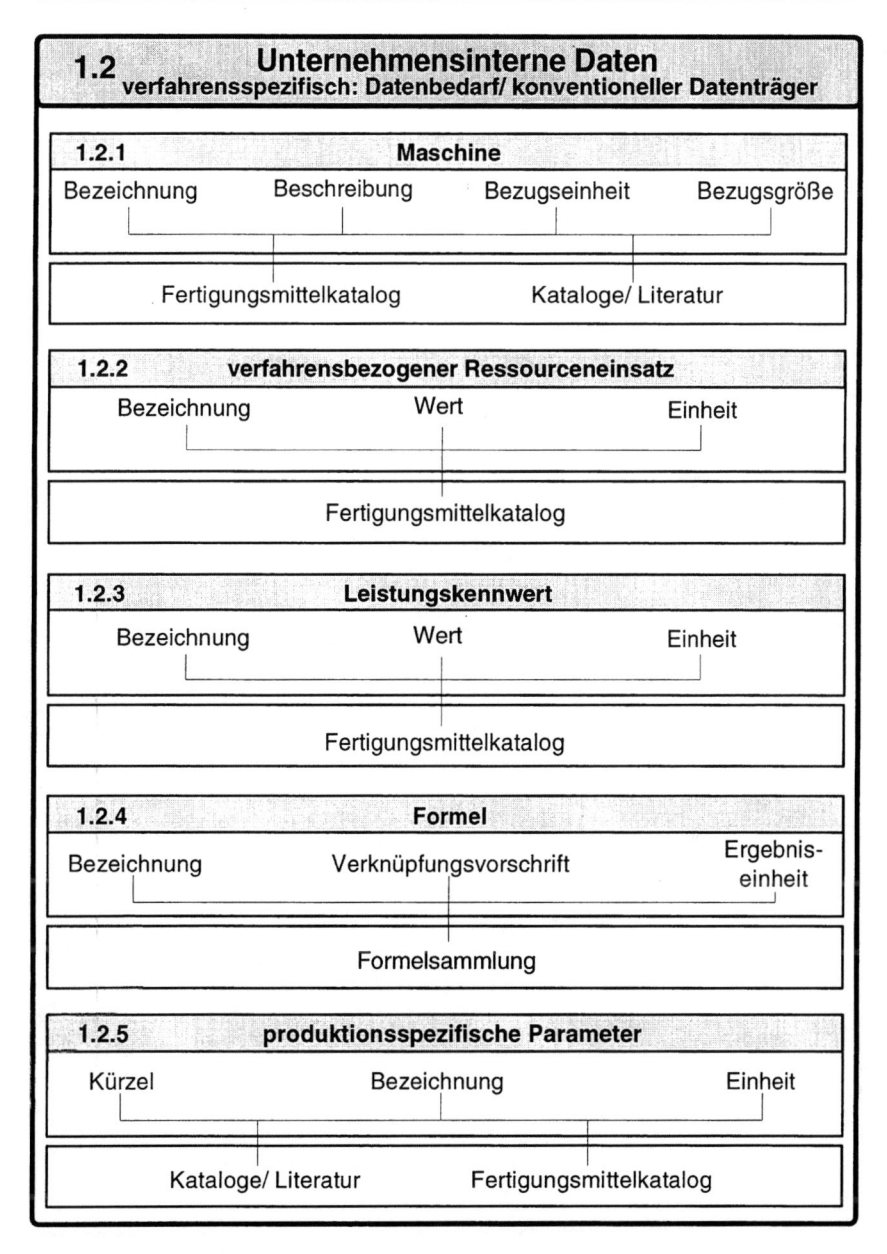

Kataloge/ Literatur — Fertigungsmittelkatalog

Bild A3.2: Spezifizierung der Datenklassen und Datenträgerzuordnung (K2)

1.2	**Unternehmensinterne Daten**
	verfahrensspezifisch: Datenbedarf/ konventioneller Datenträger

1.2.6	entsorgungsspezifische Parameter	
Kürzel	Bezeichnung	Einheit

Kataloge/ Literatur	Fertigungsmittelkatalog	Gesetze/ Vorschriften

1.2.7		Datenquelle		
Autor	Titel	Sammelwerk	Auflage	Verlag
Verlagsort	Erscheinungsjahr		Seitenzahl	Herausgeber

Kataloge/ Literatur

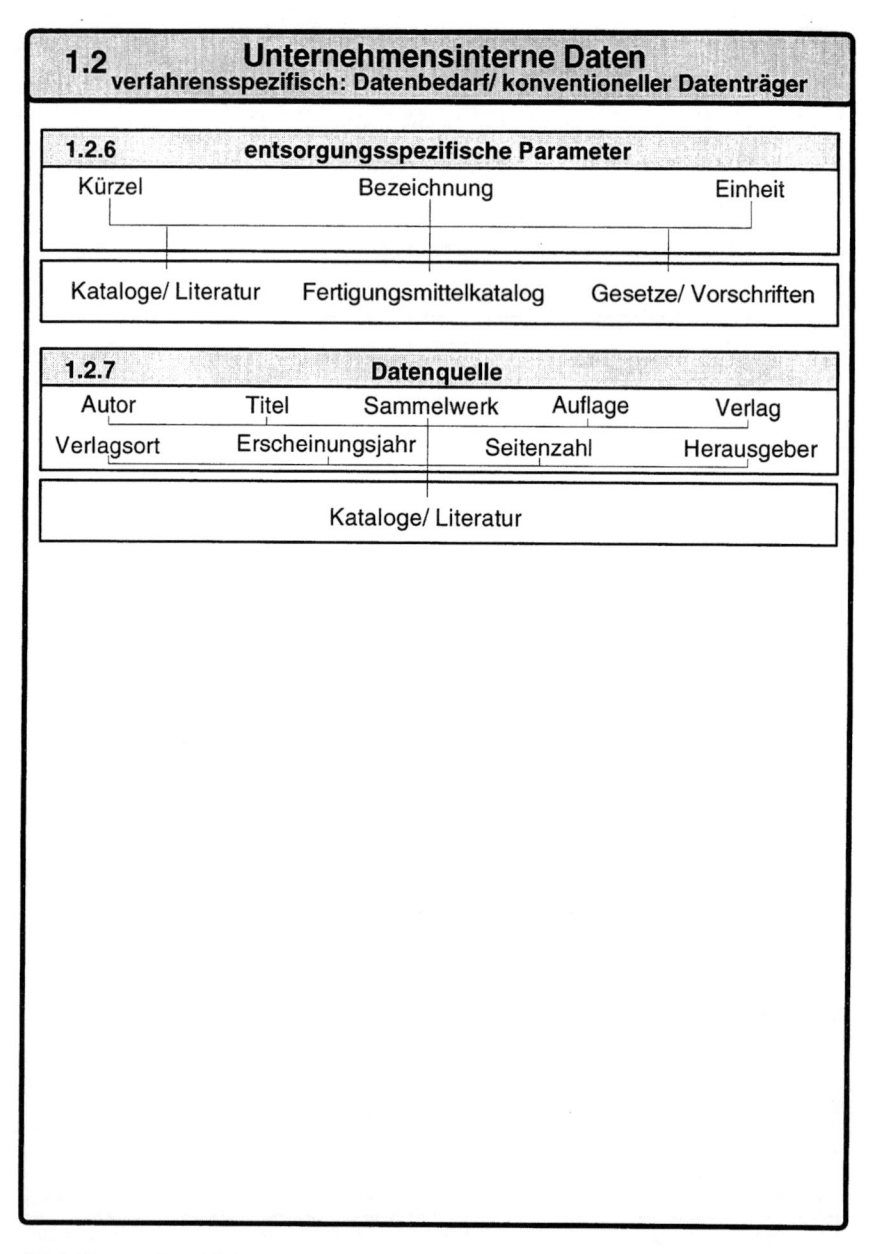

Bild A3.3: Spezifizierung der Datenklassen und Datenträgerzuordnung (K3)

1.3 unternehmensinterne Daten
produktspezifisch: Datenbedarf/ konventioneller Datenträger

1.3.1 Produkt
Produktname   Baugruppe   Bauteil

Produktplan, Absatzplan, Strukturstückliste

1.3.2 Produktionskonzept
Bezeichnung   Rohteilmasse   Fertigteilmasse   Einheit

Arbeitsplan   Konstruktionszeichnung

1.3.3 Arbeitsvorgang
AV-Nr.   Verfahrens-Typ   Wert

Arbeitsplan   Norm

1.3.4 Nutzungsprofil
Ressourcen-bezeichnung   Bemerkung

Kataloge/ Literatur

1.3.5 Entsorgungsvorgang
Ressourcen-bezeichnung   Stoff-/ Verfahrenstyp   Einheit

Entsorgungsplan   Kataloge/ Literatur

Bild A3.4: Spezifizierung der Datenklassen und Datenträgerzuordnung (K4)

Anhang   A22

1.3 Unternehmensinterne Daten
produktspezifisch: Datenbedarf/ konventioneller Datenträger

1.3.6 produktionsbezogener Ressourceneinsatz

| Ressourcenbezeichnung | Wert | Einheit |

| Arbeitsplan | Kataloge/ Literatur |

1.3.7 nutzungsbezogener Ressourceneinsatz

| Ressourcenbezeichnung | Wert | Einheit |

| Gesetze/ Vorschriften | Kataloge/ Literatur |

1.3.8 entsorgungsbezogener Ressourceneinsatz

| Ressourcenbezeichnung | Wert | Einheit |

| Gesetze/ Vorschriften | Kataloge/ Literatur |

1.3.9 Formel

| Bezeichnung | Verknüpfungsvorschrift | Ergebniseinheit |

| Formelsammlung |

1.3.10 produktionsspezifische Parameter

| Bezeichnung | Wert | Einheit |

| Arbeitsplan | Kataloge/ Literatur |

<u>Bild A3.5:</u>   Spezifizierung der Datenklassen und Datenträgerzuordnung (K5)

1.3 Unternehmensinterne Daten
produktspezifisch: Datenbedarf/ konventioneller Datenträger

1.3.11 nutzungsspezifische Parameter

Bezeichnung	Wert	Einheit

Pflichtenheft	Kataloge/ Literatur

1.3.12 entsorgungsspezifische Parameter

Bezeichnung	Wert	Einheit

Gesetze/ Vorschriften	Kataloge/ Literatur

1.3.13 Datenquelle

Autor	Titel	Sammelwerk	Auflage	Verlag
Verlagsort	Erscheinungsjahr	Seitenzahl		Herausgeber

Kataloge/ Literatur

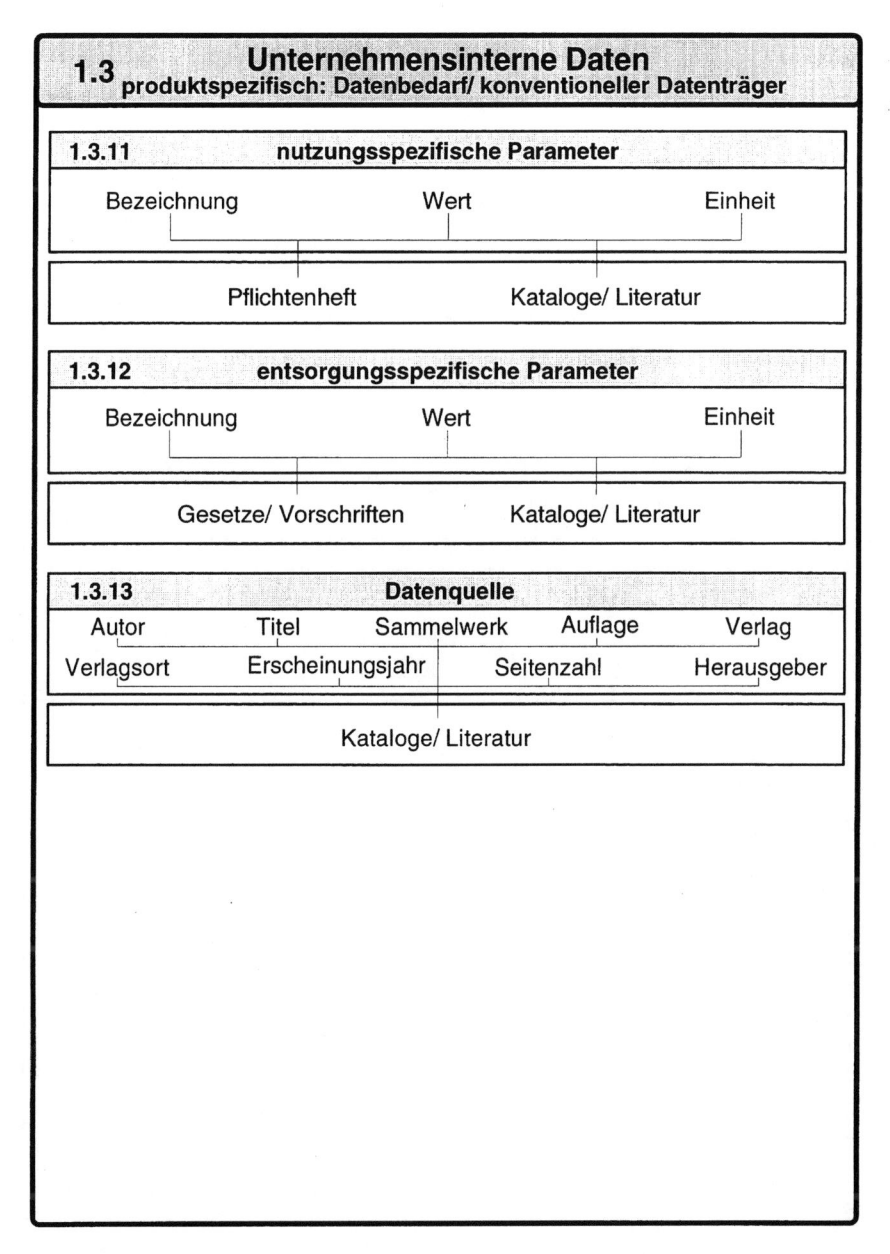

Bild A3.6: Spezifizierung der Datenklassen und Datenträgerzuordnung (K6)

2.1 Unternehmensexterne Daten
stoffspezifisch: Datenbedarf/ konventioneller Datenträger

2.1.1 Stoff

Bezeichnung | DIN | Stoff-Id-Nr | Hauptgruppe | Stoffgruppe | Stoffklasse
Bestandteile | Dichte | Wärmekapazität | Heizwert | Bezugseinheit | Bezugsgröße

DIN — Werkstoffkatalog

2.1.2 Halbzeug

Bezeichnung | Beschreibung | Recycling

Werkstoffkatalog — Kataloge/ Literatur

2.1.3 stoffbezogener Ressourceneinsatz

Ressourcentyp | Wert | Einheit

Werkstoffkatalog — Kataloge/ Literatur

2.1.4 Formel

Bezeichnung | Verknüpfungsvorschrift | Ergebniseinheit

Formelsammlung

2.1.5 produktionsspezifische Parameter

Bezeichnung | Wert | Einheit

Werkstoffkatalog — Arbeitsplan

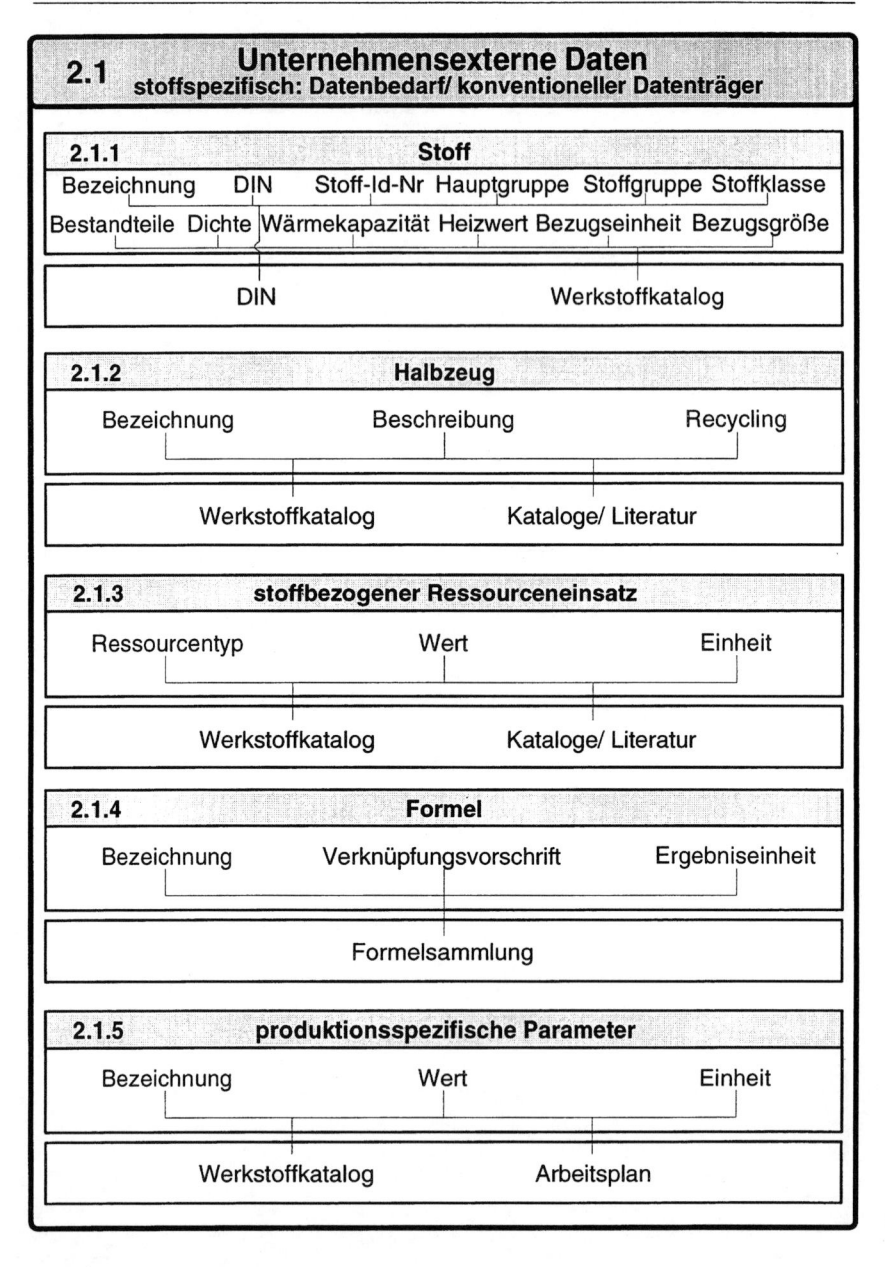

<u>Bild A3.7</u>: Spezifizierung der Datenklassen und Datenträgerzuordnung (K7)

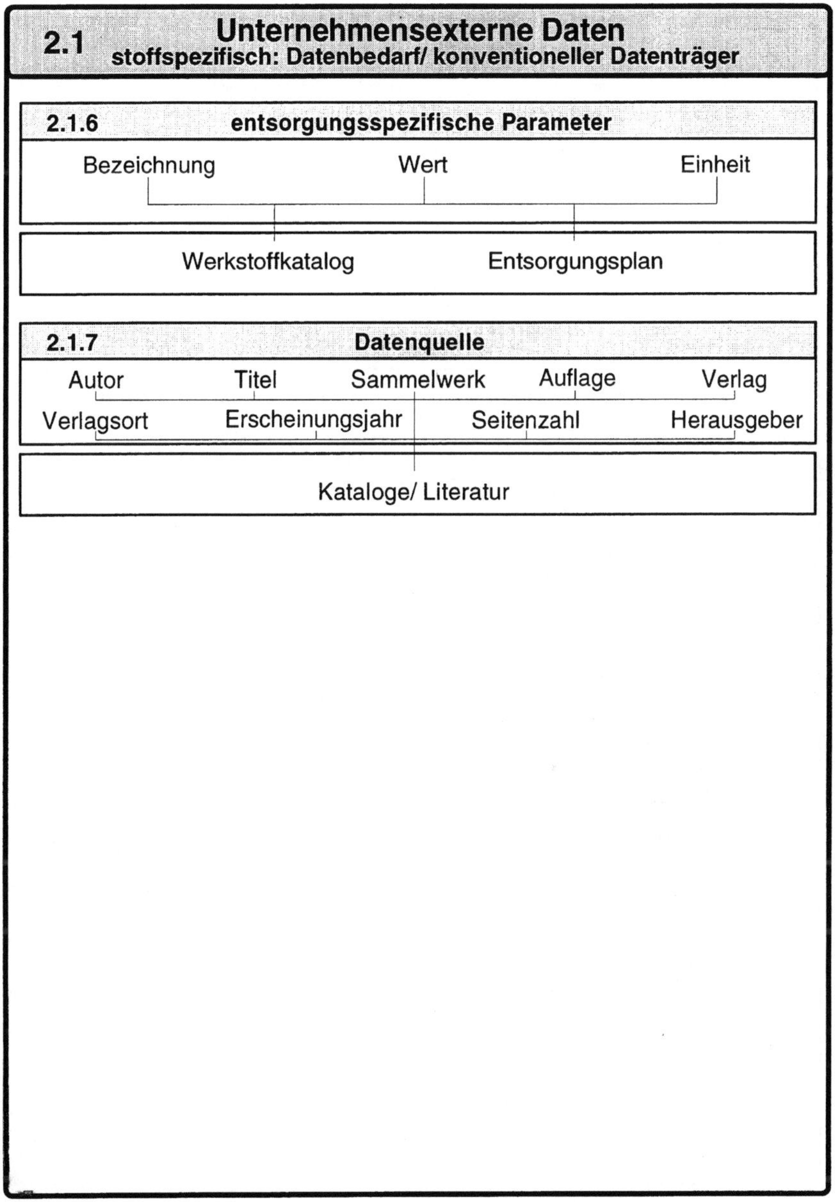

2.1 Unternehmensexterne Daten
stoffspezifisch: Datenbedarf/ konventioneller Datenträger

2.1.6 entsorgungsspezifische Parameter

Bezeichnung	Wert	Einheit

Werkstoffkatalog	Entsorgungsplan

2.1.7 Datenquelle

Autor	Titel	Sammelwerk	Auflage	Verlag
Verlagsort	Erscheinungsjahr		Seitenzahl	Herausgeber

Kataloge/ Literatur

Bild A3.8: Spezifizierung der Datenklassen und Datenträgerzuordnung (K8)

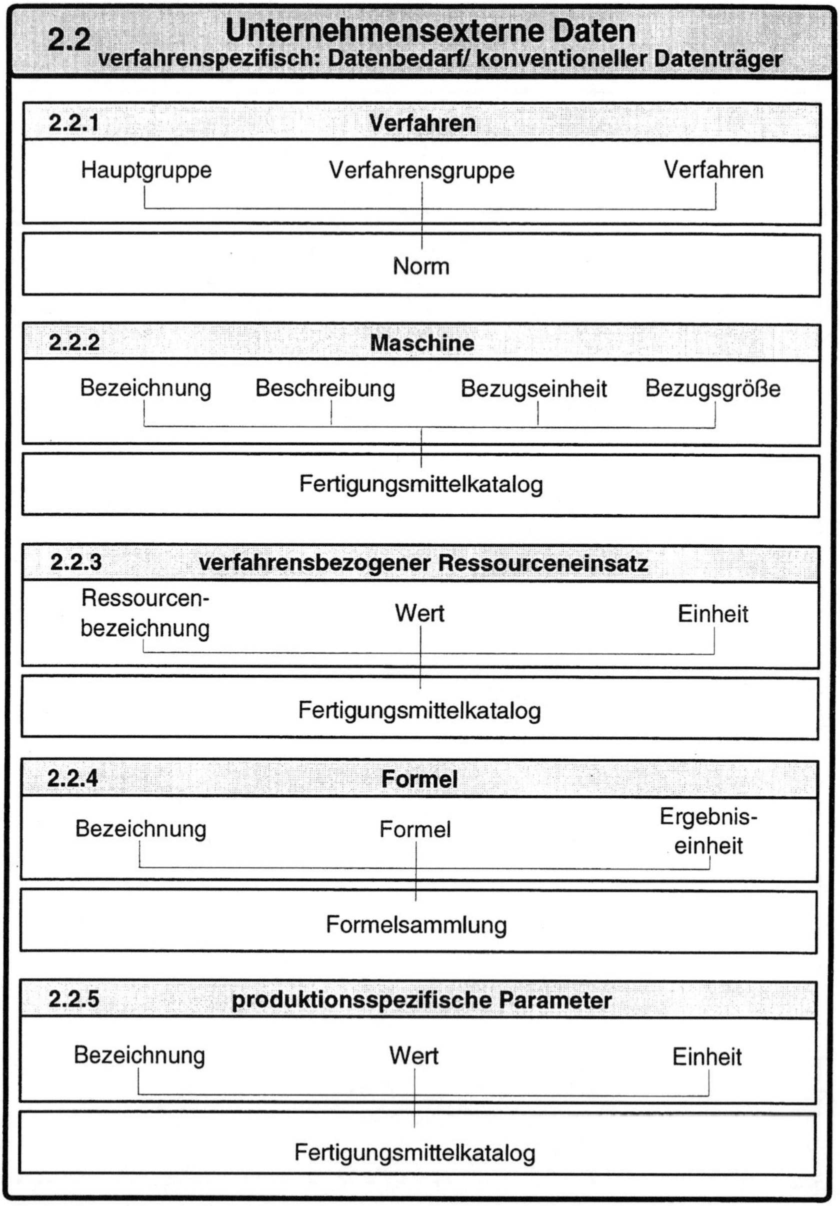

Anhang A26

2.2 Unternehmensexterne Daten
verfahrenspezifisch: Datenbedarf/ konventioneller Datenträger

2.2.1 Verfahren

| Hauptgruppe | Verfahrensgruppe | Verfahren |

| Norm |

2.2.2 Maschine

| Bezeichnung | Beschreibung | Bezugseinheit | Bezugsgröße |

| Fertigungsmittelkatalog |

2.2.3 verfahrensbezogener Ressourceneinsatz

| Ressourcen-bezeichnung | Wert | Einheit |

| Fertigungsmittelkatalog |

2.2.4 Formel

| Bezeichnung | Formel | Ergebnis-einheit |

| Formelsammlung |

2.2.5 produktionsspezifische Parameter

| Bezeichnung | Wert | Einheit |

| Fertigungsmittelkatalog |

Bild A3.9: Spezifizierung der Datenklassen und Datenträgerzuordnung (K9)

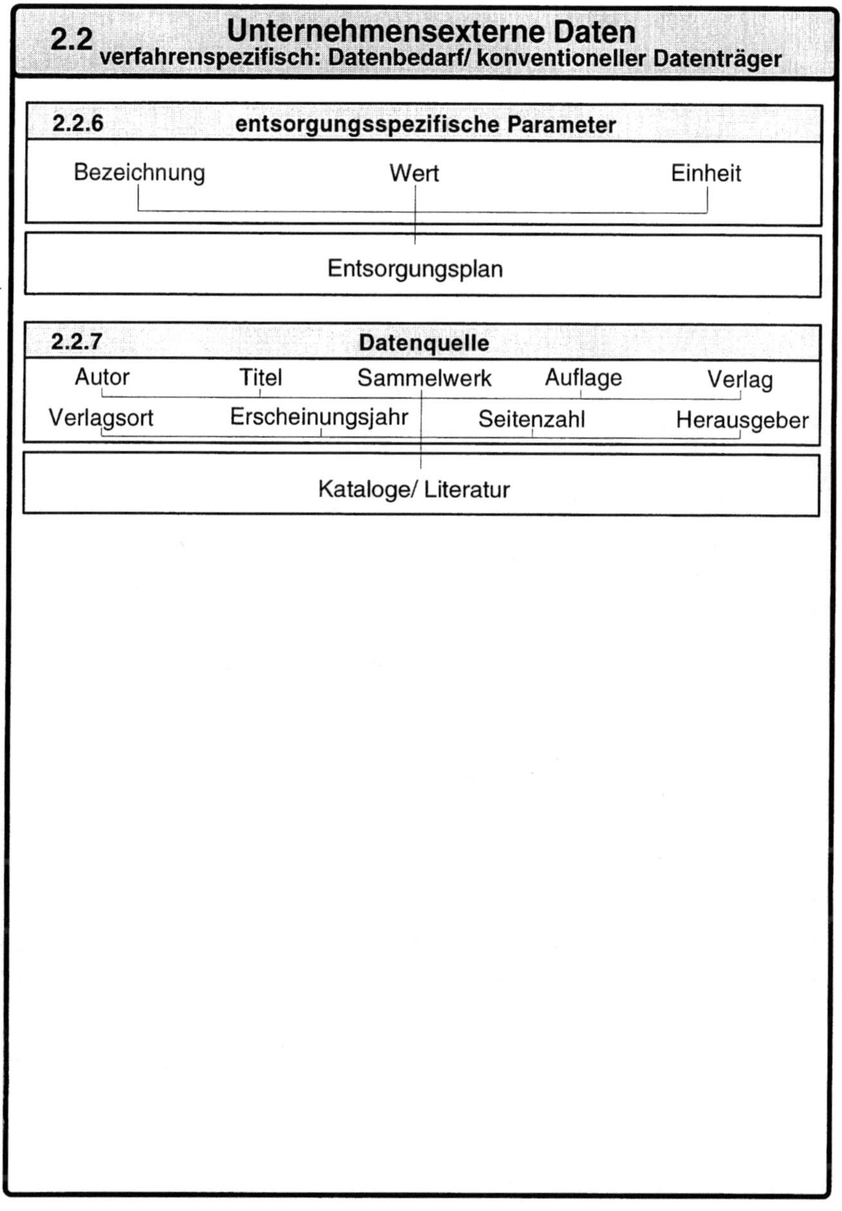

2.2	Unternehmensexterne Daten
	verfahrensspezifisch: Datenbedarf/ konventioneller Datenträger

2.2.6	entsorgungsspezifische Parameter	
Bezeichnung	Wert	Einheit

Entsorgungsplan

2.2.7		Datenquelle		
Autor	Titel	Sammelwerk	Auflage	Verlag
Verlagsort	Erscheinungsjahr	Seitenzahl		Herausgeber

Kataloge/ Literatur

Bild A3.10:   Spezifizierung der Datenklassen und Datenträgerzuordnung (K10)

2.3 Unternehmensexterne Daten
produktspezifisch: Datenbedarf/ konventioneller Datenträger

2.3.1 Formel

| Bezeichnung | Formel | Ergebnis-einheit |

Formelsammlung

2.3.2 produktionsspezifische Parameter

| Bezeichnung | Wert | Einheit |

Fertigungsmittelkatalog

2.3.3 nutzungsspezifische Parameter

| Bezeichnung | Wert | Einheit |

Kataloge/ Literatur

2.3.4 entsorgungsspezifische Parameter

| Bezeichnung | Wert | Einheit |

Entsorgungsplan

2.3.5 Datenquelle

| Autor | Titel | Sammelwerk | Auflage | Verlag |
| Verlagsort | Erscheinungsjahr | | Seitenzahl | Herausgeber |

Kataloge/ Literatur

Bild A3.11: Spezifizierung der Datenklassen und Datenträgerzuordnung (K11)

1.1 Unternehmensinterne Daten
stoffspezifisch: Datenbedarf/ EDV-Datenträger

1.1.1 Halbzeug

| Bezeichnung | Beschreibung | Recycling |

CAP-System | PPS-System

1.1.2 Formel

| Bezeichnung | Verknüpfungsvorschrift | Ergebnis-einheit |

PPS-System | Faktendatenbank

1.1.3 produktionsspezifische Parameter

| Kürzel | Bezeichnung | Einheit |

PPS-System

1.1.4 entsorgungsspezifische Parameter

| Kürzel | Bezeichnung | Einheit |

PPS-System

1.1.5 Datenquelle

| Autor | Titel | Sammelwerk | Auflage | Verlag |
| Verlagsort | Erscheinungsjahr | | Seitenzahl | Herausgeber |

Faktendatenbank

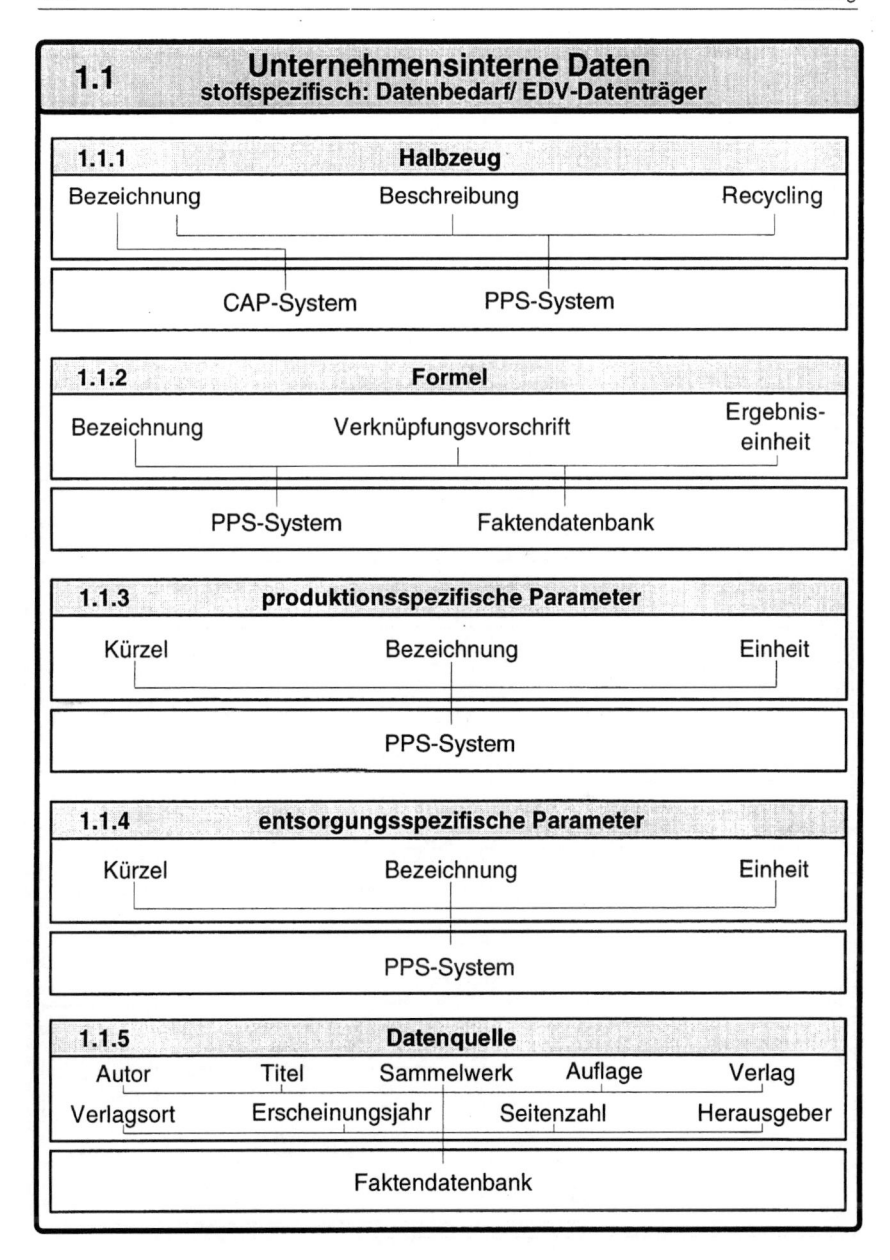

Bild A4.1: Spezifizierung der Datenklassen und Datenträgerzuordnung (E1)

Anhang A30

1.2 Unternehmensinterne Daten
verfahrensspezifisch: Datenbedarf/ EDV- Datenträger

1.2.1 Maschine

Bezeichnung — Beschreibung — Bezugseinheit — Bezugsgröße

CAP-System — PPS-System

1.2.2 verfahrensbezogener Ressourceneinsatz

Bezeichnung — Wert — Einheit

CAP-System — PPS-System

1.2.3 Leistungskennwert

Bezeichnung — Wert — Einheit

PPS-System

1.2.4 Formel

Bezeichnung — Verknüpfungsvorschrift — Ergebniseinheit

Faktendatenbank

1.2.5 produktionsspezifische Parameter

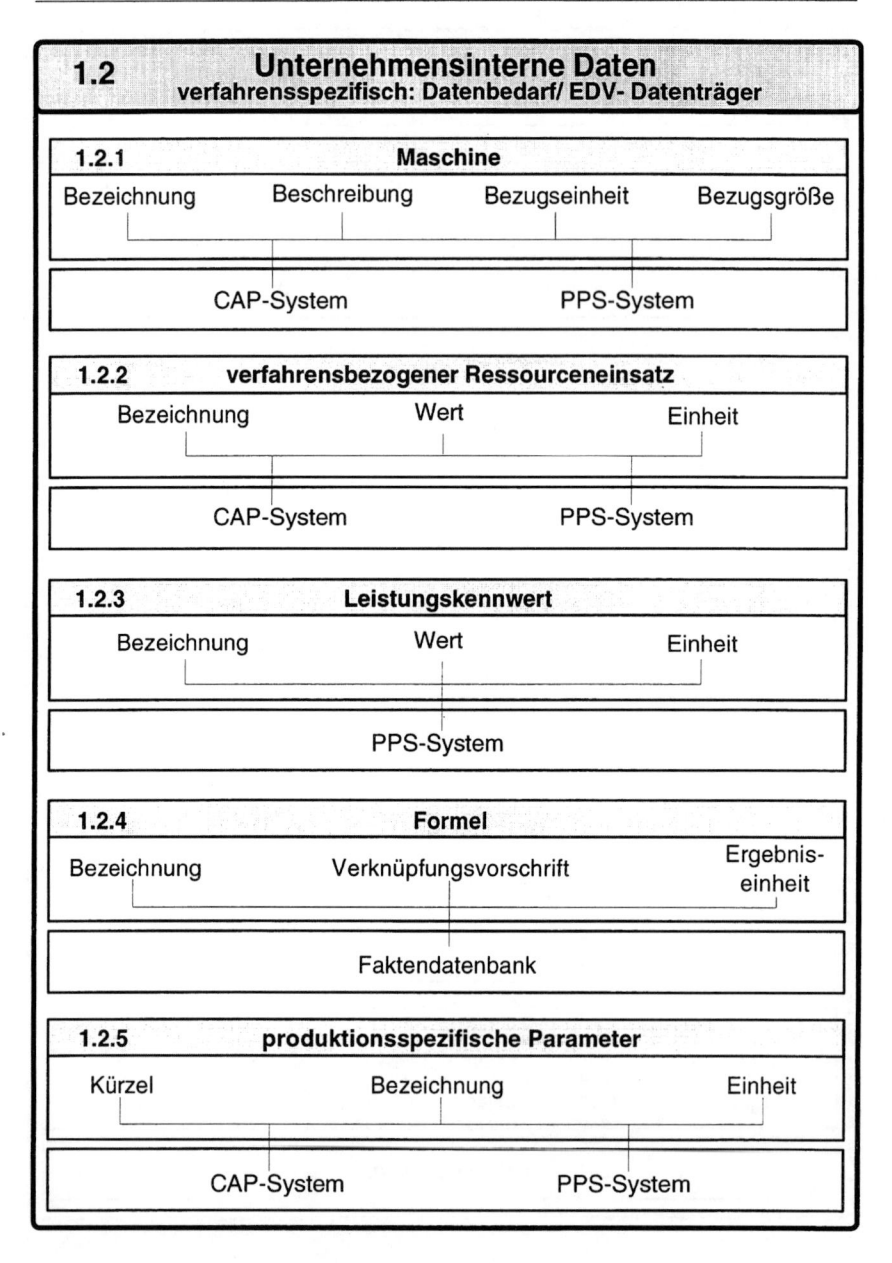

Kürzel — Bezeichnung — Einheit

CAP-System — PPS-System

Bild A4.2: Spezifizierung der Datenklassen und Datenträgerzuordnung (E2)

1.2	Unternehmensinterne Daten verfahrensspezifisch: Datenbedarf/ EDV-Datenträger

1.2.6	entsorgungsspezifische Parameter	
Kürzel	Bezeichnung	Einheit

CAP-System	PPS-System

1.2.7		Datenquelle		
Autor	Titel	Sammelwerk	Auflage	Verlag
Verlagsort	Erscheinungsjahr		Seitenzahl	Herausgeber

Faktendatenbank

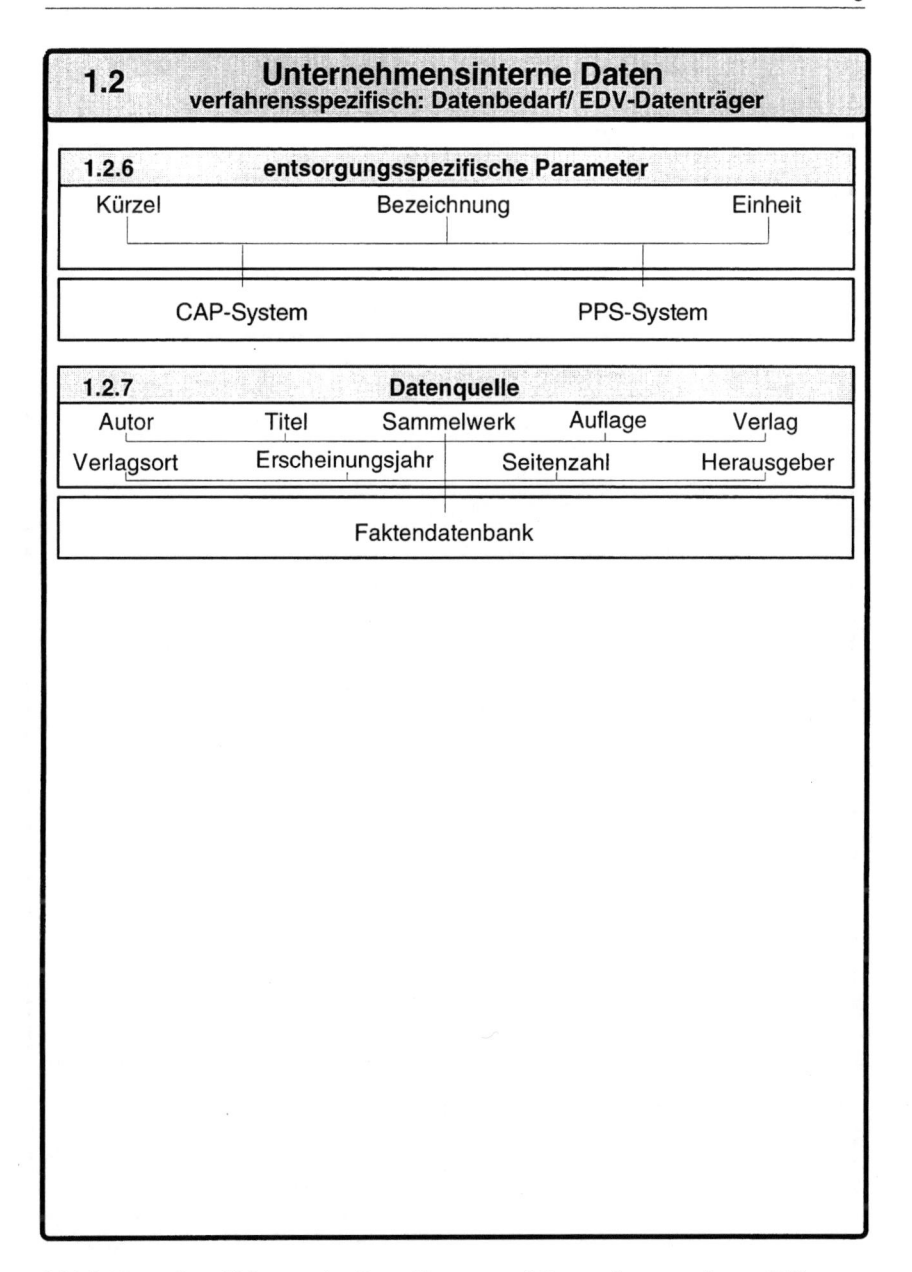

Bild A4.3: Spezifizierung der Datenklassen und Datenträgerzuordnung (E3)

1.3 Unternehmensinterne Daten
produktspezifisch: Datenbedarf/ EDV-Datenträger

1.3.1 Produkt

| Produktname | Baugruppe | Bauteil |

| CAP-System | PPS-System |

1.3.2 Produktionskonzept

| Bezeichnung | Rohteilmasse | Fertigteilmasse | Einheit |

| CAP-System |

1.3.3 Arbeitsvorgang

| AV-Nr. | Verfahrens-Typ | Wert |

| CAP-System |

1.3.4 Nutzungsprofil

| Ressourcenbezeichnung | | Bemerkung |

| PPS-System | Faktendatenbank |

1.3.5 Entsorgungsvorgang

| Ressourcenbezeichnung | Stoff-/ Verfahrenstyp | Einheit |

| Faktendatenbank |

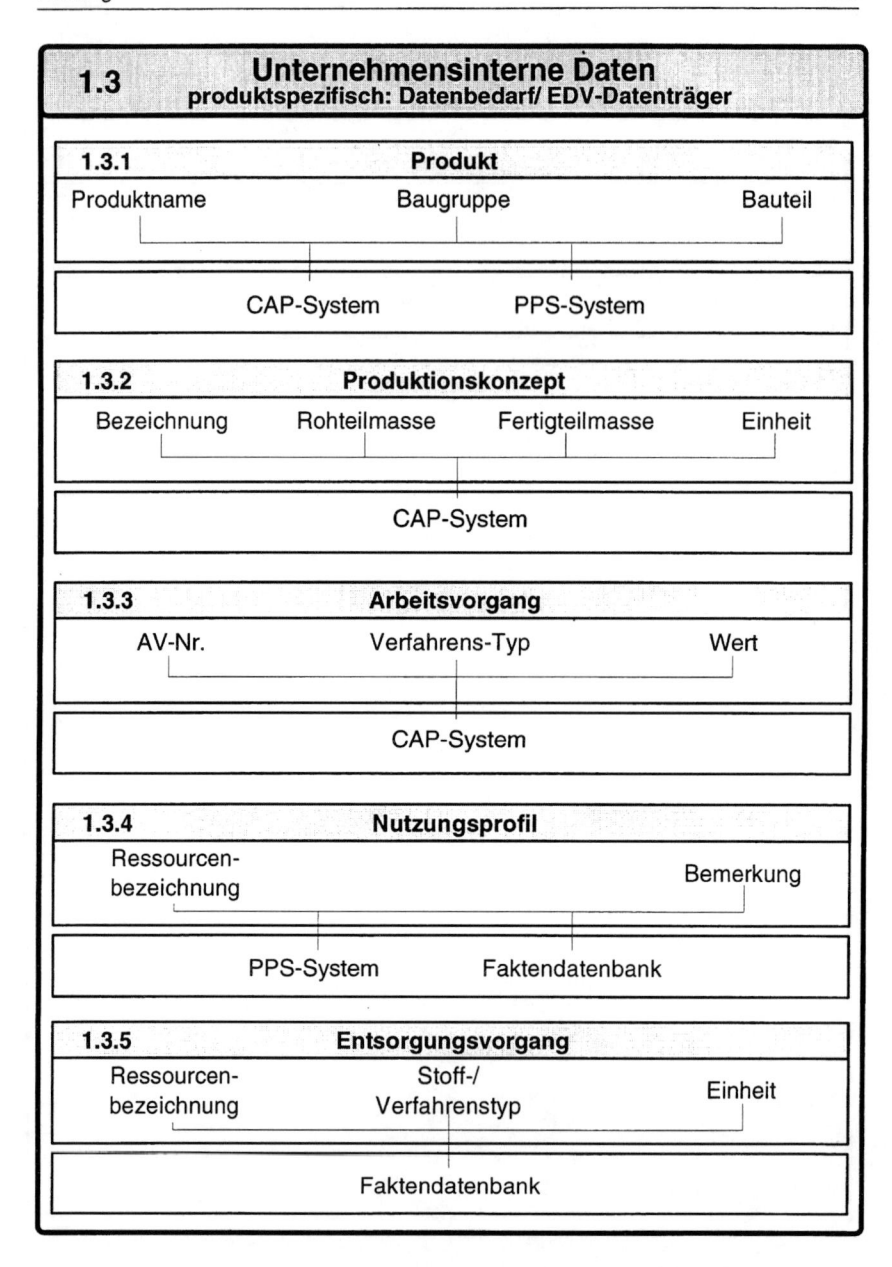

Bild A4.4: Spezifizierung der Datenklassen und Datenträgerzuordnung (E4)

1.3 Unternehmensinterne Daten
produktspezifisch: Datenbedarf/ EDV-Datenträger

1.3.6 produktionsbezogener Ressourceneinsatz

Ressourcenbezeichnung	Wert	Einheit
	CAP-System	PPS-System

1.3.7 nutzungsbezogener Ressourceneinsatz

Ressourcenbezeichnung	Wert	Einheit
	Faktendatenbank	

1.3.8 entsorgungsbezogener Ressourceneinsatz

Ressourcenbezeichnung	Wert	Einheit
	PPS-System	Faktendatenbank

1.3.9 Formel

Bezeichnung	Verknüpfungsvorschrift	Ergebniseinheit
	PPS-System	Faktendatenbank

1.3.10 produktionsspezifische Parameter

Bezeichnung	Wert	Einheit
	CAP-System	PPS-System

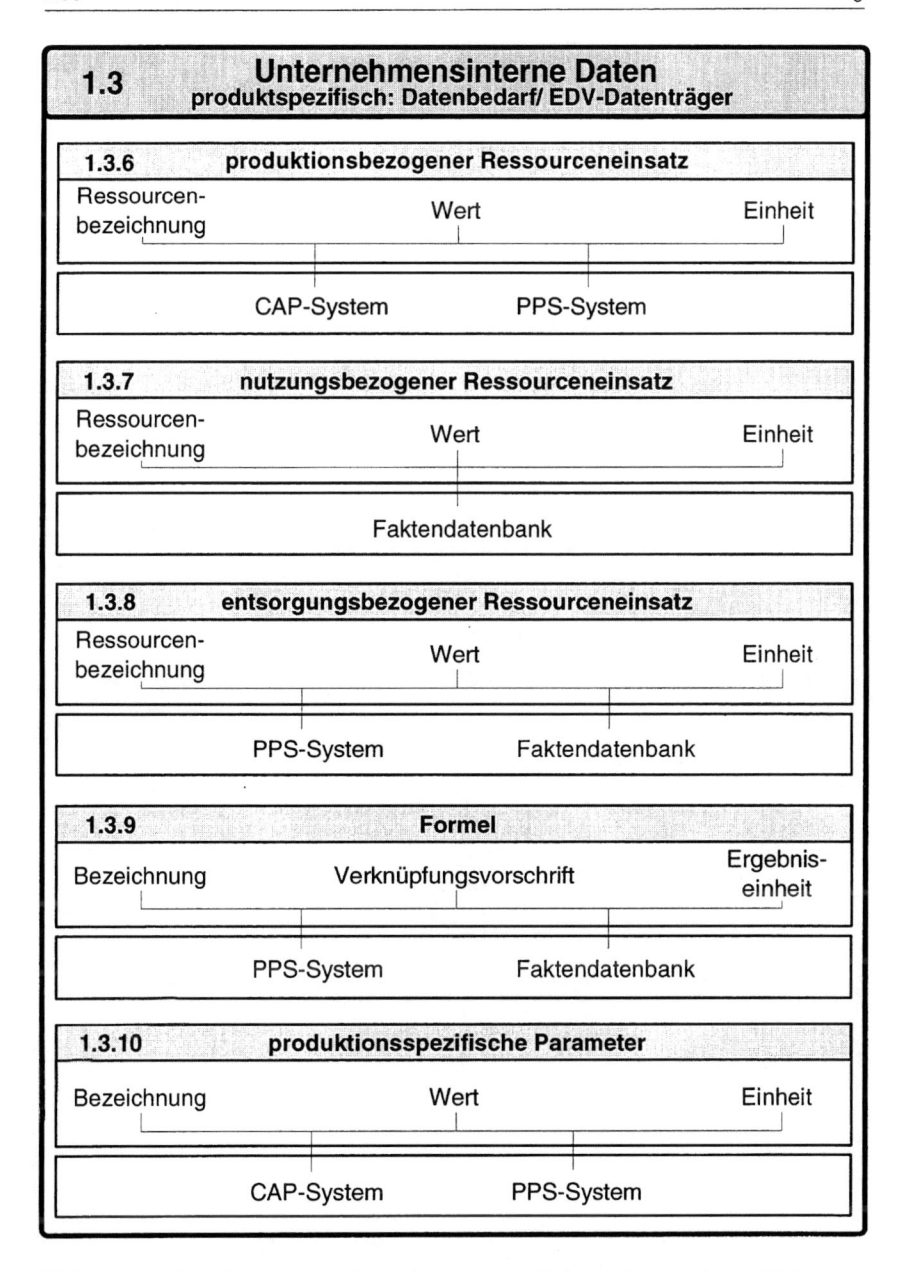

<u>Bild A4.5</u>: Spezifizierung der Datenklassen und Datenträgerzuordnung (E5)

Anhang A34

1.3 Unternehmensinterne Daten
produktspezifisch: Datenbedarf/ EDV-Datenträger

1.3.11 nutzungsspezifische Parameter

Bezeichnung	Wert	Einheit

PPS-System	Faktendatenbank

1.3.12 entsorgungsspezifische Parameter

Bezeichnung	Wert	Einheit

PPS-System	Faktendatenbank

1.3.13 Datenquelle

Autor	Titel	Sammelwerk	Auflage	Verlag
Verlagsort	Erscheinungsjahr		Seitenzahl	Herausgeber

Faktendatenbank

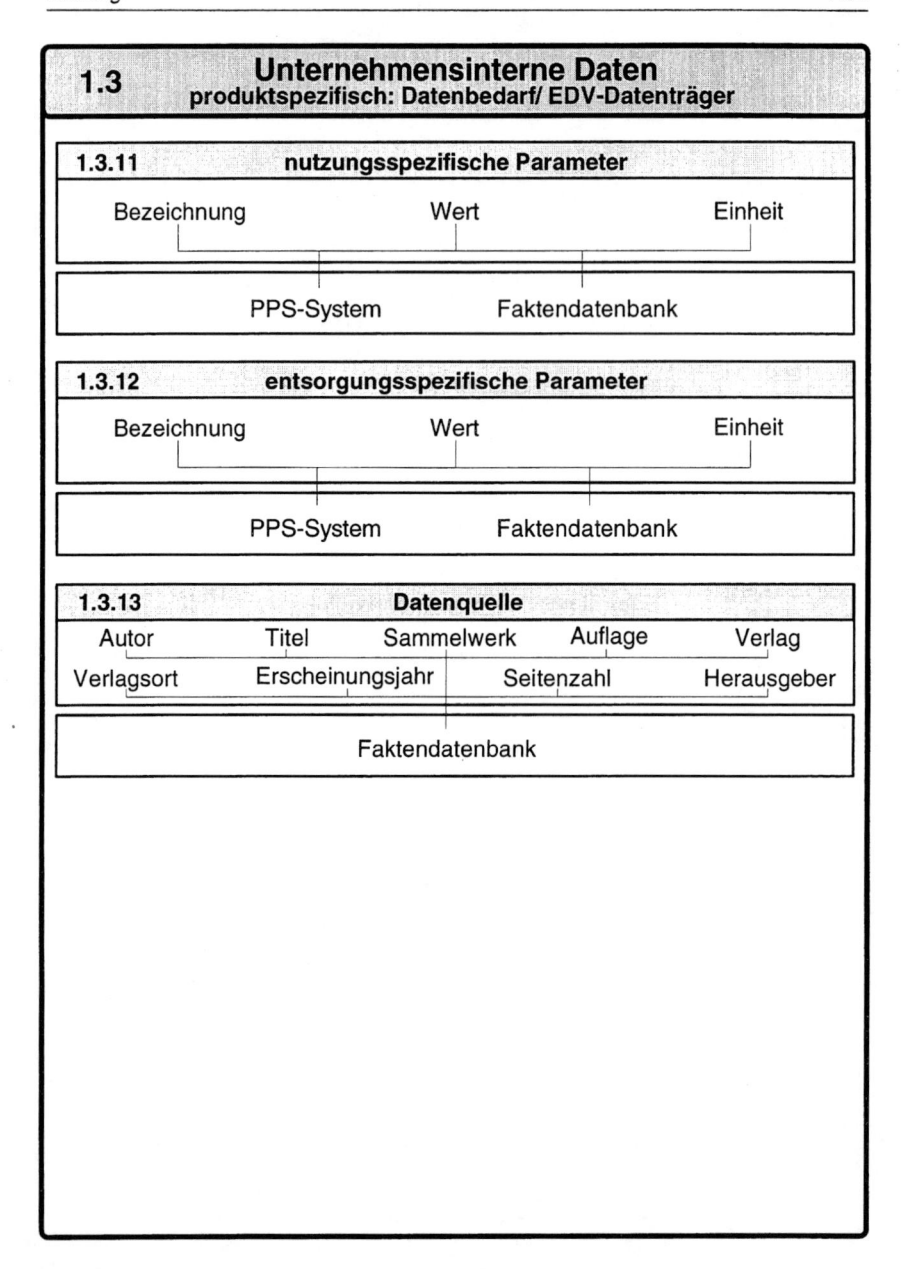

<u>Bild A4.6</u>: Spezifizierung der Datenklassen und Datenträgerzuordnung (E6)

2.1 Unternehmensexterne Daten
stoffspezifisch: Datenbedarf/ EDV-Datenträger

2.1.1 Stoff

Bezeichnung   DIN   Stoff-Id-Nr   Hauptgruppe   Stoffgruppe   Stoffklasse
Bestandteile   Dichte   Wärmekapazität   Heizwert   Bezugseinheit   Bezugsgröße

Faktendatenbank

2.1.2 Halbzeug

Bezeichnung   Beschreibung   Recycling

Faktendatenbank

2.1.3 stoffbezogener Ressourceneinsatz

Ressourcentyp   Wert   Einheit

Faktendatenbank

2.1.4 Formel

Bezeichnung   Verknüpfungsvorschrift   Ergebniseinheit

Faktendatenbank

2.1.5 produktionsspezifische Parameter

Bezeichnung   Wert   Einheit

Faktendatenbank

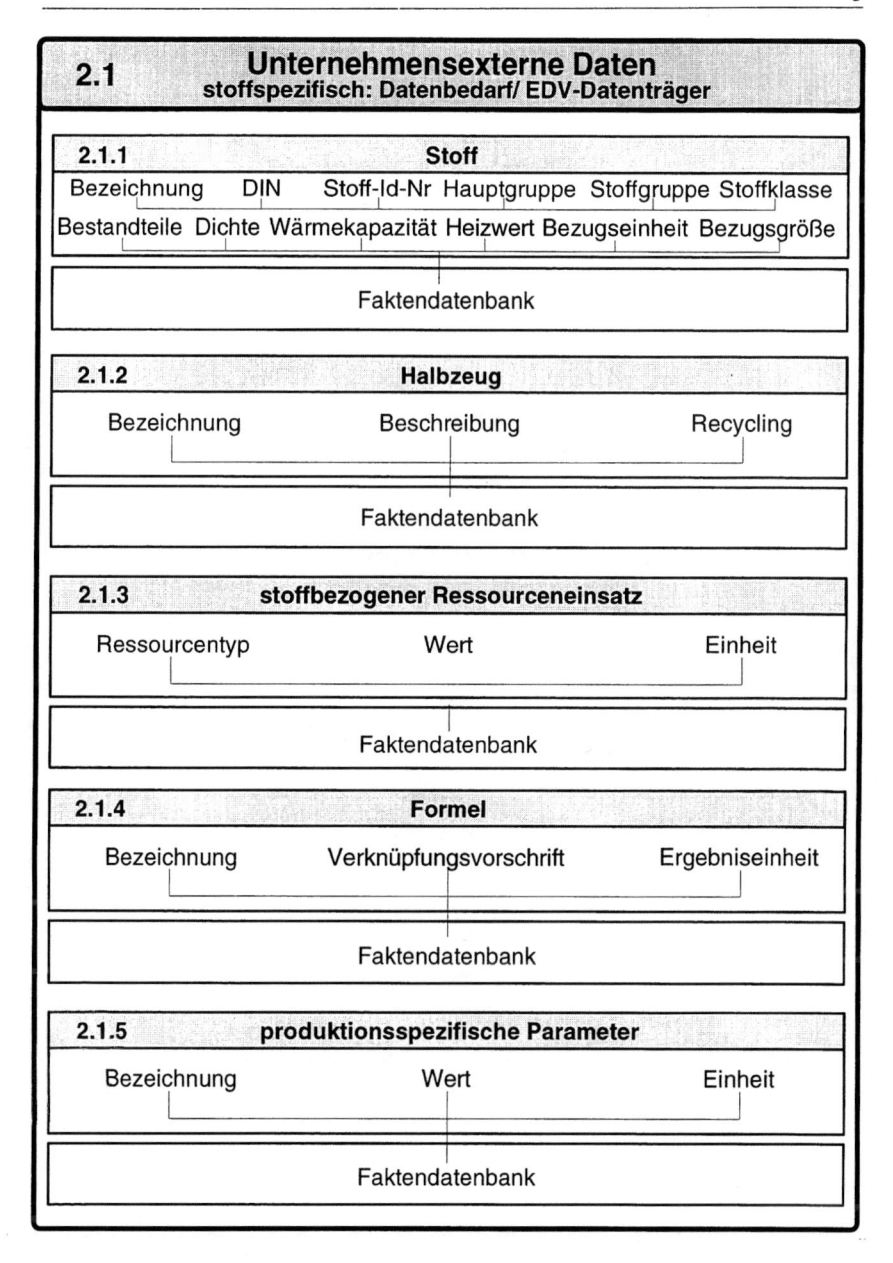

Bild A4.7: Spezifizierung der Datenklassen und Datenträgerzuordnung (E7)

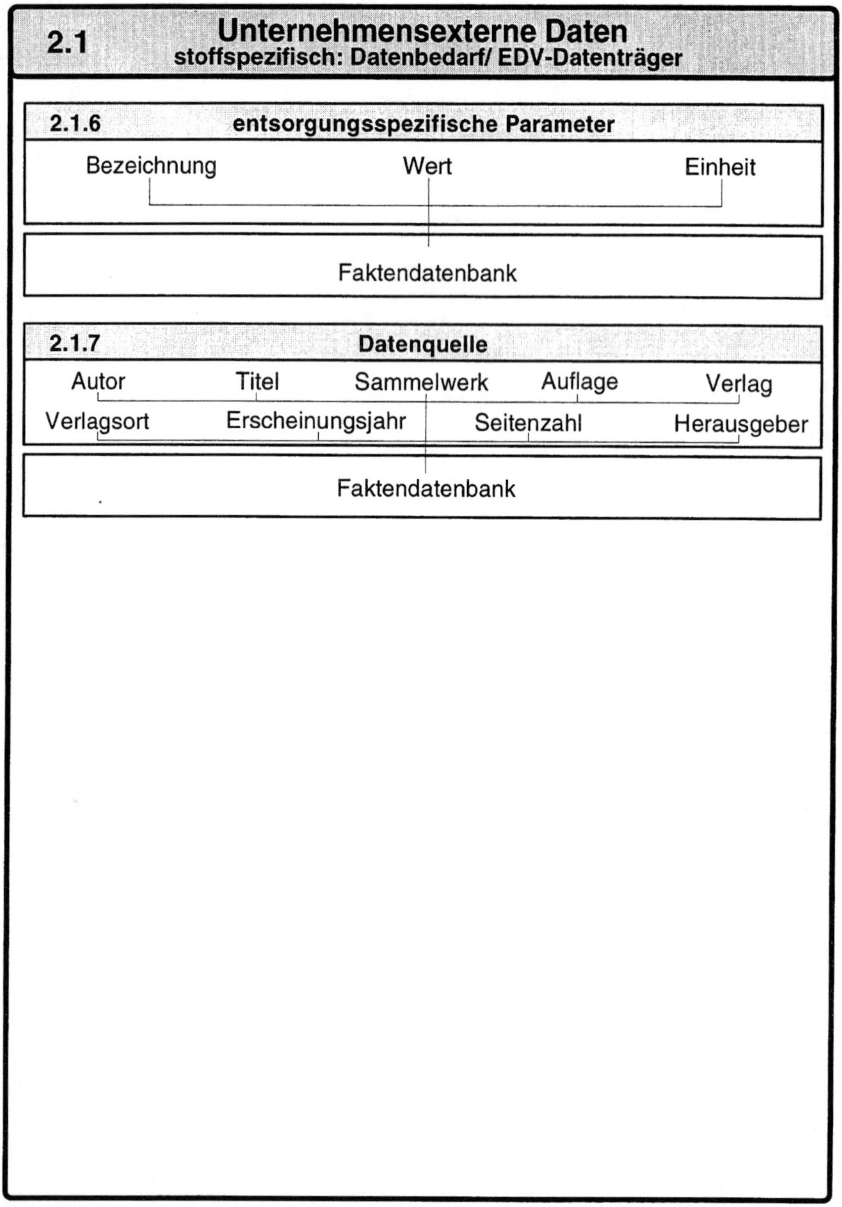

2.1 Unternehmensexterne Daten
stoffspezifisch: Datenbedarf/ EDV-Datenträger

2.1.6 entsorgungsspezifische Parameter

| Bezeichnung | Wert | Einheit |

| Faktendatenbank |

2.1.7 Datenquelle

| Autor | Titel | Sammelwerk | Auflage | Verlag |
| Verlagsort | Erscheinungsjahr | Seitenzahl | Herausgeber |

| Faktendatenbank |

Bild A4.8: Spezifizierung der Datenklassen und Datenträgerzuordnung (E8)

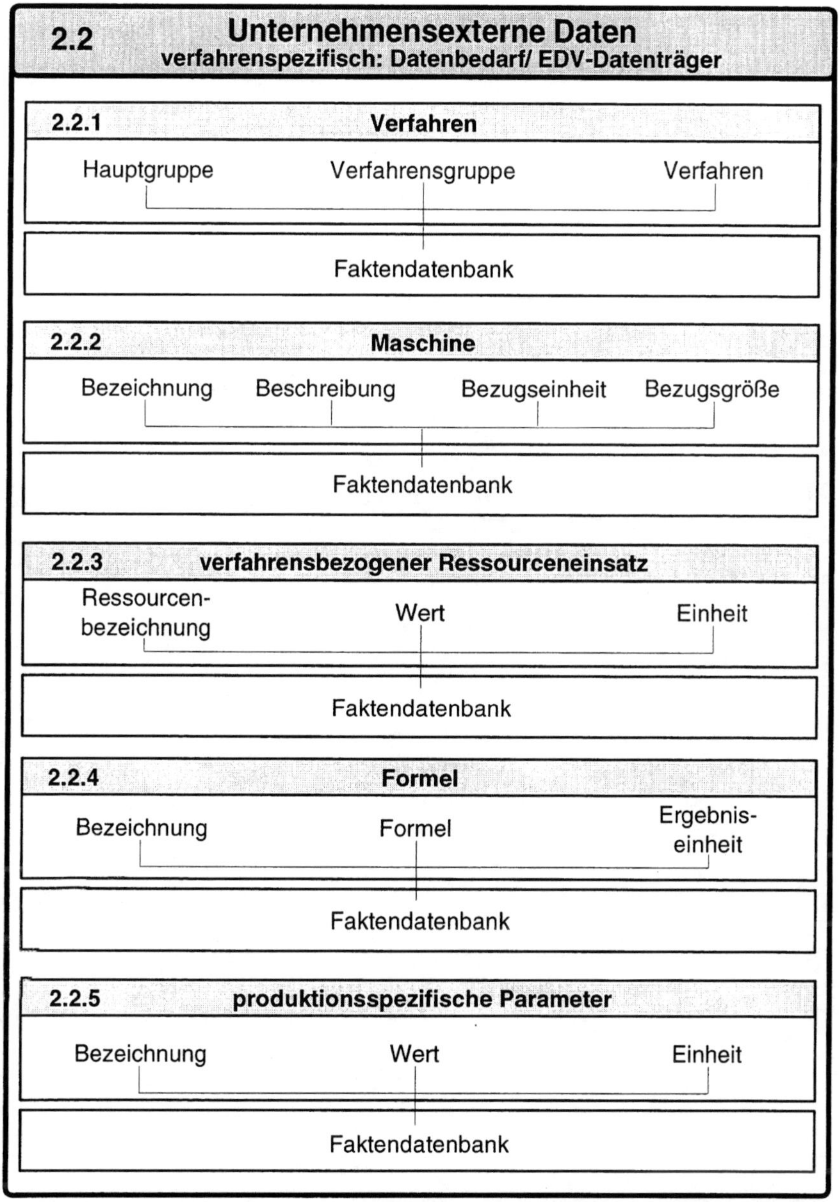

2.2 Unternehmensexterne Daten
verfahrenspezifisch: Datenbedarf/ EDV-Datenträger

2.2.1 Verfahren

| Hauptgruppe | Verfahrensgruppe | Verfahren |

Faktendatenbank

2.2.2 Maschine

| Bezeichnung | Beschreibung | Bezugseinheit | Bezugsgröße |

Faktendatenbank

2.2.3 verfahrensbezogener Ressourceneinsatz

| Ressourcenbezeichnung | Wert | Einheit |

Faktendatenbank

2.2.4 Formel

| Bezeichnung | Formel | Ergebniseinheit |

Faktendatenbank

2.2.5 produktionsspezifische Parameter

| Bezeichnung | Wert | Einheit |

Faktendatenbank

Bild A4.9: Spezifizierung der Datenklassen und Datenträgerzuordnung (E9)

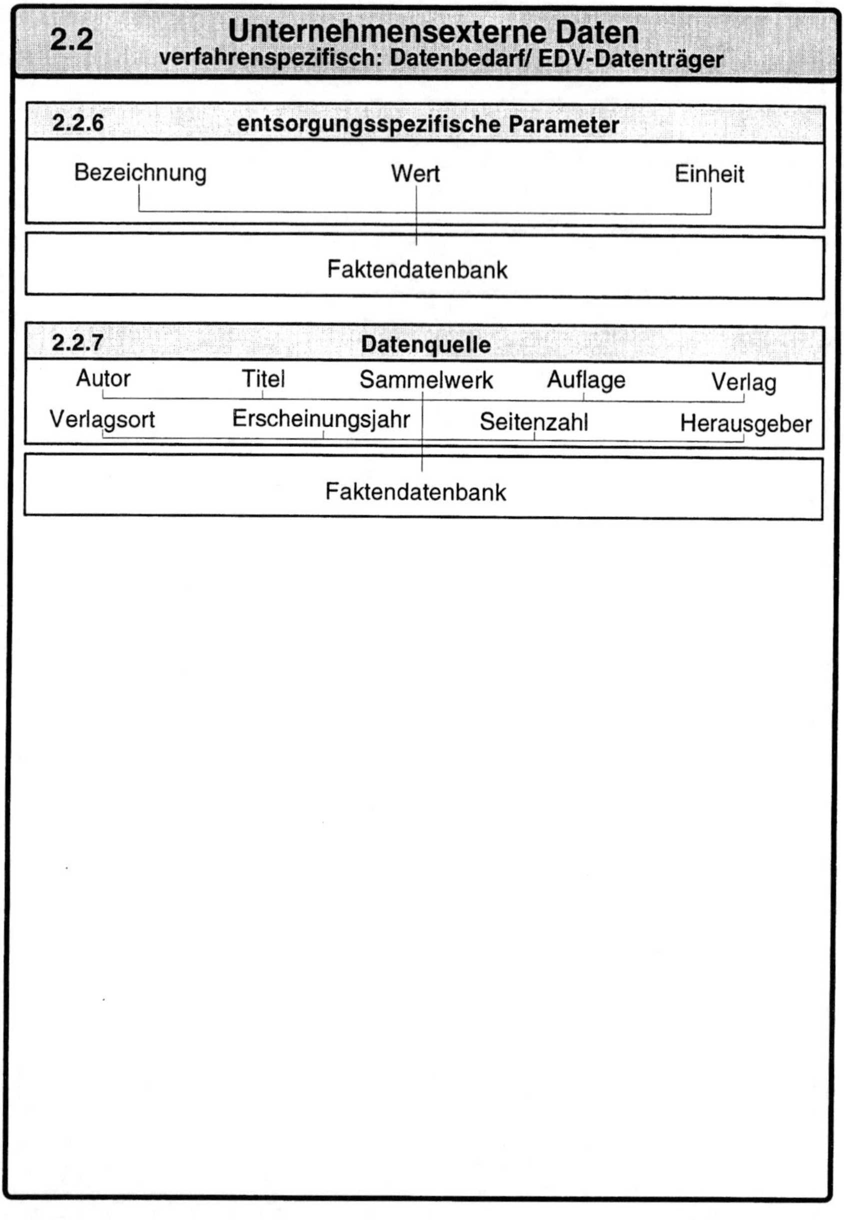

2.2 Unternehmensexterne Daten
verfahrensspezifisch: Datenbedarf/ EDV-Datenträger

2.2.6 entsorgungsspezifische Parameter

| Bezeichnung | Wert | Einheit |

Faktendatenbank

2.2.7 Datenquelle

| Autor | Titel | Sammelwerk | Auflage | Verlag |
| Verlagsort | Erscheinungsjahr | Seitenzahl | Herausgeber |

Faktendatenbank

Bild A4.10: Spezifizierung der Datenklassen und Datenträgerzuordnung (E10)

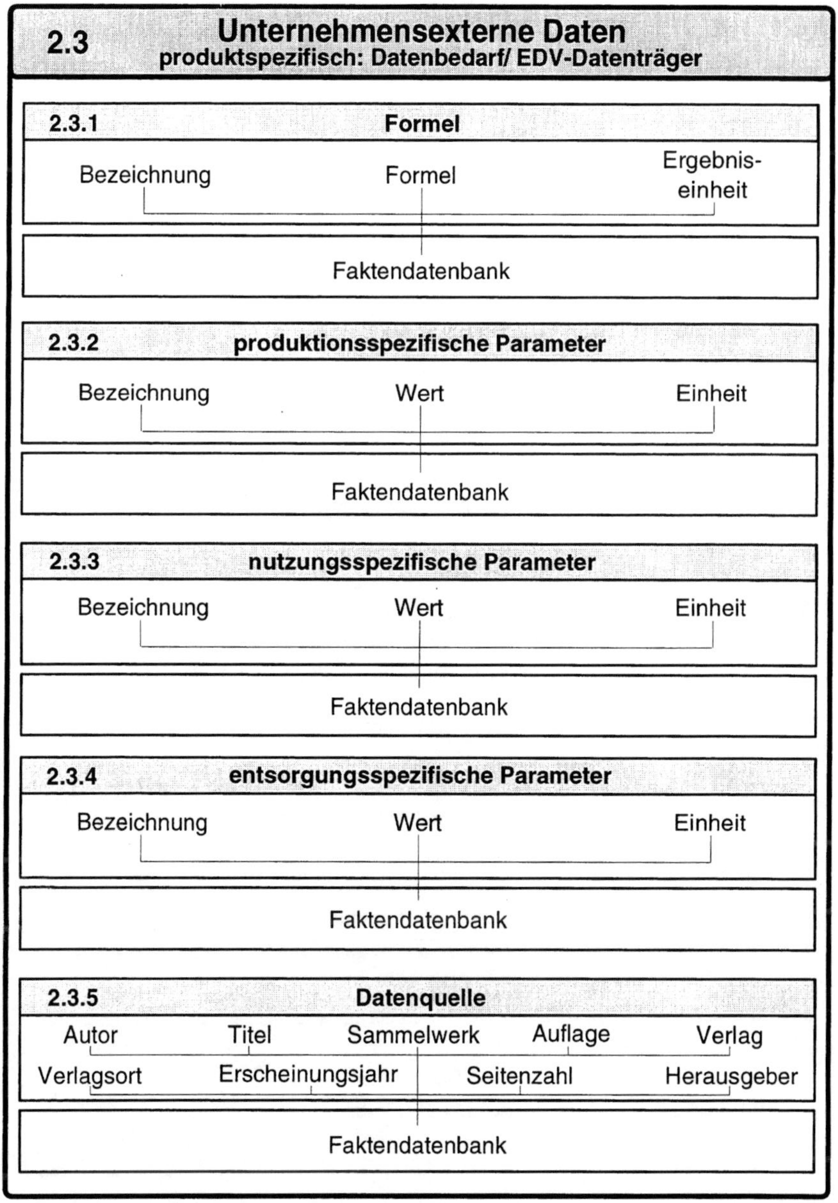

2.3 Unternehmensexterne Daten
produktspezifisch: Datenbedarf/ EDV-Datenträger

2.3.1 Formel

| Bezeichnung | Formel | Ergebnis-einheit |

Faktendatenbank

2.3.2 produktionsspezifische Parameter

| Bezeichnung | Wert | Einheit |

Faktendatenbank

2.3.3 nutzungsspezifische Parameter

| Bezeichnung | Wert | Einheit |

Faktendatenbank

2.3.4 entsorgungsspezifische Parameter

| Bezeichnung | Wert | Einheit |

Faktendatenbank

2.3.5 Datenquelle

| Autor | Titel | Sammelwerk | Auflage | Verlag |
| Verlagsort | Erscheinungsjahr | Seitenzahl | Herausgeber |

Faktendatenbank

Bild A4.11: Spezifizierung der Datenklassen und Datenträgerzuordnung (E11)

Anhang A40

Ökologieorientierte Präferenz-Analyse
mit Sicherheitsfunktion - Vorgehensweise

Schritt	Inhalt	Ergebnis
1 Datenübernahme	kumulierter Ressourcenbedarf pro Produktionsalternative → "Zielerreichungsmatrix"	$\begin{pmatrix} \sim & \sim & ... & \sim \\ \sim & \sim & ... & \sim \\ \vdots & \vdots & & \vdots \\ \sim & \sim & ... & \sim \end{pmatrix}^{RK_A \ \ RK_B}$
2 Datentransformation (1)	neutrale mathematische Datenaufbereitung → dimensionslose Größen	$\backslash W_1 = \{0 \ ... \ \infty\}$ $\triangledown$ $\backslash W_2 = \{0 \ ... \ 1\}$
3 Bewertung "Quantität"	Umfang des Ressourcenbedarfs → differenzenbezogene Gewichtung	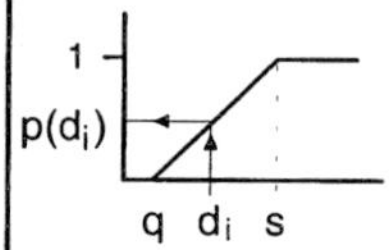 $p(d_i)$, q, d_i, s
4 Datentransformation (2)	lineare, progressive und degressive Abbildung → Vorbereitung der Sensitivitätsanalysen	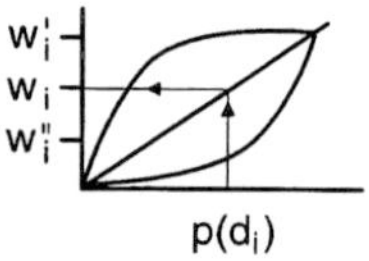 w_i', w_i, w_i'' vs $p(d_i)$
5 Bewertung "Qualität"	Art des Ressourcenbedarf → stoffbezogene Gewichtung	$a_i = w_i \cdot g_i$ $a_i' = w_i' \cdot g_i$ $a_i'' = w_i'' \cdot g_i$
6 Sensitivitätsanalyse	Summenbetrachtung → eindeutige Aussage möglich → differenzierte Betrachtung erforderlich	$A = \sum_{i=1}^{m} a_i$ $A' = \sum_{i=1}^{m} a_i'$ $A'' = \sum_{i=1}^{m} a_i''$
7 Ergebnisdarstellung	Feststellung → Grad der Dominanz	$A - \begin{bmatrix} << \\ < \\ \sim \end{bmatrix} - B$

Bild A5.1: Ökologieorientierte Präferenz-Analyse mit Sicherheitsfunktion - Vorgehensweise

Darstellung der Sicherheitsfunktion

mit:
- s,q : Grenzwerte der verallgemeinerten Kriterien
- $p(d_i)$: Grad der Dominanz $\in [0,1]$
- w : Teilungfaktor
- g : stoffliche Gewichtung
- m : Anzahl der Kriterien

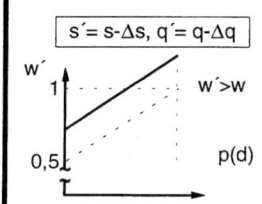

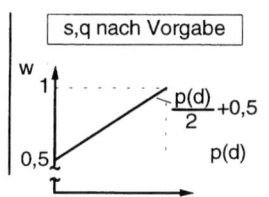

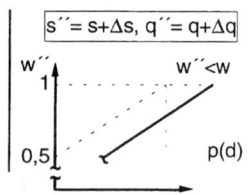

$s' = s - \Delta s, \; q' = q - \Delta q$ | s,q nach Vorgabe | $s'' = s + \Delta s, \; q'' = q + \Delta q$

(w' > w ; Diagramm mit $\frac{p(d)}{2} + 0{,}5$; w'' < w)

Eckwerte: w, w', w'' = 0,5 für $p(d) = 0$
w, w', w'' = 1 für $p(d) = 1$

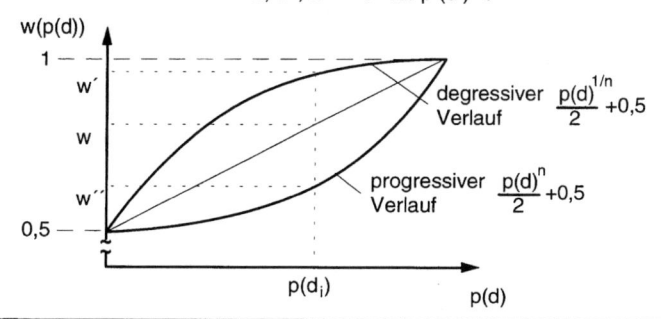

degressiver Verlauf $\frac{p(d)^{1/n}}{2} + 0{,}5$

progressiver Verlauf $\frac{p(d)^{n}}{2} + 0{,}5$

$$A(A'; A'') = \sum_{i=1}^{m} w_i(w_i'; w_i'') \cdot g_i \qquad B(B'; B'') = \sum_{i=1}^{m} [1 - w_i(w_i'; w_i'')] \cdot g_i$$

⇒ Abfrage: 1. A > B
2. A' > B'; A'' > B''

ja — **A schlechter als B**
Grad der Dominanz nach n

Änderung der Werte s und q:
erneute Berechnung von $p(d_i)$ und Sicherheitsfunktion

nein — Werte s und q unverändert:
schwache Dominanz nach Abfrage A > B in Abhängigkeit von n

Bild A5.2: Darstellung der Sicherheitsfunktion

Lebenslauf

Persönliches:	Uwe H. Böhlke
	geboren am 16.12.1964 in Münster
	Staatsangehörigkeit: deutsch
	Eltern: Dr.rer.nat. Dipl.-Chem. Horst E. R. Böhlke
	Dipl.-Chem. Brigitta Böhlke, geb. Stibbe
	Geschwister: Eva Böhlke, Nikolai Böhlke
	Familienstand: ledig

Schulbildung: 1970-1974 Grundschule, Stolberg
1974-1984 Goethe-Gymnasium, Stolberg
Reifezeugnis vom 04.06.1984

Wehrdienst: 1984-1985 Schule Technische Truppe 1/
Fachschule des Heeres für Technik, Aachen

Studium: Wintersemester 1985 bis Wintersemester 1989
Maschinenbau, Fachrichtung Fertigungstechnik, RWTH Aachen
Diplomzeugnis vom 06.04.1990

Sommersemester 1990 bis Sommersemester 1991
Wirtschaftswissenschaftliches Zusatzstudium, RWTH Aachen
Diplomzeugnis vom 05.08.1991

Berufstätigkeit: 07.1983 - 11.1989 Freier Mitarbeiter bei der Schwermetall Halbzeugwerk GmbH & Co. KG, Stolberg

Während des Studiums neun Monate Praktikum in verschiedenen Industrie- und Handelsunternehmen

Tätigkeiten am Fraunhofer-Institut für Produktionstechnologie (IPT), Aachen, Abteilung Planung und Organisation
08.1988 - 04.1990 studentische Hilfskraft
05.1990 - wissenschaftlicher Angestellter
05.1992 - stellv. gew. Institutsvertreter im wissenschaftlich-technischen Rat der Fraunhofer-Gesellschaft, München
02.1994 - Oberingenieur